直流换流站运检技能培训教材
换流变压器

国家电网有限公司设备管理部
国家电网有限公司直流技术中心　组编 ●

中国电力出版社
CHINA ELECTRIC POWER PRESS

图书在版编目（CIP）数据

换流变压器 / 国家电网有限公司设备管理部, 国家
电网有限公司直流技术中心组编. -- 北京 ：中国电力出
版社, 2025. 6. -- (直流换流站运检技能培训教材).
ISBN 978-7-5198-9364-4

Ⅰ. TM422

中国国家版本馆 CIP 数据核字第 20243AK993 号

出版发行：中国电力出版社
地　　址：北京市东城区北京站西街 19 号（邮政编码 100005）
网　　址：http://www.cepp.sgcc.com.cn
责任编辑：雍志娟
责任校对：黄　蓓　马　宁
装帧设计：郝晓燕
责任印制：石　雷

印　　刷：三河市万龙印装有限公司
版　　次：2025 年 6 月第一版
印　　次：2025 年 6 月北京第一次印刷
开　　本：710 毫米×1000 毫米　16 开本
印　　张：17.75
字　　数：279 千字
定　　价：120.00 元

编　委　会

前言
PREFACE

截至 2024 年 12 月，国家电网公司国内在运直流工程 35 项，其中特高压 16 项，常规直流 14 项（其中背靠背 4 项），柔直 5 项（其中背靠背 1 项），换流站 69 座。公司系统海外代维直流 3 项（美丽山 1 期、美丽山 2 期、默拉直流工程）。随着西部"沙戈荒"风电光伏基地和藏东南水电大规模开发外送，特高压直流将迎来新一轮大规模、高强度建设，预计到 2030 年将新建 26 回直流工程。其中到 2025 年将建成金上—湖北、陇东—山东等直流，开工库布齐—上海、乌兰布和—河北京津冀、腾格里—江西、巴丹吉林—四川、柴达木—广西等 5 回直流工程；到 2030 年，再新建雅鲁藏布江大拐弯送出、内蒙古、甘肃、陕西"沙戈荒"新能源基地送出共 17 回直流。直流输电规模快速增长和直流输电技术日益复杂，使部分省公司直流技术人员不足、新工程运检人员储备不足、直流专家型人才缺乏的问题日益凸显。

为加强直流换流站运检人员技能培训，国网直流技术中心受国网设备部委托，组织湖北、上海、江苏、甘肃、四川、湖南、安徽、冀北、山东公司和相关设备制造厂家专家，在收集、整理、分析大量技术资料的基础上，结合现场经验，经过多轮讨论、审查和修改，最终形成了《直流换流站运检技能培训教材》。整个系列教材包括换流站运维、换流变压器、开关类设备、直流控制保护及测量、换流阀及阀控、阀冷却系统、柔性直流输电、调相机以及换流站消防九个分册。编写力求贴合现场实际且服务于现场实际，突出实用性、创新性、指导性原则。

由于编写时间仓促，编写工作中难免有疏漏之处，竭诚欢迎广大读者批评指正。

编 者

2025 年 4 月

目 录
CONTENTS

第三篇　运　检　技　能

第一篇

概　述

第一章 基 本 原 理

从外观看，换流变压器主要结构由本体油箱、阀侧套管、网侧套管、储油柜、冷却器、分接开关以及各类附件组成，如图 1-1-1 所示。本体油箱内有变压器核心部件铁心和绕组，阀侧套管、网侧套管作用是绕组引出线与外部电路连接，冷却器用于运行中变压器的冷却。

图 1-1-1　换流变压器外观

第一节　换 流 原 理

不同类型的变压器，包括换流变压器在内，其基本原理都是电磁感应原理，工作原理如图 1-1-2 所示。

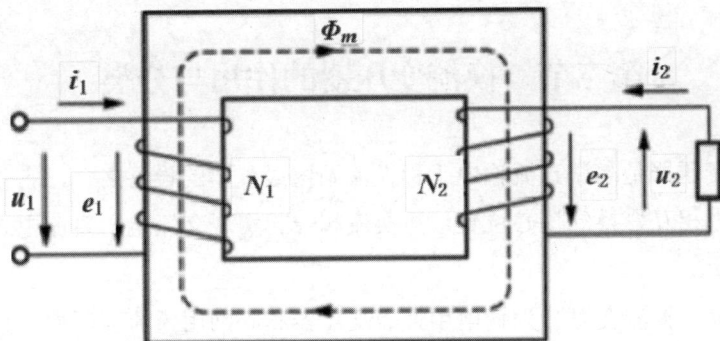

图 1-1-2 变压器工作原理图

在一次绕组上外施一交流电压 U_1 便有 i_1 流入，因而在铁心中激励一交流磁通 Φ_m，磁通 Φ_m 同时也流过二次绕组。由于磁通 Φ_m 的交变作用在二次绕组中便感应出电势 e_2。改变二次绕组的匝数，便能改变电势 e_2 的数值，如果二次绕组接上用电设备，二次绕组便有电压输出，这就是换流变压器的工作原理。

假设初级、次级绕组的匝数分别为 N_1、N_2，当换流变压器的初级接到频率为 f，电压为 V_1 的正弦变流电源时，根据电磁感应原理，铁心中的交变磁通 Φ_m 将分别在一、二次绕组中感应出电势。一次绕组感应电势为：$e_1 = -N_1 \mathrm{d}\Phi_m/\mathrm{d}t$ 式中的 $\mathrm{d}\Phi_m/\mathrm{d}t$ 为磁通的变化率，负号表示磁通增大时，电势 e_1 的实际方向与电势的正方向相反。

如果不计漏阻抗，根据回路电势平衡规律可得：

$$U_1 = -E_1 \quad 其数值 \ V_1 = E_1 = 4.44 f N_1 \Phi_m \qquad (1-1-1)$$

在二次侧同理可以得出：

$$U_2 = E_2 = 4.44 f N_2 \Phi_m \qquad (1-1-2)$$

由式（1-1-1）、式（1-1-2）之比得

$$U_1/U_2 = E_1/E_2 = N_1/N_2 = K \qquad (1-1-3)$$

式中 K 就是变压器的变比，或称匝数比。可见，空载运行时，变压器一次绕组与二次绕组的电压比就等于一次、二次绕组的匝数比。因此，在一次侧输入电压不变的情况下，要使二次绕组具有不同的电压，只要使它们具有不同的匝数即可。设计时选择适当的变比就可以实现把一次侧电压变到需要的二次电压，让二次侧的用电设备在特定的电压条件下安全稳定运行。

第二节　换流变压器的作用与分类

换流变压器是高压直流输电工程换流站内最重要的设备之一，它处在交流电与直流电相互变换的核心位置，与换流阀一起实现交流电与直流电之间的相互转换。

按用途，换流变可分为输电用换流变压器和联网用换流变压器。按结构，换流变可分为单相双绕组、单相三绕组、三相三绕组换流变压器。单相双绕组换流变又分为单相三柱、单相四柱、单相五柱的换流变压器，单相三绕组换流变一般为容量较小的单相四柱换流变压器。三相三绕组换流变一般用于柔性直流输电系统。

在整流换流站（送端站）中，换流器可将电能从交流系统传输到直流系统。在逆变换流站（受端站）中，换流器可将电能从直流系统传输到交流系统。换流器处于交流电与直流电互相变换的核心位置，换流变与换流阀一起实现交流电与直流电之间的转换。如图 1-1-3 为送端换流站的常规配置，发电厂输送电能至交流输电系统，通过交流输电系统进入换流变，改变至合适的电压后，送入换流阀，通过晶闸管进行整流，送入直流场。经平波电抗器等元件输出稳定的直流电压。

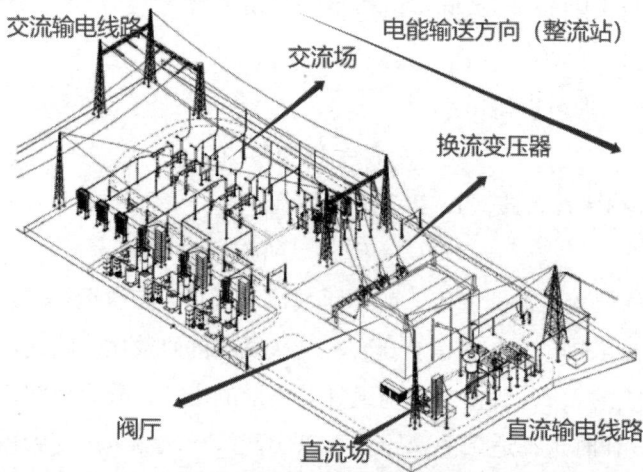

图 1-1-3　整流站常规配置

换流变压器是直流输电系统中的核心设备，与换流阀一起作为交、直流系统连接的枢纽，在送、受两端换流站实现交、直流的转换。换流变压器的主要作用有：

1）传送电力。

2）隔离交直流系统。

3）提供换流阀所需要的换相电压。

4）为串接的两个换流器提供两组幅值相等、相位相差 30 度的三相对称的换相电压，以实现十二脉动换流，如图 1-1-4 所示。

12-PULSE CONVERTER BRIDGE

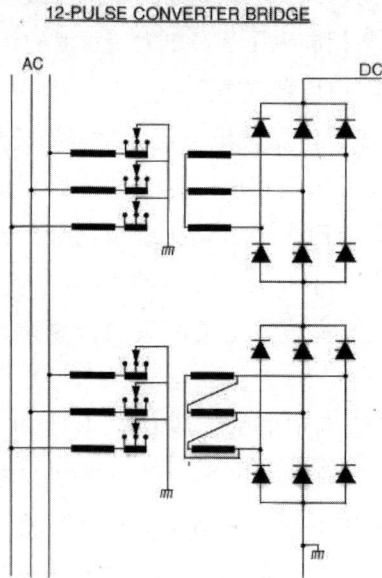

图 1-1-4　十二脉动换流单元

5）将直流部分与交流系统相互绝缘隔离，以免交流系统中性点接地和直流部分中性点接地造成直接短接，使得换相无法进行。

6）通过换流变压器实现交、直流系统的电气隔离，避免直流电压进入交流系统。

7）换流变压器的漏抗可起到限制故障电流的作用。

8）对沿着交流线路侵入到换流站的雷电冲击过电压波起缓冲抑制的作用。

第三节　绕　　组

换流变的绕组就是线圈。根据连接的系统不同，一般习惯称一次绕组、二次绕组等。按绕组的类型分，又分为网侧绕组，阀侧绕组和调压绕组。网侧绕组为连接到交流电网的换流变压器绕组，阀侧绕组为连接到换流器交流端子的换流变压器绕组，调压绕组一般连接在网侧绕组末端。

其中，网侧绕组通过交流套管与交流系统连接，根据直流系统两端连接的交流网络的电压等级决定换流变网侧绕组的电压等级和绝缘水平。网侧绕组一般采用分级绝缘结构，与相同电压等级电力变压器的绕组结构基本相同，主要有纠结式、纠结连续式、内屏蔽式等几种。

因为网侧调压级数多，调压绕组导线并绕根数比较多，通常设计成一个独立的绕组，与网侧绕组末端相联，这个独立绕组叫作调压绕组。调压绕组多为圆筒式或螺旋式结构。调节调压绕组部分的匝数，可以改变输出电压。当网侧绕组首端施加冲击电压时，调压绕组内冲击电压梯度较大，为限制调压绕组内匝间电压梯度，必要时采用内置避雷器以限制调压绕组的级间过电压。

阀侧绕组两端的交流额定电压不是很高，比如对于±800kV直流输电系统来说，其阀侧绕组的交流额定电压一般为170kV左右，但其绝缘水平因其联接阀桥的位置不同而不同。包括交流外施耐受电压水平，雷电冲击电压水平和操作冲击电压水平，都高于相同电压等级交流线圈的绝缘水平。同时，阀侧绕组还承受直流电压的考核。因此，阀侧绕组一般采用全绝缘结构。

变压器运行时要求线圈能在额定电压和额定长期电流下连续工作，能承受住各种过电压和过电流的影响。它应具有足够的绝缘强度、机械强度、耐热性能及良好的散热条件，同时还要具有合理的工艺性和经济性。综合考虑以上条件，换流变压器绕组的排列方式通常有以下两种：

方案1：铁心柱→调压绕组→网绕组→阀绕组，如图1-1-5所示。

方案2：铁心柱→阀绕组→网绕组→调压绕组，如图1-1-6所示。

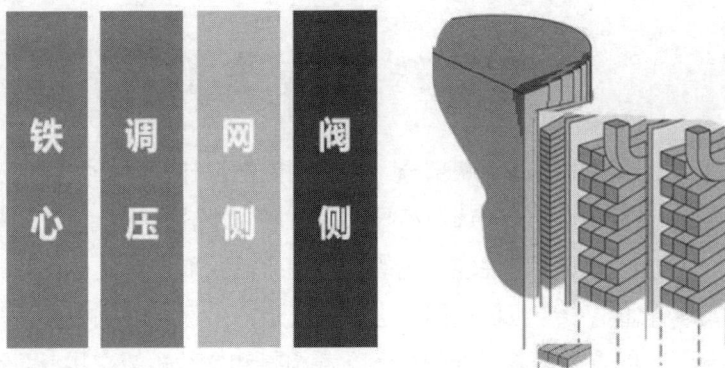

图 1-1-5 排列方式方案 1

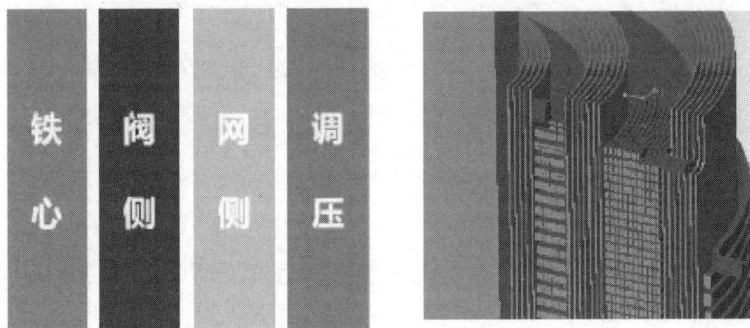

图 1-1-6 排列方式方案 2

两种方法都常用于国内各类换流变压器中，但适用范围有所不同。方案 1 中，阀侧绕组出线简单，但调压出线需要一定的机械固定结构，出线受限制。这样的情况下阀侧绕组可以将绝缘性能做到最大，电压等级较高的换流变压器一般都用此结构。方案 2 中，调压绕组出线简单，但阀侧出线困难。这样的情况调压绕组的绝缘比较容易提升，但阀侧绕组的绝缘性能将受到限制，不过成本较低。该方案一般用于较低电压等级的换流变压器。

上述两种方案，网侧、阀侧绕组均采用端部出线，在设计绝缘结构时要特别注意绕组端部沿面滑闪放电问题，设计时应尽量减少电力线由油—纸板时斜穿进入，应使端部的绝缘结构（角环等）形状尽量与等位线相近，同时要降低端部场强。装配时应严格按图纸尺寸、位置装配。

7

第四节 铁心与夹件

铁心是变压器中主要的磁路部分。考虑到降低损耗、降低空载电流以及空载噪声的要求，铁心材料一般选用高导磁晶粒取向冷轧硅钢片。在一些大型和超大型换流变压器中多采用性能更优的激光刻痕晶粒取向冷轧硅钢片。铁心片的叠片方式与普通电力变压器相同，也采用复杂的多级接缝铁心叠片，一般为5～7级接缝，可以有效地降低接缝处的空载损耗和空载电流。其表面涂有绝缘漆，沿其厚度方向由晶粒取向一致的硅钢片叠装而成。铁心与绕在其上的线圈组成完整的电磁感应系统。电源变压器传输功率的大小，取决于铁心的材料和横截面积。换流变压器铁心排列一般有两种，一种为单相四柱式，两个芯柱和两个旁轭，两个芯柱上的线圈全部并联连接，每柱容量为单相容量的一半，如图1-1-7所示。考虑到运输条件及地理位置，另一种特高压换流变压器铁心采用单相三芯五柱式，三个芯柱放置于中间，两个旁轭在两侧紧挨着，如图1-1-8所示。

换流变压器在运行时绕组中存在直流偏磁电流，铁心会出现饱和现象，很小的直流偏磁电流（通常只有几个安培）也会导致铁心中损耗和噪声的大幅度升高。因此在设计大容量换流变压器铁心时，除考虑铁心的冷却外，还需采取措施提高铁心的整体刚性，以降低铁心的噪声水平。

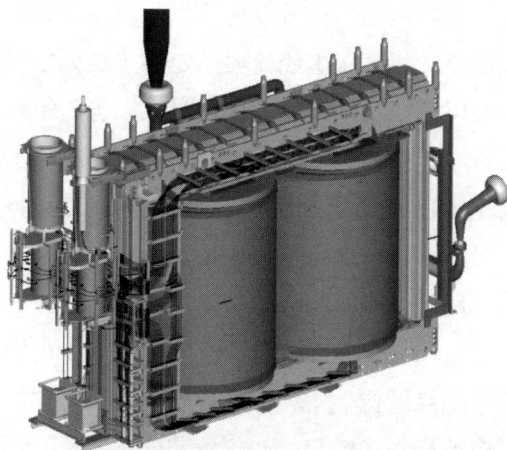

图1-1-7 铁心及夹件示意图（单相四柱）

图 1-1-8 铁心及夹件示意图（单相五柱）

铁心的夹紧装置（包括上下夹件、拉板、拉带等）使整个铁心构成一个整体的紧固结构如图 1-1-9 所示。夹紧装置一般是框架式，在结构上要承受铁心本体的夹紧力、起吊器身的重力和变压器在短路时所产生的电动机械力，并确保冷轧硅钢片的电磁性能不减弱。夹紧装置在结构上应能可靠地压紧线圈、支撑引线、装置器身的绝缘件，并应具有器身在油箱中的定位结构。

图 1-1-9 铁心上下部拉紧结构

夹件属于夹紧装置中的核心组成部分，一般为板式结构，上夹件无压钉结构，采用腹板下压块压紧器身；下夹件根据铁心和线圈散热强度可焊导油盒，配合不同位置的导油孔，保证两芯柱的各个线圈的油量分配。拉板下部采用挂钩结构与下夹件腹板咬合，上部为螺纹结构，在上夹件腹板内侧穿过上横梁锁紧固定。铁轭上下设置高强度钢拉带紧固。

变压器运行中，铁心及夹件等金属部件，均处于强电场中，由于静电感应，在这些金属部件中会产生悬浮电位，可能在某些地方引起放电，因此要接地。

9

如果有两点或多点接地，在接地点之间会形成闭合回路，主磁道穿过此回路，会产生环流，造成铁心局部过热，甚至烧毁这些部件，因此必须一点接地。

第五节 引 线 与 器 身

换流变压器的内绝缘需承受交、直流绝缘试验电压，在实际运行时要长期承受交、直流电压的共同作用，因此其器身的绝缘设计与普通电力变压器有所区别。网侧绕组的主、纵绝缘设计与普通电力变压器基本相同；阀侧绕组的主、纵绝缘设计除了考虑交流耐受电压的作用外，还必须考虑试验及运行中的直流电压和极性反转电压作用的影响，正是这些影响决定了阀侧线圈的主绝缘设计与电力变压器有较大的区别。

器身有两种压服方式：一种为水袋压服方式设计，压服后填充垫块固定于压板水带槽内，如图 1−1−10 所示；另一种为绝缘压块压紧结构，如图 1−1−11 所示。

图 1−1−10 水袋压服方式

换流变压器网侧绕组，调压绕组和阀侧绕组都有专门的引出线。调压引线采用冷压连接方式，上下分别引出至有载开关。为限制冲击过电压，布置有避雷器。网侧引线为端部轴向出线，两柱并联后通过出线装置引出油箱；阀侧引线为端部辐向出线，通过柱间连线并联。连接引线采用大直径铝管屏蔽结构。

引线示意图如图 1－1－12 所示。

图 1－1－11　绝缘压块方式

图 1－1－12　引线示意图

第二章　换流变压器特点

第一节　换流变压器与交流变压器的不同点

由于换流变压器阀侧与直流相连，因此换流变压器不仅承受交流电压，而且还需要承受直流电压，这就导致换流变与普通变压器有一定的差别。由于换流变压器在整流回路的电气连接位置及负载特性与普通电力变压器不同，使得换流变压器在绝缘结构、电磁回路设计上比普通电力变压器更复杂，并在产品生产和验收中要增加与之相对应的验证试验。总体区别如表 1-2-1 所示。

表 1-2-1　　　　　　　　普通变压器与换流变压器的区别

		普通电力变压器	换流变压器
相同点	工作原理	电磁感应原理	
	基本结构	铁心、线圈、器身（主绝缘）、引线、冷却和控制保护系统	
不同点	在系统的电气连接（阀侧绕组）	绝缘结构	主要考虑交流电压（工频电压、雷电和操作过电压）	除考虑交流电压还要考虑直流电压（包括极性反转电压）
	负载特性	电、磁回路	正弦波电流	非正弦波电流（含谐波电流）

第二节　换流变压器特点

一、绝缘

在换流变压器油纸绝缘系统中，交流电场呈容性分布，直流电场呈阻性分布，因此，在交流电压作用下，最大电场强度出现在电容率较低（介电常数较低）的油隙中；而在直流电压作用下，最大电场强度出现在电阻率很高（电导率小）的绝缘纸中；在直流极性反转情况下，由于容性电场与阻性电场迭加后使绝缘纸板中的合成电场降低，而油隙中的合成电场增加，因此，绝缘纸中的电场强度较直流时的对应值小，而油隙中的合成电场强度较直流与交流情况下的电场强度大。综合上述原因，换流变压器的绝缘比普通电力变压器复杂得多，需要采用更多的纸板，组成油—纸隔板系统，如图1-2-1所示。

图1-2-1 常见换流变压器内部油纸绝缘

纸板不仅在交流场中承担分割油隙的功能；在直流场中，还有调节电阻分布，进而影响直流电场分布格局的作用，如图1-2-2和图1-2-3所示。

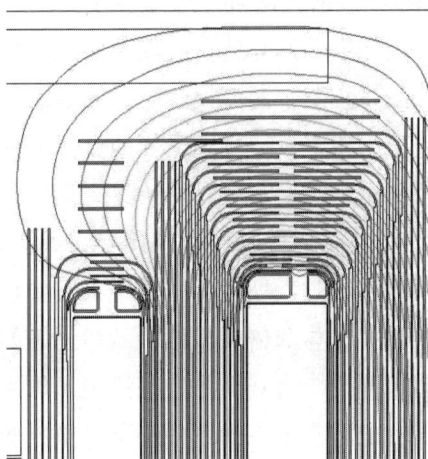

图1-2-2 交流电场分布

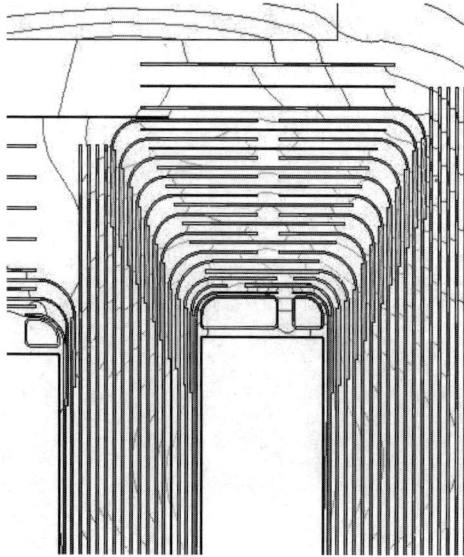

图 1-2-3　直流电场分布

换流变压器阀侧绕组和套管是在交流和直流电压共同作用之下工作的。在这种电压作用下，由于油、纸两种绝缘材质的电导系数与介电系数之比差别很大，油纸复合绝缘中直流场强按电导系数分布，交流场强则按介电系数分布，给换流变绝缘设计带来较大难度。作为阀侧绕组外绝缘的套管，其爬电距离要考虑到直流电压的分量，为了避免雨天时在直流电压作用下，由于不均匀湿闪而造成的闪络故障，一般阀侧套管均伸入阀厅，采用干式复合绝缘套管或 SF_6 充气套管，一般电压等级较高的使用 SF_6 充气套管，电压较低的使用干式套管。

额定工作状态下，阀绕组端部与地之间以及阀绕组与网绕组之间的主绝缘上长期承受直流电压；当系统发生潮流反转时，阀绕组所承受的直流电压也同时发生极性反转。换流变压器中长期持续受到的交直流叠加电场的作用以及极性反转直流跃变电压的作用影响换流变压器的绝缘设计。

极性反转试验是考核换流变压器阀侧绕组绝缘承受动态直流分量的绝缘试验。代表当直流功率需反送时，换流变压器绝缘需要承受一种工况，此时，电场分布为直流电压下的分布与两倍反极性阶跃电压下的分布的叠加，变压器油中的场强出现最大值，并很快衰减至稳定直流电压作用下的场强，而纸板中的场强则低于其稳定直流电压作用下场强。所以换流变压器中的电场分布要比普通变压器中的电场分布复杂得多。另外，影响直流场分布的主要技术指标—绝缘材料的电阻率又受温度、湿度、电场强度及加压时间等诸多因素的影响而在很大范围内变化，增加了不稳定性。

因此换流变压器的主绝缘较普通变压器要采用更多的纸板，组成油—纸隔板系统。其中的纸板不仅在交流场中承担分割油隙的功能；在直流场中，还有调节电阻分布，进而影响直流电场分布格局的作用。

此外，换流变压器中阀侧引线及其与套管相接处的绝缘结构复杂，介质种类多，影响电场分布的因素也较多，在运行中和试验时发生绝缘损坏的部位主要集中在这里。阀侧绕组为全绝缘设计，首末端的绝缘水平相同，在实施雷电冲击试验时，首末两端均要分别进行冲击试验；因此，阀侧绕组的结构型式选择和绝缘设计比较复杂，要特别注意绝缘方面的分析计算和采取相应的措施。引线的绝缘主要包括载流零部件的绝缘和屏蔽零部件的绝缘，载流零部件的绝缘是指在铜绞线、铜编织带等载流体外包扎一定厚度的绝缘纸，绝缘纸的类型和厚度由载流体的绝缘水平、载流大小及由此产生的散热问题等条件综合考虑；屏蔽零部件的绝缘是指在均压管或出线装置外部直接包扎一定厚度的绝缘纸或设计纸筒—撑条的绝缘结构。引线的绝缘与变压器的主绝缘、纵绝缘一样，取决于引线所连接绕组的电压等级及其试验电压的种类、大小和分布，也与绝缘材料的电气强度、电极形状、电场强度和绝缘组合方式有关。

绝缘设计时，相对于普通的变压器，对换流变压器有一些额外的注意事项：

a. 保证油路畅通，无窝气死角；

b. 绝缘中角环的搭接尺寸满足要求，主绝缘纸筒采用对接或搭接；

c. 器身中的油流速满足要求；

d. 图纸中给出生产关键控制点及关键控制尺寸。

二、漏抗

以往由于晶闸管的额定电流和过负荷能力有限，而换流变的漏抗可以起到限制故障电流的作用，因此为了限制阀臂短路电流和直流母线短路的故障电流，换流变压器的漏抗一般比普通电力变压器的大，一般为 15%～20%，有些工程甚至超过 20%。随着晶闸管的额定电流及其承受浪涌电流能力的提高，换流变压器的漏抗可按对应的容量和绝缘水平合理选择，阻抗相应降低，通常为12%～18%，因此，设备主参数、绝缘水平、换流器无功消耗及能耗等都可相应降低，同时，换流器的运行性能也有所改进。为减少非特征谐波，换流变压器的三相漏抗平衡度要求比普通电力变压器高，通常漏抗公差不大于 2%。

三、谐波

换流变压器绕组负载电流中的谐波分量将引起较高的附加损耗，谐波的频率高，单位谐波的附加损耗比单位基波的高。换流变压器漏磁的谐波分量会使变压器的杂散损耗增大，有时可能使某些金属部件和油箱产生局部过热现象。这些谐波电流产生的磁伸缩现象，还会引起振动和对听觉较为敏感频带的噪声，现场可将换流变压器安装在隔音室（box－in）内，能降低 15dB 左右噪声。

四、偏磁

换流变压器在运行中由于交直流线路的耦合、换流阀触发角的不平衡、接地极电位的升高等多方面原因会导致换流变压器阀侧及交流网侧线圈的电流中产生直流分量，经过换流变压器的直流电流产生直流磁通，致使铁心磁化曲线不对称，即直流偏磁。如图 1－2－4 所示。

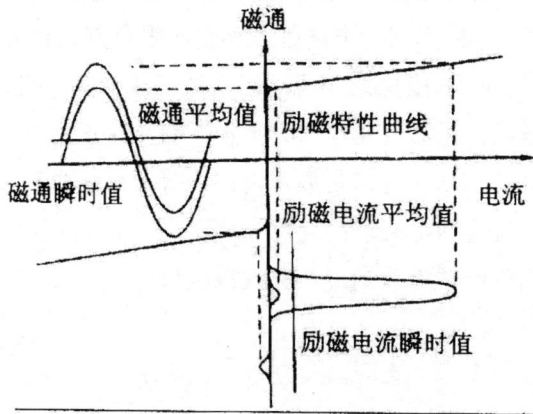

图 1－2－4　直流偏磁

产生直流偏磁的主要原因有：

1）换相过程中，换流器触发角相位不相等；

2）工频电流流过直流线路；

3）换流站交流母线出现正序二次谐波电压；

4）单极大地运行期间因电流注入接地极引起换流站地电位升高。

直流偏磁造成铁心严重饱和，励磁电流畸变严重，产生大量谐波，导致空载损耗增加，噪声增大，也会使换流变压器无功损耗增加，输电系统电压降低，甚至造成系统保护误动作。图 1-2-5 为直流偏磁后产生对空载损耗的影响。

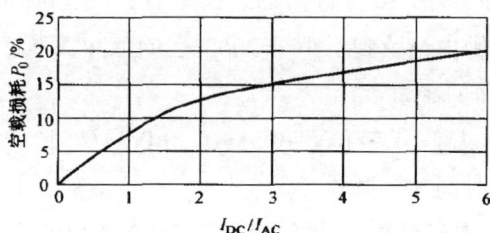

图 1-2-5　直流偏磁对绕组损耗的影响

五、有载调压

换流变压器具有较多的有载调压开关挡位，使直流输电系统经常运行在接近最佳状态，换流器触发角运行在适当的范围内，以兼顾运行的安全性和经济性。为了补偿换流变压器交流侧电压的变化，换流变压器运行时需要有载调压。换流变压器的有载调压开关还参与系统控制以便于让晶闸管的触发角运行于适当的范围内，从而保证系统运行的安全性和经济性。为使直流输电系统经常运行在最佳状态，换流变压器一般带有较多负荷调节的分接头，可调节范围很大，一般可调节 -5%～+30%，每档调节档距较小，一般常为 1%～2% 左右，其目的是为了使分接头调节和换流器触发角控制联合工作时，无调节死区和避免频繁往返动作。

六、试验

换流变压器除了与普通电力变压器一样，需要进行例行试验、型式试验之外，还需进行直流耐压试验、直流局部放电试验、直流电压极性反转试验、短路承受能力试验、暂态电压传输特性测定等。由于需要考虑谐波的影响，相比普通电力变压器换流变出厂试验也增加了较多其他试验项目。

一般来讲，增加的试验项目均与绝缘相关。由于换流变压器在直流输电系统中所处的特殊位置，使其在运行过程中阀侧绕组同时承受交流电压和直流电压作用，绝缘强度试验项目比普通交流变压器增加直流长时耐压、直流极性反转、交流长时耐压试验。加压同时需记录局放量的大小及局放脉冲个数。

1）阀侧直流耐压试验

阀侧绕组的首末端同时加压，正极性，试验电压应在 1 分钟内升至规定的电压并保持 120 分钟。最后 30 分钟内记录到不小于 2000pC 的脉冲数不超过 30 个，且在最后 10 分钟内记录到不小于 2000pC 的脉冲数不超过 10 个。试验电压幅值按式（1-2-1）确定：

$$U_{dc} = 1.5 \cdot [(N-0.5) \cdot U_{dm} + 0.7 \cdot U_{vm}] \qquad (1-2-1)$$

2）阀侧交流长时间加压试验

试验应在额定频率下进行。试验电压应施加在各相应端子连接在一起的每个绕组上。所有非被试端子均应接地。试验持续时间为 1 小时，如果满足以下所有要求，则试验被视为合格：

试验电压不发生突然下降；

记录的 1h 局部放电水平均不超过 100pC；

在 1h 内测得的局部放电水平没有呈现上升趋势，在试验的最后 20min 内局部放电水平没有突然持续增长；

在 1h 内测得的局部放电水平增量不超过 50pC。

试验电压有效值按式（1-2-2）确定：

$$U_{ac} = \frac{1.5}{\sqrt{2}} \times \left[(N-0.5)U_{dm} + \frac{\sqrt{2}}{\sqrt{3}} U_{vm} \right] \qquad (1-2-2)$$

（七）其他特点

换流变压器的各个环节，从生产到投运，要求均比普通变压器更高。主要体现在：

1）生产工艺要求更高；

2）工作场所洁净度要求更严格；

3）试验技术复杂；

4）噪声治理要求更高；

5）温升要求更加严格。

第三节　换流变压器技术路线对比

目前，国内在运特直流输电工程的换流变压器制造厂家有特变电工、西电集团、山东电工、保变电气、ABB、西门子等，由于我国特高压直流输电用换流变压器技术前期主要通过引进国外 ABB 和 SIEMENS 技术、国内厂家联合制造方式起步，最终实现国内变压器厂家完全自主设计的能力，故国内在运特高压换流变压器在结构特点和工艺特性方面仍具有明显的 ABB 与 SIEMENS 技术路线特征。

换流变压器从内部到外部按照功能模块可以分成以下几大类：铁心及其装配、线圈及其组装、器身与引线装配、油箱及附件等。这几大类，ABB 与 SIEMENS 技术路线特征均有一些不同。

一、铁心及其装配

（一）ABB 结构特点

ABB 换流变压器为了控制油箱内部高度，取消上梁与垫脚结构，将铁心与油箱配合处设计成嵌入式、面接触、多点定位结构。下定位钉不超出下夹件腹板，下铁轭通过铝脂垫块和下部拉带固定在下夹件腹板上，腹板整体对箱底施加压力，控制箱底变形；上定位钉进入箱盖，从箱盖外部拧入销钉；铁心上、下定位钉采用偏心定位碗进行配合约束；上、下夹件腹板设计有水平支板，用于对线圈上、下端绝缘提供加压和支撑平台。

图 1-2-6　ABB 铁心设计实物图

铁心硅钢片为 6 步进叠积，步进量 9mm，采用 1－3－5－2－4－6 方式交叠，通常两片一叠以提高作业效率。

（二）SIEMENS 结构特点

SIEMENS 换流变压器铁心采用浇注式定位结构，需保留上梁与垫脚，上梁设计有浇注灌胶定位碗，与箱盖内的定位钉配合；垫脚设计有定位钉，与箱底内的浇注灌胶定位碗配合。上梁与箱盖之间放置有支撑件防箱盖变形，垫脚下部油箱内焊接有 T 形加强铁改善箱底强度；器身总装配落箱时在定位碗内灌注一定体积环氧胶，可快速固化约束铁心。铁心上夹件腹板为平直结构，通过开槽的限位垫块对压板和线圈上端绝缘施压；下夹件设计有导油盒，通过其上部的导油垫块、导油垫板对线圈下端绝缘提供支撑和进油通路。

图 1－2－7　SIMENS 铁心设计实物图

铁心硅钢片为 6 步进叠积，步进量 7.2mm，采用 1－2－3－4－5－6 方式交叠，一片一叠，通常采用轭片冲孔对齐方式以提高作业效率。

二、线圈及其组装

（一）ABB 结构特点

ABB 承接国内工程换流变压器网阀电压匹配的种类相对少，目前只出现从内向外为调压线圈—网侧线圈—阀侧线圈排列的组合方式。为了减少调压线圈出头根数，必要时在调压线圈尾端串联偏置线圈，形成"粗细调"方式。

调压线圈布置在最内侧，采用多根换位导线轴向螺旋并绕的单层圆筒式或双层圆筒式，相邻线饼间无油道垫块，分接引线从线圈上下端部轴向引出。网侧线圈多为纠结连续式，导线为漆包组合导线，上下端部导线为轴向组合，中部为辐向组合导线。一般5-8根并绕，无轴向油道，出头为线圈上、下端部轴向引出。

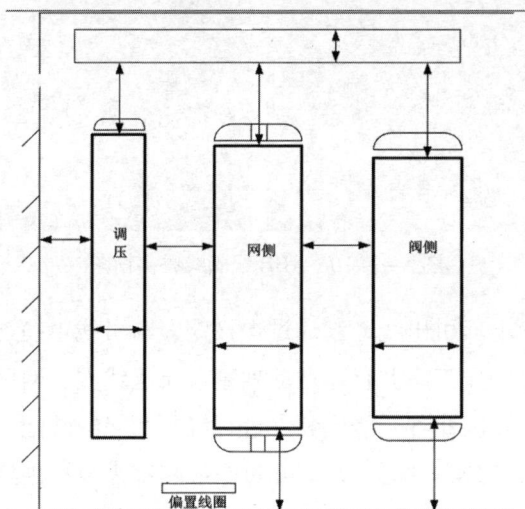

图1-2-8　ABB线圈排布图

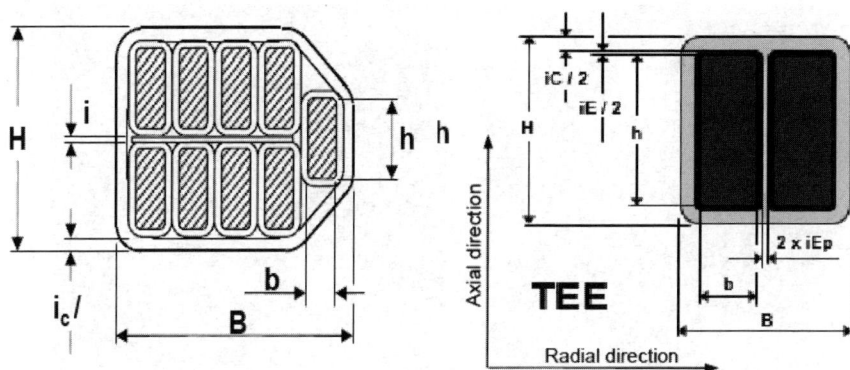

图1-2-9　ABB组合导线（电磁线）截面图

　　阀侧线圈为K换位螺旋式（Y接）或纠结连续式（△接）。对于K换位螺旋式，通常采用多根纸包扁线或换位导线并绕。对于纠结连续式，上下端部纠结段导线为轴向组合，中部采用半硬铜自粘换位导线。阀侧线圈无轴向油道，出头为辐向水平引出，靠近阀套管主柱上的阀线圈首末饼需预留备线，用于远离阀套管主柱上阀线圈的首尾端引出。

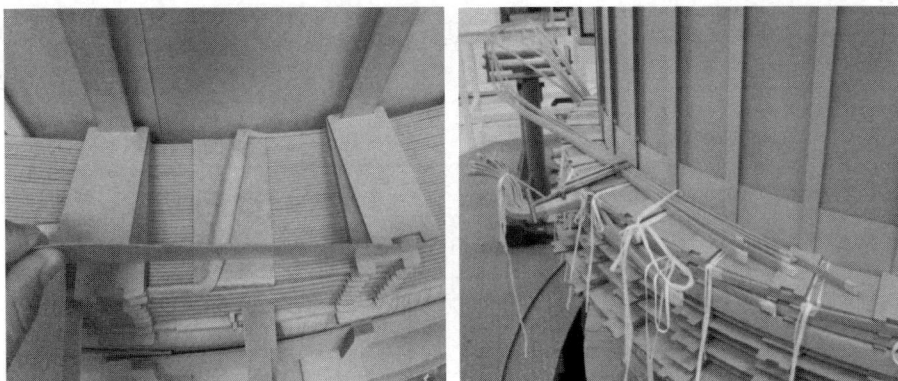

图 1-2-10　ABB 线圈线饼实物图

　　线圈出头与静电环引出线一起通过焊接铜套与引线电缆连接。ABB 换流变压器为了提高线圈制作工序并行作业的效率，调压线圈、网侧线圈和阀侧线圈采用分体套装方式，因此各个线圈独立进行绕制和绝缘装配，在器身装配工序按照排列顺序依次套装在铁心上。因此每个线圈都需要有硬纸筒作为独立的内部支撑骨架，并将底部的端部绝缘、静电环、内角环、内纸筒、内撑条和垫块等全部进行预装，按照由内向外、由下向上的装配顺序进行倒序排列。

图 1-2-11　撑条垫块实物图

　　早期的 8GW 工程中，ABB 采用强油不导向的油循环冷却方式，根据温升性能提升的要求，当下 ABB 虽采用强油导向油循环冷却方式，但线圈散热结构未发生变化。

（二）SIEMENS 结构特点

SIEMENS 承接国内工程换流变压器线圈从内向外排列组合方式有两种，分别是：调—网—阀和阀—网—调。

上述线圈排列顺序主要取决于线圈绝缘等级、引线空间布局和运输尺寸等因素的综合考虑。

当调压线圈布置在最内侧时，采用多根换位导线轴向螺旋并绕的单层圆筒式或双层圆筒式，相邻线饼间有油道垫块，分接引线从线圈上下端部轴向引出。

图 1-2-12　SIEMENS 调压线圈绕制示意图

当调压线圈布置在最外侧时，采用 1～2 根换位导线轴向并绕单层圆筒式，各分接分段水平引出，通过外部电缆或铜棒进行并联，线圈外表面暴露无纸板围屏，撑条通过绝缘纸带进行绑扎固定。

网侧线圈多采用纠结连续式，导线为辐向组合导线，并绕根数 1～8 根；少数情况下，采用内屏连续式，首端屏蔽段导线为内夹屏线的组合换位导线，其余段为不带屏线组合换位导线。出头为线圈上、下端部轴向引出。

阀侧线圈多采用内屏连续式，首、末端屏蔽段导线为内夹屏线的组合换位导线，中间段为不带屏线组合换位导线，并绕根数 1～4 根。低端换流变压器阀侧线圈可内置亦可外置，出头均为端部轴向引出；外置时，通常设置外地屏用来缩减油箱内部空间，降低运输宽度。高端换流变压器阀侧线圈在最外侧，出头为端部辐向水平引出，柱间"手拉手"连线同样采用备线结构。

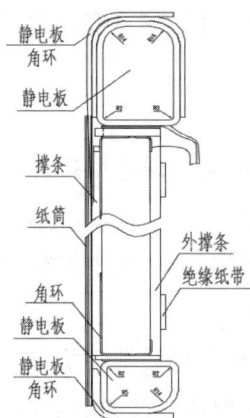

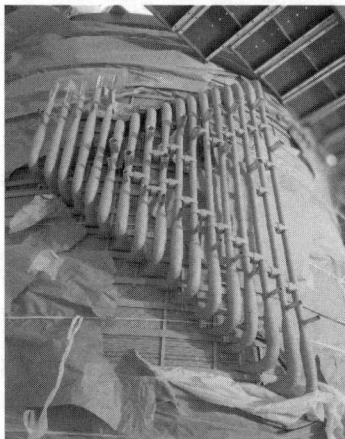

图 1-2-13　SIEMENS 调压线圈出线装配图

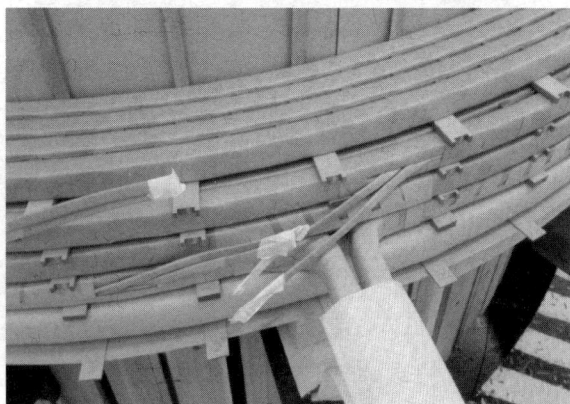

图 1-2-14　SIEMENS 线圈引出结构

　　SIEMENS 换流变压器均为强油导向结构，因此除了调压线圈辐向较小外，网侧和阀侧线圈线匝均设有轴向油道，线圈下部有分配油路的导油垫板，采用整体套装方式。

三、器身与引线装配

（一）ABB 结构特点

　　ABB 在线圈组上下端部设置有肺叶形磁分路结构，用于将线圈和引线的漏磁通吸收并导回上、下铁轭中，使漏磁通磁力线通过铁心回路闭合。由于各个线圈独立装配，转序后依次从内向外对各个线圈组进行套装，线圈组上下端部有多层公共端圈用于提供进出油口，并给线圈套装吊钩提供撤钩空间；若换流变压器为强油导向结构，则线圈下部还需设置有导油系统，导油系统分为导油垫板和导油管。导油垫板替换部分公共端圈，为网侧和阀侧线圈提供油压分配，放置在公共端圈与线圈组之间，需线圈套装前放置；导油管从导油垫板的下部进入，入口端连接至油箱侧壁冷却器出油母管，需器身插铁完成后方可安装。

图 1-2-15　强油导向的油道及集油盒实物图

线圈套装完成后依次放置公共端圈、整体上压板和肺叶磁屏蔽，再进行插上铁轭。单柱上压板上表面设有 6 或 8 条水带槽,用于器身烘烤后压服使用。

ABB 采用半导体粘带作为绑扎材料,烘烤后固化成光滑屏蔽电极,取消了心柱地屏和旁柱地屏。上、下端绝缘距离较大,且肺叶磁屏蔽进入上、下铁轭的台阶处互补,对线圈端部形成平面电极,因此取消了上、下轭地屏。

公共端圈、压板和肺叶磁屏蔽均开有槽孔,便于调压和网侧线圈出头从内部轴向穿出,引线装配完成后槽孔多余间隙需用 0.5mm 瓦楞+纸板填充。

调压引线穿出后水平排布于压板之上,通过水平支架去往开关侧,上下并联引线通过竖直支架在相间固定,水平支架和竖直支架可提前预装电缆,然后整体吊装固定于夹件支板上,用铜套将预装的支架电缆与线圈出头电缆按照对应标号压接;开关侧分接线电缆架同样在预装平台上装配于开关支架上,最后与水平支架上的引线电缆对号压接。调压引线接入有载调压开关时各分接之间并有内置式氧化锌避雷器,采用绝缘板—玻璃丝纤维螺杆—弹簧—氧化锌阀片的结构,整体暴露。

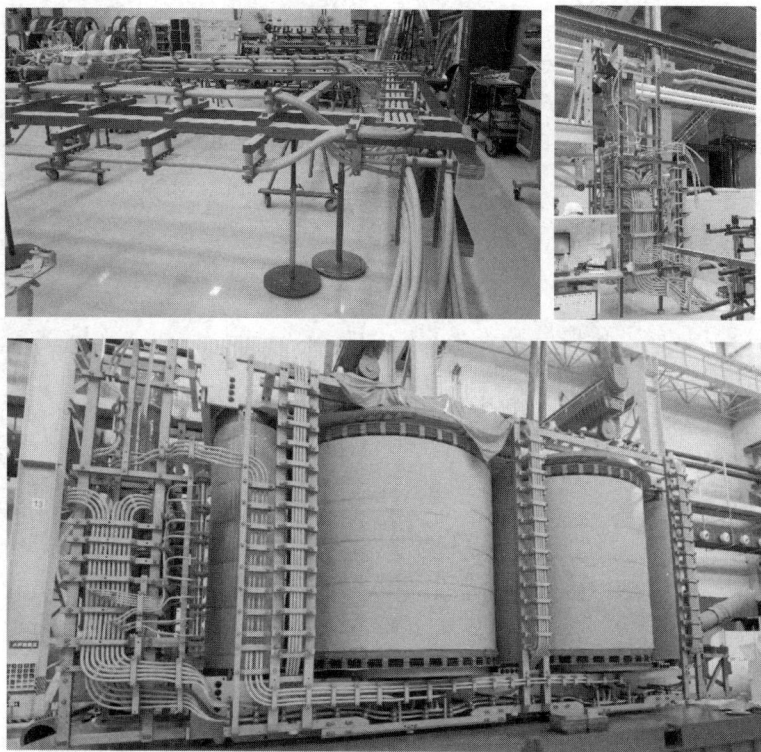

图 1-2-16 ABB 器身集成

网侧引线穿出后通过包扎厚皱纹纸的屏蔽铝管直接连至套管升高座内出线装置，引线屏蔽管可根据 2 主柱或 3 主柱采用 h 形或 m 形结构，根据送、受端运输限制条件布置在油箱内或油箱外升高座内。试验完成后，网侧出线装置需连同升高座一起拆除运输。

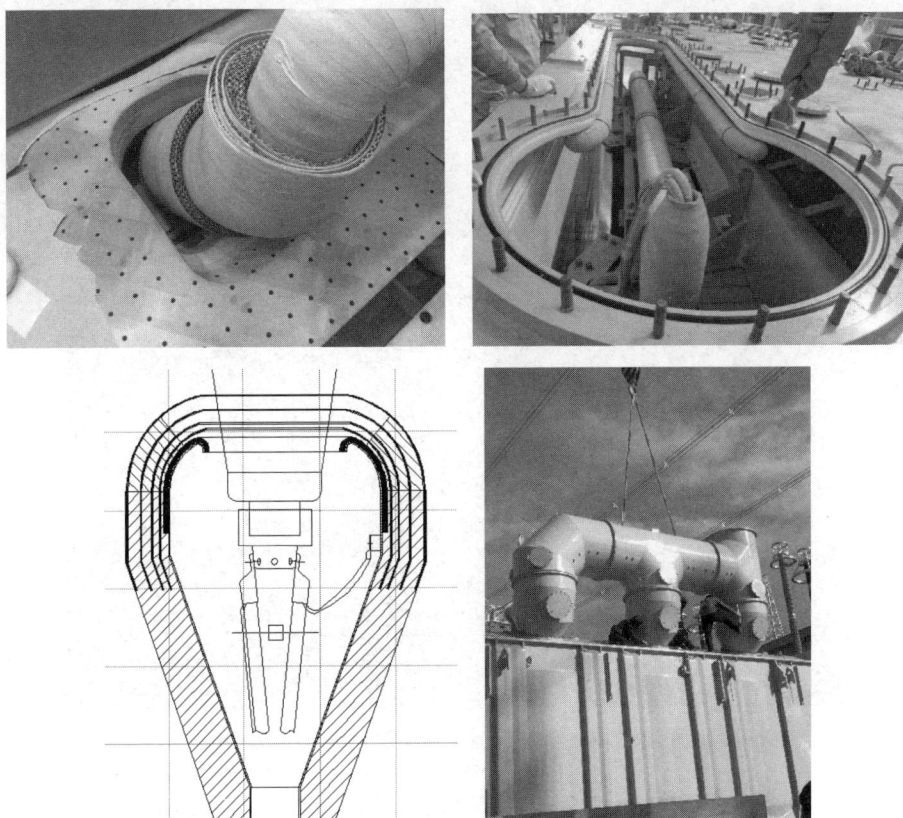

图 1-2-17　ABB 阀侧、网侧引线装配

阀侧引线水平辐向引出，与网线圈一样采用大口径铝管屏蔽并包扎皱纹纸厚绝缘方式，引线管插入阀线圈出头成型件后通过 0.3mm 瓦楞＋0.3mm 纸板与皱纹纸混合包扎至设计尺寸，"手拉手"柱间连线通过小段铝管进行屏蔽，铝管连接部分为两件对半扣合铝管台阶搭接。阀引线管从长轴外侧引出至旁柱端侧，并从上下布置方式转换成水平斜上开口布置，最后插入升高座内部纯绝缘屏障结构阀侧出线装置中，完全内置。套管接线处均压球需固定在阀引线管端部，不随出线装置移动。试验完成后，阀侧出线装置需连同升高座一起拆除运输。

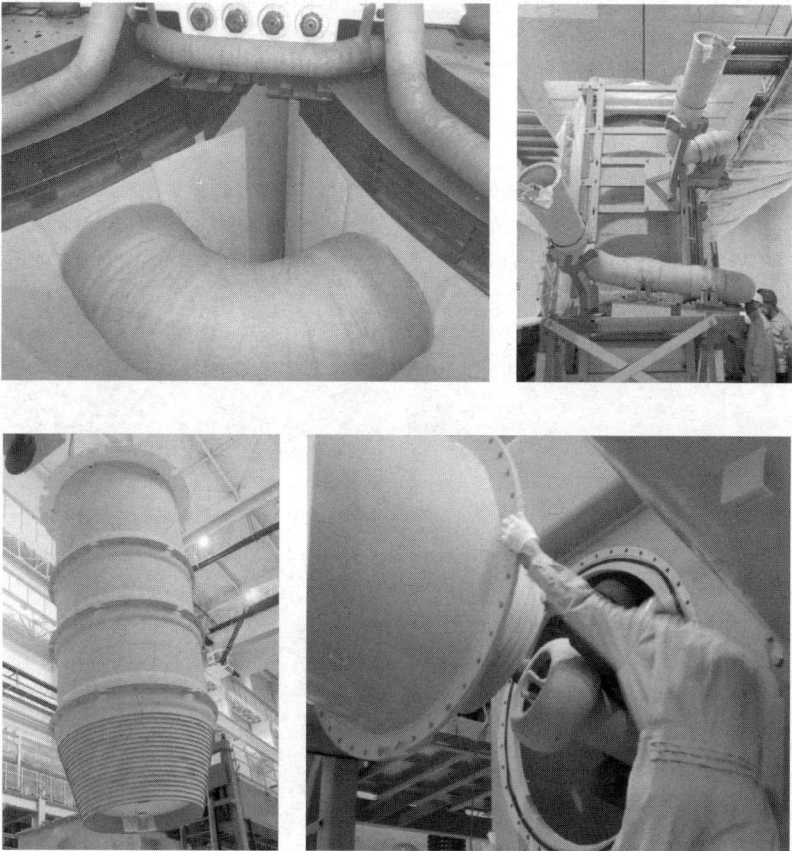

图 1-2-18 ABB 阀侧出线装置、阀侧引线装配

ABB 网侧首端套管和阀侧直流套管均为穿心拉杆结构，通过导电杆内部的穿心拉杆将尾端的接线铜端子与导电杆紧固在一起，形成面接触。

（二）SIEMENS 结构特点

SIEMENS 在控制线圈和引线的漏磁通效应上，通常在防护对象表面采用金属面涡流形成反磁势方式，即在夹件腹板外表面设置铜屏蔽，同时在油箱箱体上配合使用板式铜/铝屏蔽和条形磁分路，使漏磁通磁力线通过条形磁分路闭合。导油垫板与下夹件导油盒通过导油垫块进行支撑，垫块内部开孔，作为导油盒进入线圈下部的油流通道，每柱 8 个导油垫块根据进油口合理对称布置，压服完成后通过绝缘销子铆在导油垫板上，同时导油盒设有限位钉。

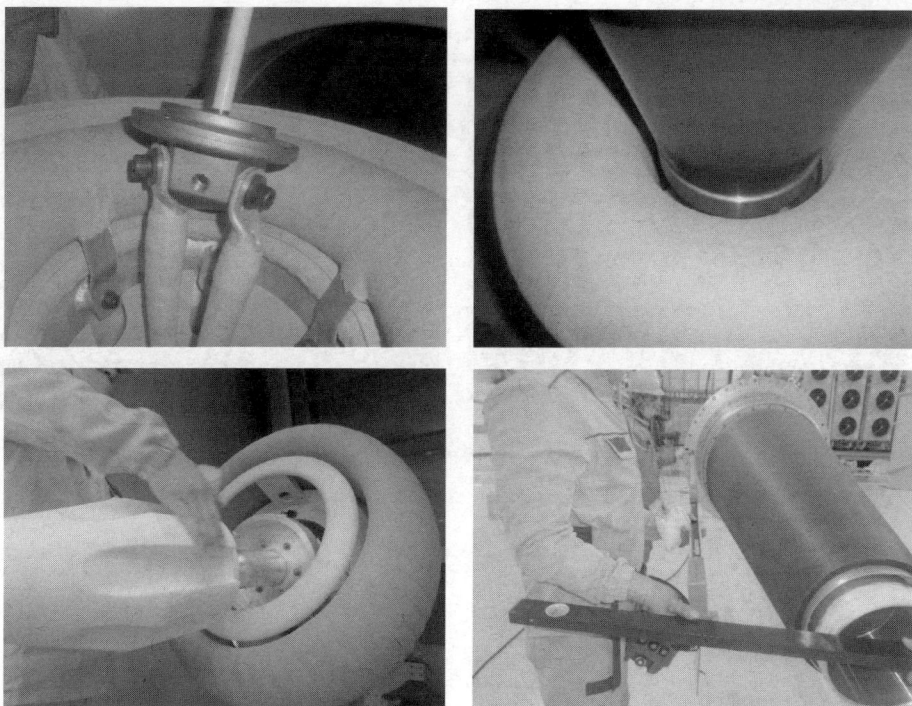

图 1-2-19　套管内部连接

图 1-2-20　SIEMENS 导油盒

　　由于上部采用分瓣厚压板+压块的方式进行施压，套装完成后去掉工艺压板，插上铁轭，然后再放置上压板和压块。

　　由于采用无纬带作为铁心绑扎，心柱设置有内地屏对硅钢片台阶进行屏蔽，采用半导体纸+铜编织带结构，内部为硬纸筒骨架，外部电缆纸绕卷；出于高场强区域地电位电场均匀性考虑，网、阀侧引线管附近金属件边棱同样采用包扎皱纹纸的铜棒、铜（铝）管或板结构进行屏蔽。

图 1−2−21　SIEMENS 内部压板

图 1−2−22　芯柱地屏实物图

调压线圈内置时，调压引线上下穿出后沿着夹件腹板纵向排布于器身压、垫板上下两端，通过导线夹固定在夹件腹板上去往开关侧，下部引线从旁柱绕回上部出口处通过三通并联，两柱调压引线并行部分电缆内外两层排布。

调压线圈外置时，引出线直接分段水平引出，在线圈外部用三通进行上、下并联，再从整个器身侧面纵向排布，通过支架走向开关支架，两柱调压引线并行部分电缆上下两排排布。调压引线接入有载调压开关时各分接之间也并有内置式氧化锌避雷器，采用绝缘管—弹簧—氧化锌阀片的结构，半封闭结构。

图 1-2-23　SIEMENS 绕组集成

网侧引线电缆穿出后通过金属管外附多层绝缘筒的成套管结构，在器身上部进入出线装置。出线装置根据套管布局，可在某一柱正上方，也可以布置在两主柱之间。出线装置同样为多层绝缘屏障的均压球结构，内置于油箱中，连通本体一起运输。

阀侧引线管与网侧引线一样，均采用金属管外附多层绝缘筒的成套管结构。低端换流变压器阀侧线圈常采用轴向引出，两柱引线电缆提前预装在分段加工、整体封装的成套屏蔽管系统内，电缆采用多根铜编织带组合而成，柔软的铜编织带便于在管路中牵引移动。高端换流变压器阀侧线圈采用辐向引出，"手拉手"柱间连线通过铝管和绝缘筒一层层粘合成引线管多层结构。

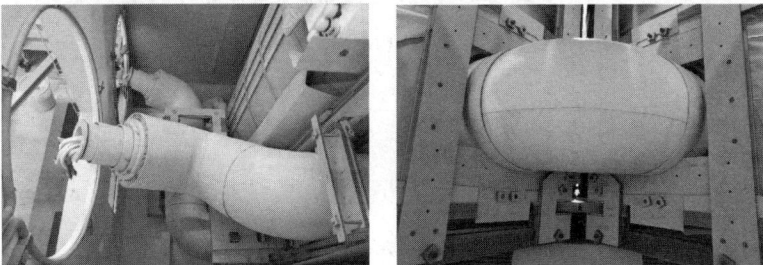

图 1-2-24　SIEMENS 阀侧与网侧引线安装

阀引线管与阀侧出线装置通过绝缘筒的嵌套插接方式进行绝缘配合，引线管内金属铝管需要插入到出线装置均压球结构金属腔体内部一定深度，确保引线电缆与套管的连接部位被金属球完全屏蔽。

通常，SIEMENS 换流变压器采用 HSP（或传奇）公司套管，HSP±200kV 纯干式套管尾端为铜柱，因此阀侧引线电缆直接通过螺栓紧固于两个对扣的铜端子，铜端子再通过长螺栓将套管铜柱抱紧；HSP±400kV 及以上为 SF$_6$ 浇注干式套管，尾端为嵌套银铜弹簧链条的触指结构，通过插接方式进行电气连接，阀引线管金属铝管端头需装配适配触指插接的过渡连接座。试验完成后，阀侧出线装置需连通升高座一起拆除运输。

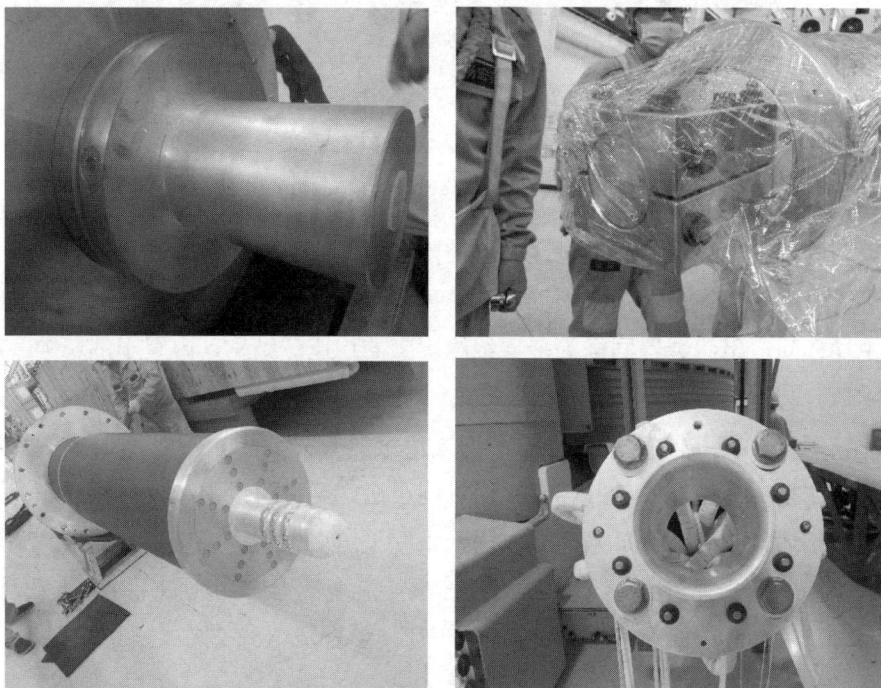

图 1-2-25　SIEMENS 套管头部

四、油箱及附件

（一）ABB 结构特点

ABB 换流变压器桶式结构油箱与箱盖连接方式为全焊死结构。箱底为整板平板结构，不得拼接，外部长宽边每边长出箱壁外边。

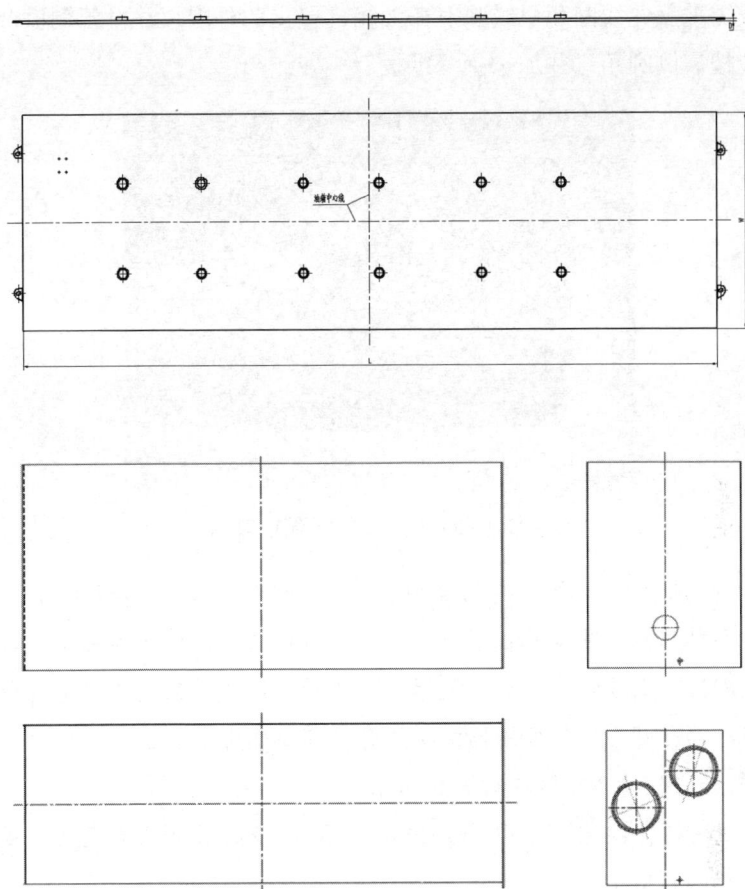

图 1-2-26　ABB 箱壁结构示意图

　　箱盖采用低合金钢板，可分为平板结构或拱形结构，平板结构通常用于公路＋水路运输方式，拱形结构通常用于铁路运输方式。

　　油箱吊攀采用可拆卸式结构，每侧 4 件，槽式加强铁中部焊接吊钩，吊攀用固定销子固定安装在吊钩上，运输时拆下。运输肩座采用拆卸式结构，箱壁上焊接运输杠，两件运输支撑板用螺栓固定在运输杠上组成一个运输肩座，运行时拆下。

　　为了配合线圈上下端部肺叶形磁分路对内部绕组端部漏磁和引线空间漏磁进行控制，油箱两面长轴箱壁内侧焊有 4mm～6mm 铜板屏蔽结构，将漏磁通反射回磁分路中，确保主要漏磁通都通过磁分路吸收引导至铁心闭合回路中，铜板需覆盖住线圈和引线映射在油箱内壁上的外限尺寸；若铜板凸出油箱内壁，边棱需倒圆角，并加护绝缘纸板。

图 1-2-27　ABB 油箱内部

　　ABB 换流变压器器身内部可分为强油导向风冷（ODAF）和强油风冷（OFAF）两种结构，冷却装置通常采用一出一进方式。变压器油从油箱上部通过一根 DN200 出油管流入上汇流母管，分流至连接油泵的联管进入每组风冷器，经风冷器冷却之后的变压器油进入含油流继电器的联管，汇集至下汇流母管，再通过一根 DN200 进油管流回油箱。

　　ABB 胶囊式储油柜通常为八边形扁长结构，支撑腿垂直固定在油箱长轴箱壁两侧焊接的底板上。

　　（二）SIEMENS 结构特点

　　SIEMENS 换流变压器桶式结构油箱与箱盖连接方式为螺栓紧固。箱底为整板平板结构，不得拼接，外部长宽边每边长出箱壁外边；箱底内侧焊接器身下定位定位碗，并根据器身垫脚位置布置"T"型加强铁。箱壁为拼板结构，采用低合金钢板。

　　箱盖采用低合金钢板，可分为平板结构或折弯结构。箱盖为平板结构时，箱盖上部均布短轴方向"T"型加强铁。箱盖为折弯结构时，箱盖内部均布短轴方向"T"型加强铁。

　　油箱吊攀采用不可拆卸式结构，每侧 2 件，槽式加强铁中部焊接折弯板，与吊攀配合焊接。运输肩座同样通过折弯板配合焊接在槽式加强铁上，亦不可拆卸。

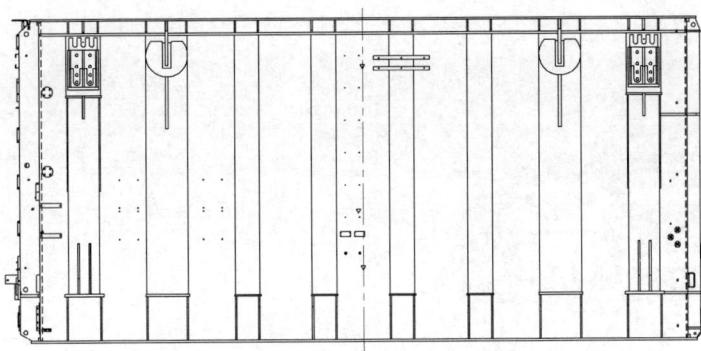

图 1-2-28 SIEMENS 油箱示意图

由于 SIEMENS 换流变压器内部绕组端部漏磁和引线空间漏磁没有从器身上进行吸收，而是通过夹件铜板反射至器身与油箱的空道中。因此，通常在箱盖和箱底焊接有长轴水平排列的条形磁分路，用于收集空间漏磁并通过旁柱形成闭合磁路。长轴箱壁配合上、下条形磁分路可以设置金属铜（铝）板屏蔽，或者纵向条形磁分路，用于降低油箱中涡流损耗与热效应。箱壁上的铜（铝）板或者条形磁分路需覆盖住线圈和引线映射在油箱内壁上的外限尺寸。

图 1-2-29 SIEMENS 油箱内部

SIEMENS 换流变压器器身内部为强油导向风冷（ODAF）结构，冷却装置通常采用一出两进方式。变压器油从油箱上部通过一根 DN250（DN300）出油管流入上汇流母管，分流至连接油泵的联管进入每组风冷器，经风冷器冷却之后的变压器油进入含油流继电器的联管，汇集至下汇流母管，再通过两根 DN200 进油管流回油箱。

SIEMENS 胶囊式储油柜通常为圆筒形结构，支撑腿垂直固定在油箱箱盖焊接的底板上。

第二篇

基础知识

第一章 换流变压器主要附件

特高压直流换流站内在运换流变压器主要基于西门子和 ABB 两种技术路线。换流变压器除本体外，还包括附件和监视、保护元件及装置等，如有载分接开关、网侧套管、阀侧套管、冷却器及其控制柜（包括潜油泵）、储油柜、储油柜油位计、呼吸器、压力释放阀、气体继电器、油流继电器、压力继电器、温度测量装置、在线监测装置等。

第一节 有 载 分 接 开 关

变压器正常运行时，由于负载变动或一次侧电源电压变化，导致二次侧电压也随着变化。为了保证二次侧电压恒定在一定范围之内，需要对变压器进行调压。换流变压器调压方式为有载调压即有载分接开关切换分接头时不需要将换流变压器从电网中退出，可以带着负载进行切换。切换原则为：先选择后切换。有载分接开关由选择开关、切换开关、极性开关、电位开关、过渡电阻、电动操动机构及相关保护元件等部分组成。下面就特高压直流换流站内两种常用的有载分接开关进行介绍。

一、MR 有载分接开关

西门子技术路线的换流变压器选用 MR 生产的 VRF 型真空有载分接开关，与常规有载分接开关最大的区别在于：切换开关内的灭弧机构采用真空管，寿命长，油中不会大量产生碳粒；在真空中产生的弧电压比在油中或 SF_6 中产生的要低很多，能量消耗和触头磨损降低；真空开关的触头比油浸式开关的更加耐磨（如在 1000A 切换电流下，前者的磨损只相当于后者的 10%）；切换寿命能达到 60 万次，一般操作 30 万次才需要维护，大大减少了维护工作。

VRF 型有载分接开关是由切换开关、分接选择器（带极性选择器）组成，并由安装在变压器箱壁上的电动机构经垂直传动轴、伞齿轮盒和水平传动轴传动。图 2−1−1 所示为 VRF 型有载分接开关内部结构。

下面就 VRF 型有载分接开关的结构及动作原理分别进行介绍。

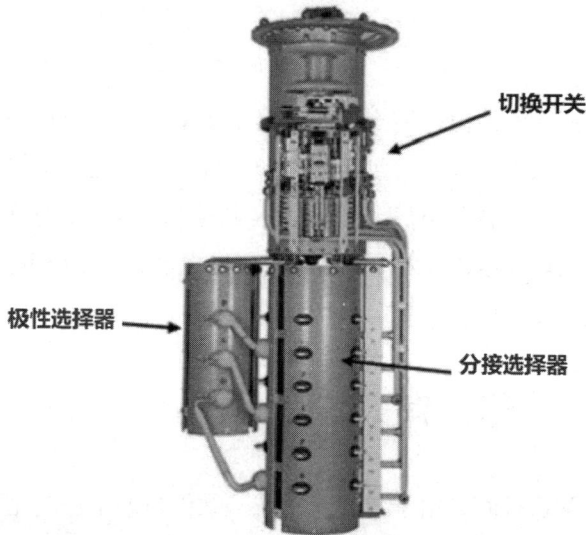

图 2−1−1　VRF 型有载分接开关内部结构

（一）切换开关

切换开关的作用是在有载的情况下，实现两个挡位之间的电气切换。切换开关由绝缘转轴、快速机构、真空管切换机构和过渡电阻器等组成，如图 2−1−2 所示。

1. 各组成部分原理

（1）绝缘转轴。绝缘转轴由高绝缘强度绝缘材料制作而成，且有很高的机械强度，承受切换开关动作和选择开关旋转的全部转矩。

（2）快速机构。快速机构采用枪机释放原理，并列储能弹簧与触头切换机构刚性连接，在分接开关切换时迅速动作，连动真空开关管动作，快速灭弧。

（3）真空开关管。真空开关管是切换的核心元件，其结构如图 2−1−3 所示。其工作原理就是在真空中熄灭电弧，缩小了传统灭弧室的结构，而且与油隔离，不会在切换灭弧中使油裂解出碳颗粒，不会对油产生污染。

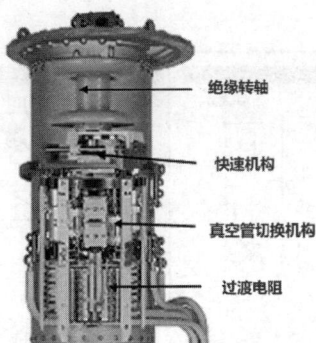

图 2-1-2　切换开关内部结构图　　图 2-1-3　真空开关管结构

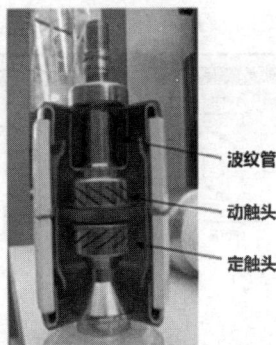

（4）过渡电阻器。过渡电阻在分接开关变换操作时，跨接调压绕组相邻分接头，使负载电流不中断地从一个分接转换到另一个分接上。为了限制环流，避免两挡间短路，在切换回路中加了过渡电阻器。另外为了保护电阻器，在电阻器上加 ZnO 避雷器进行过电压保护。

2. 动作过程

有载分接开关采用快速电阻切换原理，电动机构为驱动切换开关的储能弹簧（枪机机构）储能。储能过程完成时，枪机机构就带动切换开关，实现分接头的换挡操作。枪机机构快速释放导致的转换时间为 40～60ms。切换操作时，过渡电阻器将被接入，其负载时间为 20～30ms。一次换挡从电动机构启动到切换开关操作完成，总时间为 3～10s，具体操作顺序原理见表 2-1-1。

表 2-1-1　　　　　　　　　切换开关的操作顺序原理

从 n 档切换到 n+1 档（升挡）		
1. 主触头 MCA 在导通位置上，并承载通过的电流。	2. 断开主触头 MCA，主通断触头 MSV 短接过渡触头并承载过渡电流。	3. 断开主通断触头 MSV，切断通过电流，这时通过电流流经过渡触头 TTV 和电阻器 R。

续表

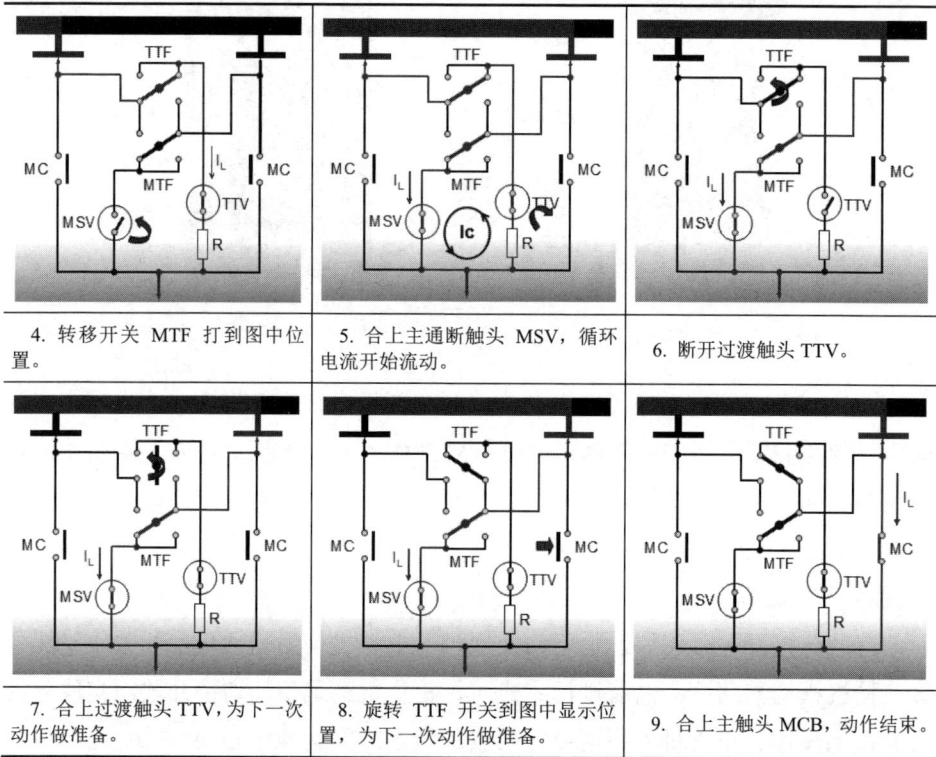

| 4. 转移开关 MTF 打到图中位置。 | 5. 合上主通断触头 MSV，循环电流开始流动。 | 6. 断开过渡触头 TTV。 |
| 7. 合上过渡触头 TTV，为下一次动作做准备。 | 8. 旋转 TTF 开关到图中显示位置，为下一次动作做准备。 | 9. 合上主触头 MCB，动作结束。 |

组成切换开关的动、静触头系统如下：

（1）MSV－主通断触头（真空断流器）在主支路中。这组触头与变压器绕组之间没有过渡阻抗，这些触头必须接通与开断电流。

（2）MCA、MCB－主触头。一组承载通过电流的触头，它们与变压器绕组间没有过渡阻抗。这些触头不开短电流，它们通常是用铜或银铜制成。

（3）TTV－过渡触头（真空断流器）在过渡支路中。这组触头与过渡阻抗相串联，这些触头必须接通和开断电流。

（4）TTF－转移开关，过渡支路。

（5）MTF－转移开关，主支路。

（6）ZnO－氧化锌避雷器。

（7）R－过渡电阻。

（二）分接选择器

由极性选择器、齿轮机构、带接线端子的绝缘条笼、带有相应驱动管和扇形件的桥式触头组成。分接选择器中心轴的周围布置有若干个定触头（分接选择器端子），而在分接选择器的中心轴上装设动触头，并由中心轴带动动触头，动触头经由集流环通过分接选择器连线连接到切换开关上。分接选择器采用筒式结构，增加分接选择器结构强度。如图2－1－4所示。

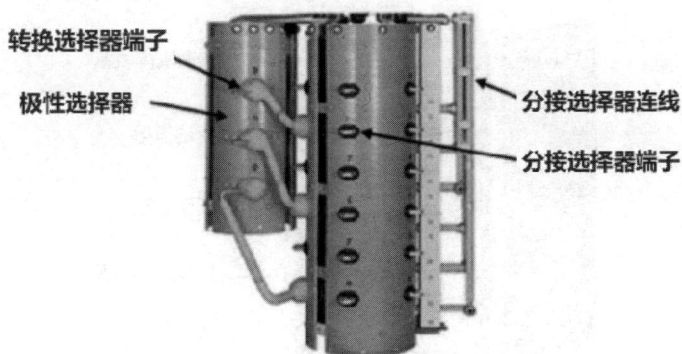

图2－1－4　分接选择器结构图

（三）机械传动部件

有载分接开关的机械传动部件，主要由电动操作机构、传动轴、伞齿轮盒等部件组成，如图2－1－5所示。

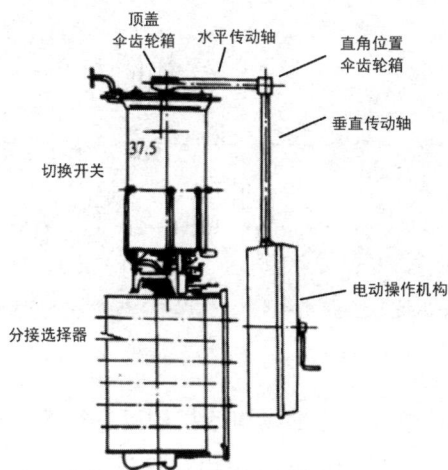

图2－1－5　分接选择器结构图

　　西门子提供的换流变压器有载分接开关电动机构使用的是 ED（Electric Drive 电动驱动）型，采用模块化设计，其功用是在将有载分接开关的工作位置调整到运行要求的位置，由箱体、传动机构、控制机构和电气控制设备组成，其功能是在有载分接开关需要动作的时候，给切换开关和选择开关提供恰当的转矩。只有在电动机构操作完成一档后才可能进行下一次换档操作。操作机构的结构如图 2-1-6 所示。

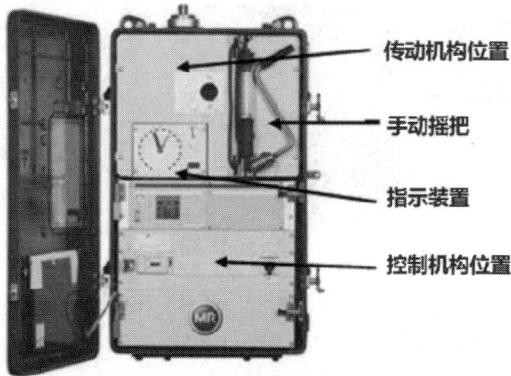

图 2-1-6　电动操作机构图

指示装置如图 2-1-7 所示。

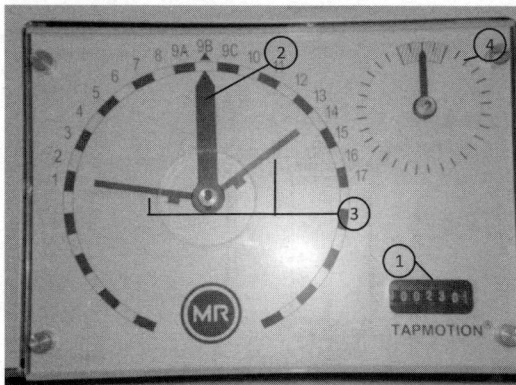

图 2-1-7　指示装置

　　① 一机械式操作计数器，它显示电动机构已进行的总操作次数。

　　② 一位置指示器，它显示电动机构和有载分接开关（标准设计，最大 35 个分接位置）分接位置。

③一两个拖针，它表示已经到达过的电压范围。

④一分接变换指示器，它显示控制凸轮的当前位置（一次分接操作分33格）。

上图中驱动轴通过伞齿轮箱，实现动力沿一定的角度传动。伞齿轮箱子主要由一对圆锥齿轮及水平、垂直两传动轴组成。通过改伞变齿轮箱内一对圆锥齿轮的齿数及安装位置可以得到不同的传动比及旋转方向。

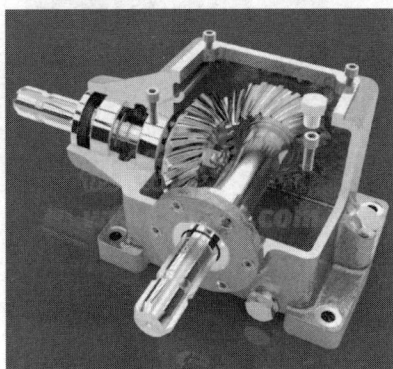

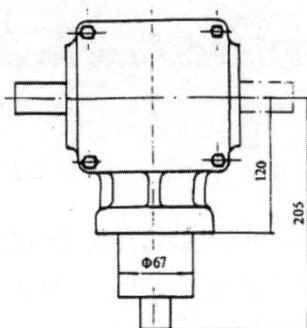

A 伞齿轮内部结构图   B 直角位置伞齿轮箱外观示意图

图 2-1-8 传动部件—伞齿轮箱

驱动轴与伞齿轮箱之间，通过传动轴相连。传动轴本身是由方管组成，方管两端有两个连接托架，一个连接轴销及紧固件与各自构件连接，均由不锈钢材料制成，具有抗腐蚀性能。

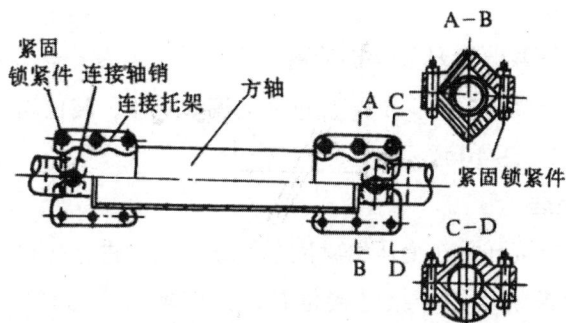

A 传动轴结构示意图

图 2-1-9 传动部件—传动轴（一）

B 禁锢锁紧件外观

图 2-1-9　传动部件—传动轴（二）

（四）OF100 型号在线滤油机

在有载分接开关中加在线滤油机是为了使油循环，通过油来散掉因切换开关部分操作后电阻产生的热量，防止因有载频繁切换导致的油温上升影响切换开关的性能。滤油机过滤罐的圆筒油罐由进回油管，泵电机和滤芯三部分组成。回油和进油的管接头分别位于上顶盖和罐底。油泵经过分接开关的吸油管和过滤罐的进油管抽入开关油。油进入装有油泵的过滤罐后，在油泵压力下穿过滤芯。过滤后的油从管接头流出过滤管罐，经回油管返回分接开关。

根据设备直流〔2019〕48 号文，国网设备部关于印发特高压换流站分接开关应急处置及消防提升措施推进会议纪要的通知，现暂时停用 MR 真空分接开关滤油机。

（五）VRF 型有载分接开关保护配置

VRF 型有载分接开关的保护配置包括油流继电器、截止阀、储油柜、压力释放阀等，如图 2-1-10 所示。

（六）动作原理

VRF 型有载分接开关在变压器励磁或负载状态下进行操作，当一次绕组侧电压波动时，调换绕组的分接连接位置，改变换流变压器一、二次绕组的匝数比，使二次侧的电压稳定在一个规定范围内。一般有载分接开关都连接在一次绕组的中性点分接绕组上，大大降低了有载分接开关的绝缘成本。表 2-1-2 所列为 VRF 型有载分接开关动作原理。

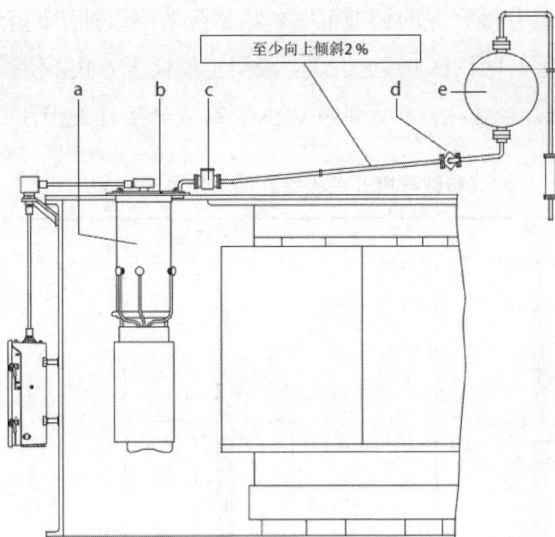

图 2-1-10 VRF 型有载分接开关保护配置

a—分接开关；b—压力释放阀；c—油流继电器；d—截止阀；e—储油柜

表 2-1-2 有载分接开关动作原理示意

1 档升到 2 档的动作过程
1. 此时单数抽头在 1 挡位置上，承载电流	2. 通过切换开关把电流转换到单数抽头 2 挡上	3. 单数抽头在无电流的情况下从第 1 档过渡到第 3 档，为下一次操作做准备

为了增大有载分接开关的调节范围，尽量降低绕组抽头的个数，目前普遍采用的是在有载分接开关中增加极性开关，采用正反调压方式，使调节挡位变为没加之前的2倍+1挡。表2-1-3所列为VRF型有载分接开关极性开关动作原理。

表2-1-3 有载分接开关极性开关动作原理示意

"+"到"-"的转换		
1. 当极性开关在"+"时，调压绕组与主绕组绕向相同，感应磁通方向相同，感应电势相加，因此在9时，绕组匝数最多	2. 在极性开关动作前，先闭合电位电阻的电位开关，以减小由调压绕组悬浮而引起极性开关动静触头之间的持续放电	3. 极性开关打到中间位置，此时切换选择开关另一触头向抽头0动作
4. 极性开关继续动作，由"+"切换到"-"，下一挡调压绕组与主绕组绕向相反，感应磁通方向相反，感应电势相减	5. 电位开关与极性开关之间通过机械配合，在极性开关闭合后再断开	6. 合上选择开关，动作完成。极性开关由、"+"到"-"的相互切换，正调压变成反调压

二、ABB 有载分接开关

ABB 技术路线的换流变压器选用 ABB 生产的 UC 型有载分接开关，UC 型有载分接开关是由换流变有载调压开关由以下部分组成：选择开关、切换开关、极性开关、电位开关、过渡电阻、电动操作机构及相关保护元件等组成。

下面就 UC 型有载分接开关的结构及动作原理分别进行介绍。

图 2-1-11　电机操动机构与调压开关连接图

（一）电动操动机构

ABB 有载分接开关是安装在变压器油箱内的。电动操动机构在变压器油箱壁上，通过驱动轴和斜齿轮与有载分接开关相连，如图 2-1-11 所示。

图 2-1-12 所示为 ABB 有载分接开关和电动操动机构，其主要部件是由弹簧驱动的切换开关和带有滑动触头的分接选择器。浸在变压器油箱内油中的部件通常不需要进行维护。但是当有载分接开关进行了 10^6 次操作后，建议对分接选择器进行检查。

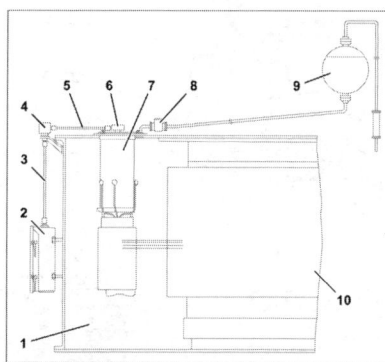

插图 1：有载分接开关变压器的系统概览

1	变压器油箱	6	齿轮盒
2	电动机构	7	有载分接开关
3	垂直传动轴	8	保护继电器
4	全齿轮盒	9	储油柜
5	水平传动轴	10	器身

图 2-1-12　ABB 有载分接开关和电动操动机构

（二）切换开关

切换开关有一个与变压器主体油隔开的独立油室，这是为了防止切换开关因操作而导致油老化后，对变压器主体油造成污染。对切换开关油室内的油需要定期进行检查和过滤，以保证其适当的电气强度，同时防止机械磨损。UC型有载分接开关的基本结构如图2-1-13所示。定期对触头进行检查，清洁切换开关的绝缘件，同时清洁开关油室的内部是很必要的。

切换开关的主要部件包括：① 主静触头；② 主动触头；③ 过渡静触头；④ 过渡动触头；⑤ 过渡电阻；⑥ 弹簧驱动的多边形连接系统。

除了对切换开关进行维护和油清洁以外，还要对电动操动机构进行检查和润滑。

图2-1-13给出了UC型有载调压开关的一般排列，主要部件是由弹簧驱动的切换开关和带有滑动触头的分接选择器。浸在变压器油箱内的油中的部件通常不需要进行维护。但是当有载调压开关进行了一百万次操作后，建议对分接选择器进行检查。

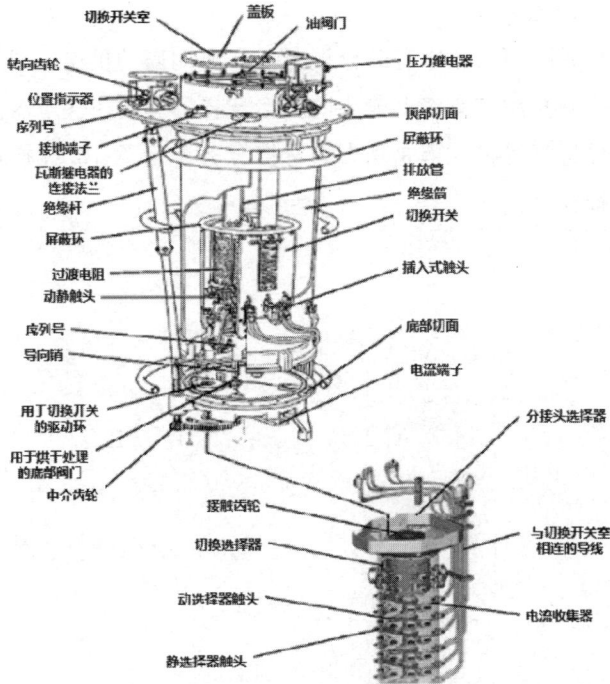

图2-1-13 UC型有载分接开关的基本结构

有载分接开关的切换原则为先选择后切换,分接开关由 4 挡向 5 挡切换时的动作过程及切换过程如下:

(1)分接开关变换操作前,分接选择器单数触头组接于分接 3,双数触头组接于分接 4,切换开关处在双数位置。电流通过分接 4 由切换开关双数触头 v 经 30 输出,如图 2−1−14(a)所示。

分接选择器动作,把分接选择器单数触头组先由分接 3 变换到分接 5 位置,此过程中,没有通断负载电流,如图 2−1−14(b)所示。

(2)切换开关动作,v 通→v、u 通→v 断,u 通→u、y 通→u 断,y 通→y、x 通→y 断,x 通。切换开关从双数位置变换到单数位置,如图 2−1−14(c)所示。

(3)变换结束,分接选择器单数触头组接于分接 5,双数触头组接于分接 4,切换开关处在单数位置。电流通过分接 5 由切换开关单数触头 x 经过 30 输出。分接开关完成从分接 4 到分接 5 的变换,如图 2−1−14(d)所示。

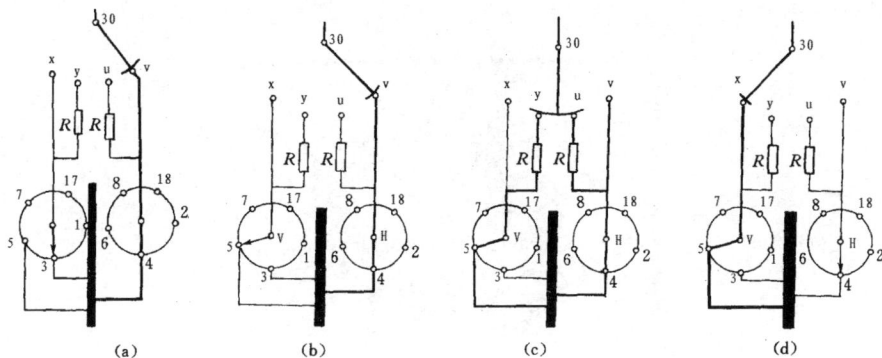

图 2−1−14 有载分接开关切换示意

(三)在线滤油机

为了对换流变压器有载分接开关的油箱进行在线滤油,换流变压器装有在线滤油机。在线滤油机由过滤器底座、过滤器外壳、取样阀、泵、电动机和连接法兰等组成。排油阀安装在过滤器底座上,用于在更换滤芯时排掉外壳内的油。在线滤油装置运行方式为在线不间断滤油;当滤油回路发生油泄漏时,发储油柜油位低报警,自动跳开滤油装置电动机开关,滤油机的外形如图 2−1−15 所示。

图 2-1-15　滤油机外形

三、差异性说明

1）切换主体结构上：单个 MR 切换芯子可切换三相绕组，对于换流变两柱绕组，每台换流变使用一个 MR 切换芯子，使用 2、3 区，1 区空闲，如图 2-1-16。每个区包含主触头、静触头、真空泡、过渡电阻等一套完整切换开工元件，如图 2-1-17。

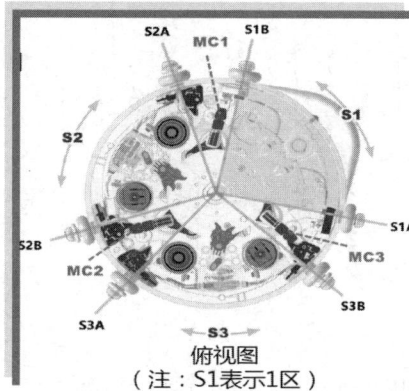

图 2-1-16　MR 切换芯子俯视图

MR 切换芯子为三相水平布置，换流变两柱绕组使用 2、3 区，1 区空闲。如图 2-1-16 和图 2-1-17 分别为 MR 切换芯子的主视图和俯视图，每个区包含主触头（如图 2-1-17 中 MC2）和静触头（如图 2-1-18 中 3 区 A 侧、2 区 B 侧）。

单个 ABB 切换芯子切换单相绕组，对于换流变两柱绕组，每台换流变使用两个 ABB 切换芯子，如图 2-1-18。单个切换芯子包含主触头、静触头、过渡电阻等一套完整切换开关元件，如图 2-1-19。

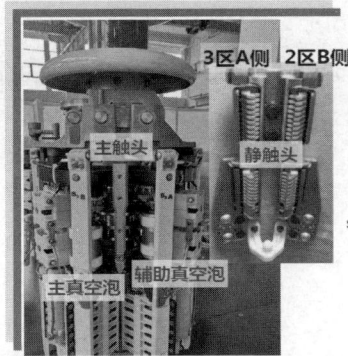

图 2-1-17 MR 切换芯子主视图

图 2-1-18 ABB 开关切换芯子布置图

图 2-1-19 ABB 开关切换芯子

2）传动轴布置方式上：ABB 分接开关主传动轴在开关选择器外部布置，如图 2 – 1 – 20 所示；MR 分接开关主传动轴在开关选择器内部布置，如图 2 – 1 – 21 所示。

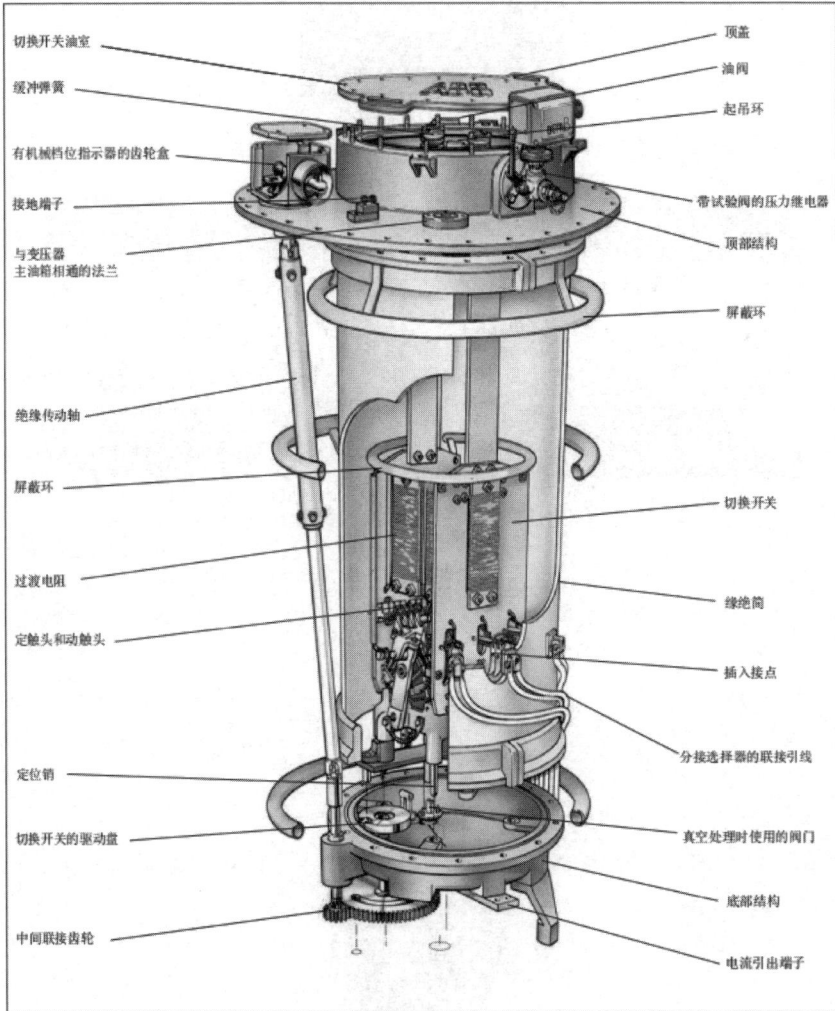

图 2 – 1 – 20　ABB 分接开关主传动轴布置图

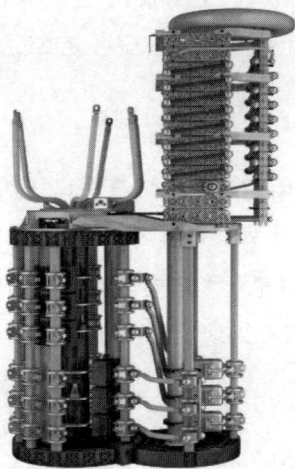

图 2-1-21　MR 分接开关主传动轴布置图

3）保护组件配置上：ABB 分接开关通常有开关油流继电器、压力释放阀、压力继电器作为其标准配置；MR 分接开关通常标准配置为开关保护（油流）继电器、压力释放阀。

第二节　套　　管

套管是换流变压器的重要组件之一，其作用是将换流变压器内部的高、低压引线引到油箱外部，以便与外部电网连接，并使引线对地绝缘得以固定。同时套管又是载流元件之一，换流变压器运行中，套管将长期通过负荷电流。下面就特高压直流换流站内换流变压器常用的两种型号的套管进行介绍。

一、HSP 套管

西门子换流变压器使用的套管由 HSP 提供，分网侧套管和阀侧套管，网侧套管又分为高压侧套管（1.1 套管）和中性点套管（1.2 套管）。网侧套管采用瓷质伞裙式油纸电容式套管，并配有易于从地面检查油位的储油柜油位计，顶部接线端子可变换方向。由于阀侧为全绝缘，阀侧同一绕组的两支套管绝缘水平完全一致，根据阀侧对地绝缘等级不同，选择不同绝缘强度等级（如±800kV

特高压站有±200kV、±400kV、±600kV、±800kV 等电压等级）的阀侧套管。阀侧套管采用复合硅橡胶绝缘材料，内空并充 SF_6 气体，并有 SF_6 压力表进行实时监视或报警。

（一）HSP 网侧套管

HSP 网侧套管内部采用的是油纸绝缘电容式结构，其主绝缘由油浸式芯子构成，芯子被绝缘油包裹；外部采用伞裙式瓷质材料，有效增大爬电距离。图 2-1-22 所示为 HSP 网侧套管结构。油纸绝缘电容式结构的网侧套管在运行时末屏必须接地，确保末屏为地电位，防止电容屏击穿，确保套管安全运行。

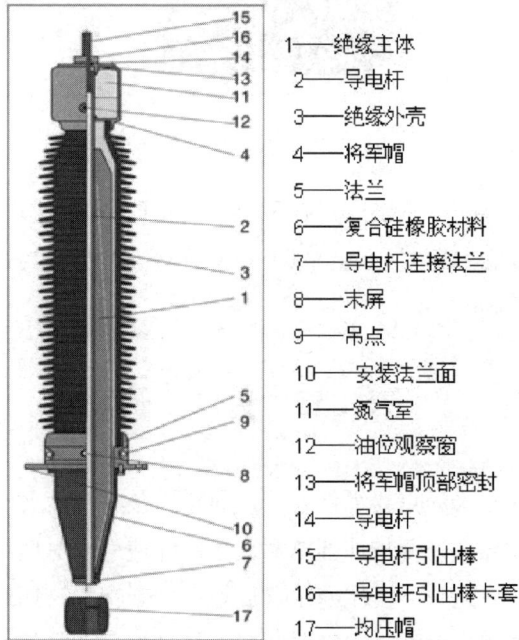

1——绝缘主体	
2——导电杆	
3——绝缘外壳	
4——将军帽	
5——法兰	
6——复合硅橡胶材料	
7——导电杆连接法兰	
8——末屏	
9——吊点	
10——安装法兰面	
11——氮气室	
12——油位观察窗	
13——将军帽顶部密封	
14——导电杆	
15——导电杆引出棒	
16——导电杆引出棒卡套	
17——均压帽	

图 2-1-22　网侧套管

（二）HSP 阀侧套管

HSP 阀侧套管内部采用的是复合硅橡胶材料绝缘电容充气式结构，外部采用伞裙式复合硅橡胶材料，有效增大爬电距离。图 2-1-23 所示为 HSP 阀侧套管结构。

阀侧套管的末屏同样也需要接地。在换流变压器的中性点偏移保护中，需要换流变压器 2.1、3.1 套管的电压量，该保护就从以上类型套管的末屏上取信号，这就导致以上类型套管的末屏接线与其他阀侧套管末屏的接线有所不同。阀侧套管内部充入 SF_6 气体。每根阀侧套管配置一个 SF_6 密度继电器，该继电器内部的信号触点设置：SF_6 压力报警 1 个（$2.4×10^5Pa$），跳闸 2 个（$1.0×10^5Pa$）。

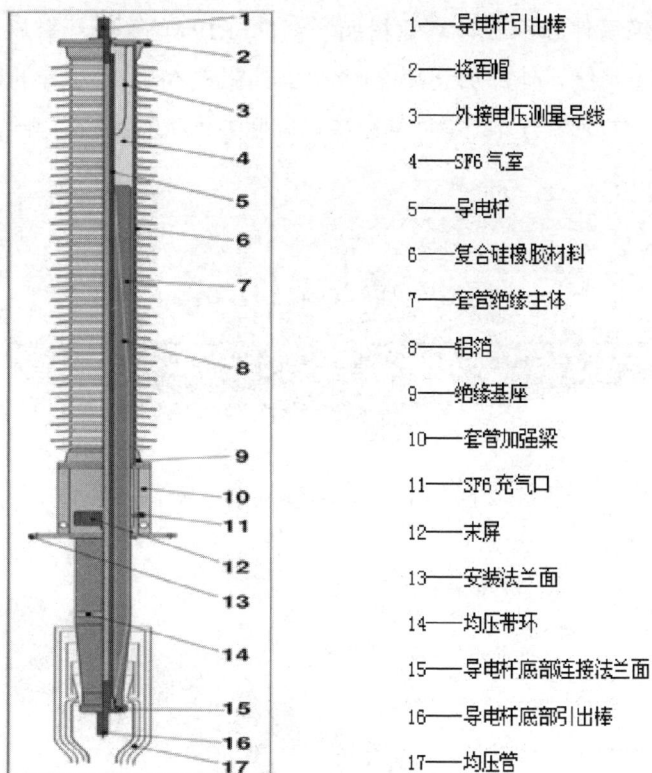

1——导电杆引出棒
2——将军帽
3——外接电压测量导线
4——SF6 气室
5——导电杆
6——复合硅橡胶材料
7——套管绝缘主体
8——铝箔
9——绝缘基座
10——套管加强梁
11——SF6 充气口
12——末屏
13——安装法兰面
14——均压带环
15——导电杆底部连接法兰面
16——导电杆底部引出棒
17——均压管

图 2-1-23 阀侧套管

二、ABB 套管

ABB 提供的换流变压器使用的套管分为网侧套管和阀侧套管，网侧套管又分为高压侧套管和中性点套管。网侧套管采用瓷质伞裙式油纸电容式或者干式套管，并配有易于从地面检查油位的储油柜油位计，顶部接线端子可变换方向。根据阀侧对地绝缘等级不同，选择不同绝缘强度等级的阀侧套管。阀侧套管外绝缘采用复合硅橡胶绝缘材料，内空并充 SF_6 气体，并有 SF_6 压力表进行实时监视或报警。

（一）ABB 网侧套管

ABB 网侧套管分为油绝缘套管和干式套管。油绝缘套管由最内层的导电管、中间层的油浸式电容纸质芯子和分层的铝箔及最外层的瓷绝缘子外套组成，内部充满油，如图 2-1-24 所示。干式复合绝缘电容式套管由环氧树脂浸渍的圆筒状绝缘件和组成，环氧树脂浸渍的 RIP 套管以环氧树脂浸纸式电容芯子作为主绝缘，外部加装高度硫化的硅橡胶材料，外壳承担机械负荷并作为外绝缘，主绝缘与外绝缘间的空隙以硅脂类膏状物绝缘材料作为填充，如图 2-1-25 所示。

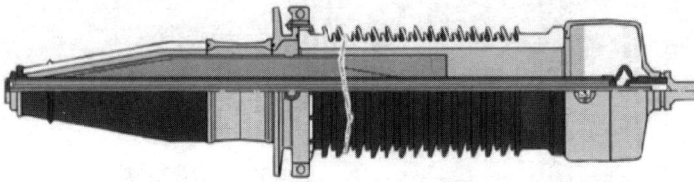

图 2-1-24 油绝缘套管结构

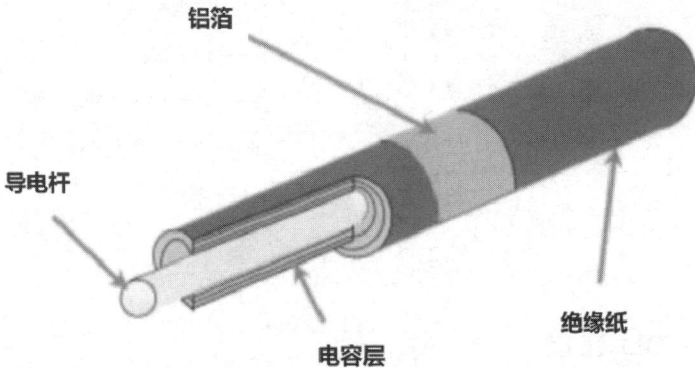

图 2-1-25 干式套管结构

（二）ABB 阀侧套管

ABB 阀侧套管结构如图 2-1-26 所示。SF_6 油套管分为内、外两部分：套管内部下半部分充油，与变压器油连通；外部主要包括玻璃纤维带环氧树脂管、硅橡胶伞裙组成的绝缘体，并充上一定压力的 SF_6 气体。

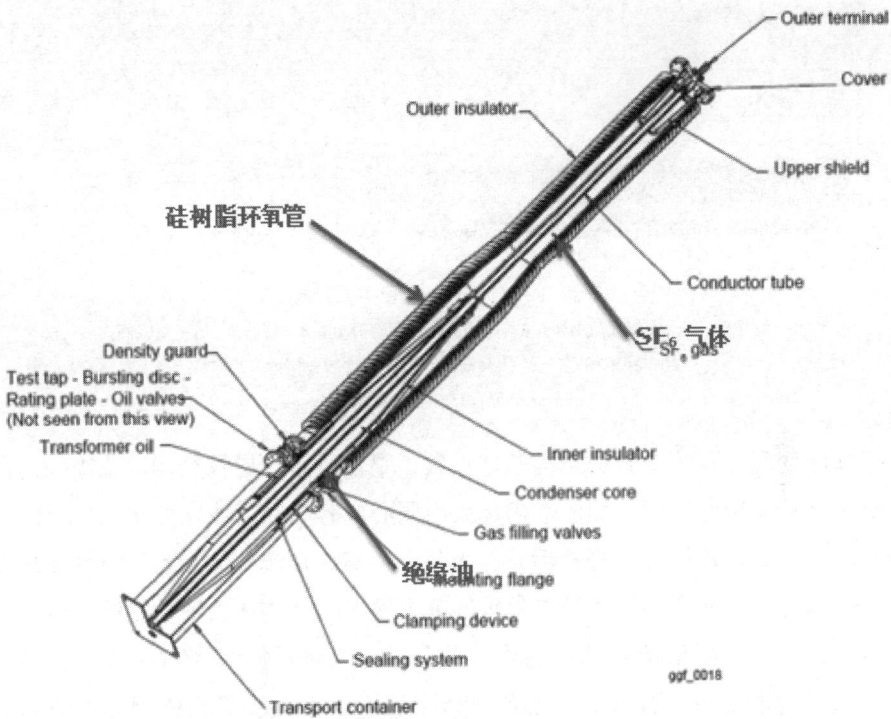

图 2-1-26 阀侧套管

三、差异性说明

1）交流侧套管，HSP 一般采用导杆式结构，ABB 通常采用拉杆式结构；

2）阀侧直流套管，HSP 一般采用的是复合硅橡胶浸纸绝缘电容充气式结构；ABB 一般采用的是复合硅橡胶油浸纸电容充气式结构。

四、干式套管

环氧树脂浸纸电容式直流套管主要由头部均压环、头部载流端子、电容芯子、复合绝缘套、屏蔽环、充气阀、防火穿墙筒、连接套筒、分压器、接地带、保护筒、油中接线端子等部件组成，见图 2-1-27。主绝缘是由环氧树脂浸渍绝缘纸固化而成，内部采用同心电容串联而成；外绝缘采用硅橡胶复合绝缘套。在复合绝缘套与芯子之间充有经过处理的 SF_6 气体。可以适应换流阀厅无油及直流外绝缘耐污特性的要求。

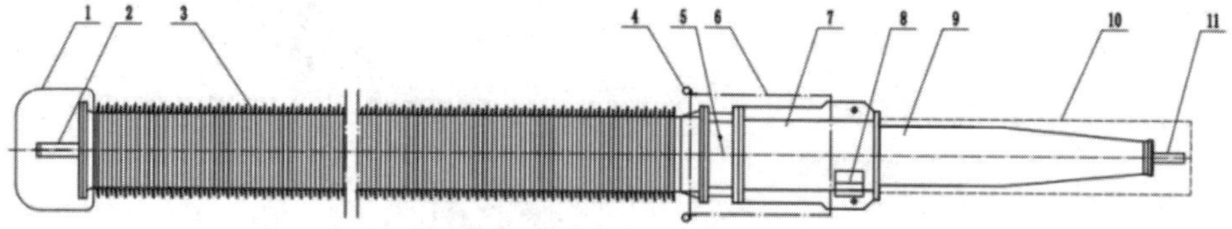

图 2-1-27　干式套管主要结构

1—均压球；2—头部载流端子；3—硅橡胶绝缘复合外套；4—屏蔽环；5—充气阀；
6—穿墙筒；7—连接套筒；8—分压器；9—接地带；
10—保护筒；11—油中接线端子

　　换流变阀侧直流套管的结构基本一致，整体采用双层管结构。主绝缘是由环氧树脂浸渍绝缘纸固化而成，内部采用同心电容串联而成，外绝缘采用硅橡胶复合绝缘套，机械性能和抗污秽能力强，可满足直流外绝缘耐污特性要求；在主绝缘与外绝缘之间充有经过处理的高纯度 SF_6 气体作为辅助绝缘，电气性能良好、稳定；尾部接线端子的连接部分设计为可拆卸式密封结构，能够防止变压器内的油进入到套管中心的导体空腔中，可以满足换流阀厅内无油的要求。

第三节　冷　却　器

　　换流变压器在运行时产生的损耗（空载＋负载）都转变为热能，以多种方式向周围散出。但因为变压器运行时产生连续的热量，且整体外表面面积是有限的，所以就必须附加一些冷却系统（热交换器），以达到尽快地将电力设备的温度降低，保证设备安全运行的目的。换流变压器采用的冷却方式有强迫油循环风冷（OFAF）和强迫油循环导向风冷（ODAF）两种，两者的主要区别在于绝缘油在换流变压器内部流动的方式不同。OFAF 冷却方式下，油流进入油箱后按自然循环自由流动，与负载直接相关。而 ODAF 冷却方式下，油流进入油箱按照一定的路径流过绕组，冷却效果相对更好。不同冷却方式油流路径示意图如图 2-1-28 和图 2-1-29 所示。

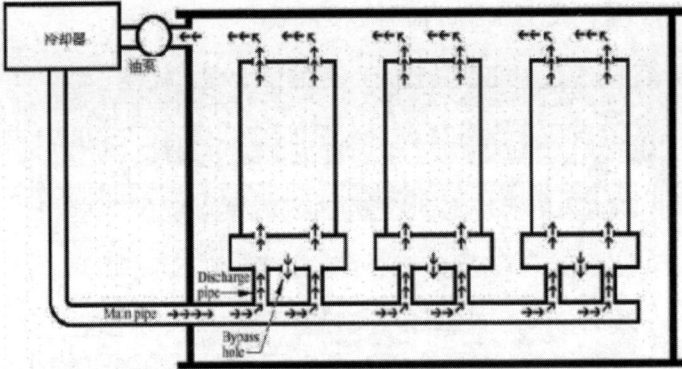

图 2-1-28 ODAF 冷却方式

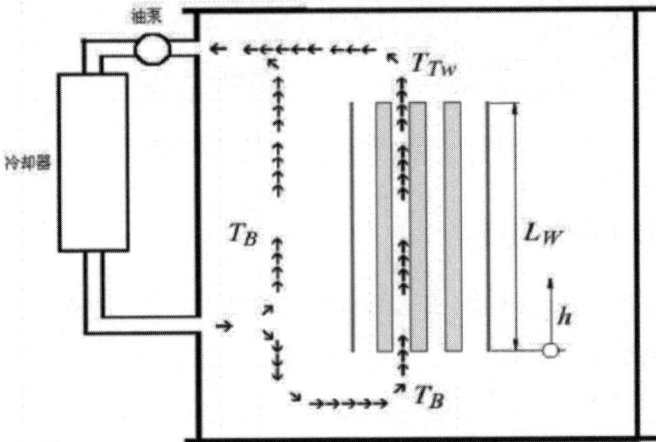

图 2-1-29 OFAF 冷却方式

　　强油循环导向冷却的换流，在结构上采用了一定的措施（如加挡油纸板、纸筒）后使油按一定的路径流动，如图 2-1-30 所示。潜油泵口的冷油通过布置在油箱底部的导油管，在一定压力下被送入线圈间、线饼间的油道和铁芯的油道中，能冷却线圈的各个部分，这样可以提高冷却效能。

　　对于强油循环导向冷却的换流变压器而言，当绝缘材料表面的油流速度过高时，有可能造成"油流带电"现象，危及变压器的安全运行。在结构上常采取"分流"措施，即将来自冷却器油流的一部分直接导入油箱而不使其进入器身内部，这部分油虽然不对绕组的线饼进行直接冷却，但由于它是冷油进入变压器油箱下部，在油箱内部变热后从上部出油口流出，因而同样可带走变压器损耗所产生的热量，使变压器的油面温度降低。

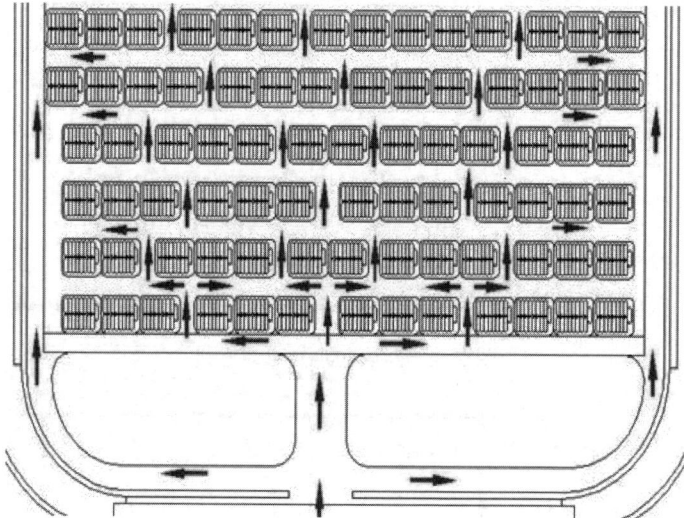

图 2-1-30　绕组内冷却结构示意图

一、冷却系统组成

换流变压器冷却系统由冷却器本体、潜油泵、风机、油流继电器等部件组成，各部件功能及介绍如下。

1. 冷却器本体

冷却器本体是由一簇冷却管与上、下集油管经焊接或法兰紧固连接方式组成的冷却装置。根据绝缘油在冷却管内折流的次数，可以分为单回路或多回路结构，回路数越多冷却效率越高，但受结构和油泵参数的限制，回路数不会太多。为了降低潜油泵的转速和扬程，换流变压器使用较多的冷却器一般是单回路或双回路两种结构，也有少数采用三回路结构。

2. 潜油泵

潜油泵是一种特制的油内电机型离心泵或轴流泵，电机的定子和转子浸在油中，使油系统构成密闭的循环系统。潜油泵通过法兰连接到冷却器与换流变压器本体之间的联管中。潜油泵的安装位置有两种方式，一种安装在冷却器的回油管上，即冷却器的底部汇流管与换流变压器本体之间的连管上，该位置距地面的高度适中，便于对油流继电器动作指示以及潜油泵的声音、振动和温度等情况进行检查，也便于对潜油泵进行维修和更换，该类安装方式较为常见。但该位置靠近换流变压器油循环的进口处，冷却器基本全处于油泵的负压区域，如果出现冷却器渗漏油缺陷，空气和水分容易进入油箱内部。另一种是潜油泵安装在冷却器进油管上，该位置在冷却器的顶部,不便于对潜油泵的运行情况进行检查、维护和更换。但冷却器基本全处于油泵出口的正压区，可以减少空气和水分进入油箱内部的风险。

潜油泵的扬程选择与换流变压器的冷却结构有关，既要满足换流变压器控制温升和冷却油流路径扬程的需要，又要防止对换流变压器内部形成负压区，对设备运行带来不利影响。因此，潜油泵的扬程选择是换流变压器设计审查的重要内容之一。

潜油泵的内部结构图及实物图如图 2-1-31、图 2-1-32 所示。泵和电机室（1）、（5）都是由铁质材料构成，再由螺丝固定，连接处的密封使用"O"形环，定子（6）和线圈（8）直接安装在电机室内，电机的传动轴（9）、用来支撑转子（7）和泵叶轮（3）悬挂两端在球形轴承中，当转子静止，电机室产生振动时，球形轴承（4）中缓冲器的弹簧可以防损伤。泵叶轮安装时，应小心的调整和平衡。电机端子盒（2）具有耐污特性，用于安装电缆，在运输过程中，电缆孔要使用塑料插销密封，可以在进口旁钻出其余尺寸的孔，接线盒的接地使用一个内部接地螺丝。

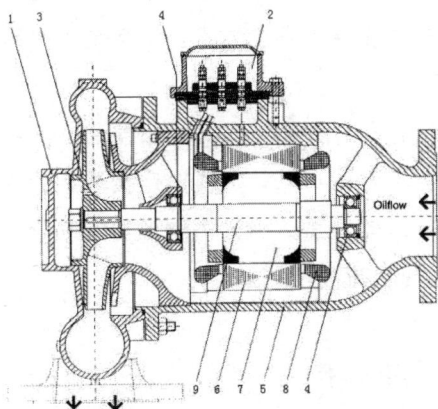

图 2-1-31　潜油泵的内部结构图　　　　图 2-1-32　潜油泵

3. 风机

根据对散热管吹风的方式，可分为抽风式、吹风式两种。采用大功率冷却器有利于降低换流变压器的温升，对设备长期运行有利。但大功率冷却器巨大的风压带来了较大的噪声，甚至在换流变压器不带电情况下，仅冷却器自身的噪声就达到或超过换流变压器技术要求的上限，不符合环保要求。目前主要根据换流变压器温升适时调整风机的转速或投入运行的冷却器数量，如采用变频控制技术或其他智能控制技术，合理降低冷却器运行噪声等。

4. 油流继电器

油流继电器（油流指示器或油流计）是用来监视潜油泵是否反转、油回路阀门是否打开和油流是否正常的元件。它安装在潜油泵出口与冷却器的连管上，其挡板深入到连管中，当油流达到一定流速时，挡板被冲动带动指针转动。与此同时，连接在转轴上的磁铁带动隔板另一侧的磁铁旋转，使微动开关动作，可以发出潜油泵运行正常或异常的信号。

二、差异性说明

1）ABB 结构的换流变冷却器潜油泵一般设计在冷却器上部，西门子结构换流变冷却器潜油泵一般设计在冷却器下部。

2）ABB 结构换流变冷却装置通常采用一出一进方式。变压器油从油箱上部通过一根 DN200 出油管流入上汇流母管，分流至连接油泵的联管进入每组风冷器，经风冷器冷却之后的变压器油进入含油流继电器的联管，汇集至下汇流母管，再通过一根 DN200 进油管流回油箱。

3）西门子结构换流变冷却装置通常采用一出两进方式。变压器油从油箱上部通过一根 DN250（DN300）出油管流入上汇流母管，分流至连接油泵的联管进入每组风冷器，经风冷器冷却之后的变压器油进入含油流继电器的联管，汇集至下汇流母管，再通过两根 DN200 进油管流回油箱。

第四节　储　油　柜

换流变压器运行过程中，由于绝缘油温度随负荷的涨落和环境温度的升降而升降，从而使油的体积也随之膨胀或收缩。换流变压器的储油柜就是为了适应换流变压器内油体积变化而设计的一种特定容器。为了使油与空气隔绝，通常换流变压器储油柜采用胶囊等油保护措施，来防止油受潮和老化，最终达到减缓换流变压器固体绝缘受潮和老化的目的。目前特高压直流换流站内换流变压器储油柜均采用胶囊式。

胶囊式真空储油柜内装有耐油胶囊，胶囊袋内通过呼吸器与大气相接触，袋外与变压器油相接触。当变压器油箱中油膨胀和收缩时，储油柜油面上升或下降，使胶囊向外排气或自行补充气体以平衡袋内外压力，起到呼吸作用。当换流变压器油的体积随着油温变化而膨胀或缩小时，储油柜起储油和补油作用，能保证油箱内充满油。同时由于装了储油柜，使换流变压器与空气的接触面变小，减缓了油的劣化速度。储油柜的侧面还装有油位计，可以监视油位的变化。换流变压器储油柜中的胶囊起把油与空气隔离及调节内部油压的作用。

储油柜的容积一般不小于10%变压器的总油量，同时还应保证在最高环境温度及允许的急救负荷下油不溢出，在最低环境温度且变压器未投入运行时能监视到油位。胶囊储油柜一般由筒体、两端盖板、胶囊、抽真空装置、管接头、吊攀、油位计、柜腿等组成。换流变压器一般为有载调压，配备有载分接开关，根据项目要求在本体储油柜端部组焊开关储油柜或独立设计开关储油柜。在有的换流站内高端的 HY 换流变压器的储油柜，因其尺寸过长，本体储油柜采用双胶囊，在储油柜内部中间用钢板隔开，钢板非全隔离，底部可导通，实物如图 2−1−33 所示。

图 2−1−33 储油柜

换流变本体储油柜主要采用胶囊密封式结构，橡胶密封式储油柜中的变压器油与空气用耐油橡胶材料隔离，其结构主要由柜体、胶囊、注放油管、油位指示装置、集污盒和吸湿器等组成，其胶囊密封式结构示意图如图 2-1-34 所示。

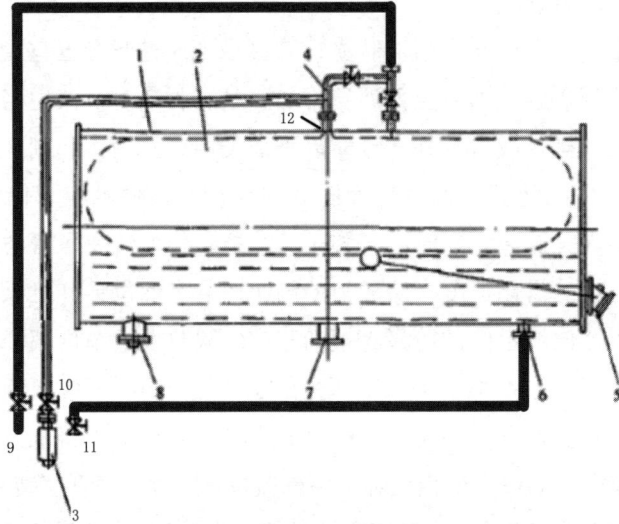

图 2-1-34　胶囊密封式储油柜结构示意图

1—储油柜柜体；2—胶囊；3—呼吸器；4—胶囊内外连通阀（旁通阀）；5—油位计；6—注放油管；
7—气体继电器联管；8—积污盒；9—储油柜排气管及阀门（部分换流变压器未引下）；10—呼吸器阀门；
11—注放油管阀门；12—胶囊吊点

上图中，各主要阀门作用及开/闭状态如下：

（1）胶囊内外连通阀：换流变整体抽真空阶段，若不调整阀门开/闭状态，储油柜柜体（即胶囊外部）将被抽真空至 13.3 至 133Pa（绝对压力），而胶囊内部仍处于大气压力（约 0.103MPa）之下，胶囊内外若承受此压力差将致其破损。故需打开胶囊内外连通阀（旁通阀），同时关闭储油柜排气阀、呼吸器阀、注放油管阀等，保证胶囊内外压力相同。

（2）储油柜排气阀：换流变整体真空注油静置阶段油中析出气体、设备内部产气、设备密封不良进气等原因，可能导致气体集聚在储油柜顶部，造成油位计指示假油位。故需结合设备运行状态进行储油柜排气，应确认胶囊内外连通阀关闭，拆下呼吸器，将呼吸器阀连接干燥空气发生器或氮气瓶，确认呼吸器阀门打开，向胶囊内部注入气体，并持续保持一定压力（≤0.035MPa）；打开储油柜排气阀，此时排气管会经历"出气—油流混杂气泡—均匀出油"三个阶段，排气管均匀出油时排气结束。先关闭储油柜排气阀再关闭干燥空气发生器或氮气瓶。

（3）注放油管阀：换流变抽真空注油、油位调整等阶段，需通过此阀门对储油柜进行注/放油。

（4）换流变运行期间，各阀门开/闭状态如表 2-1-4 所示。

表 2-1-4　　　　　　　　　运行期间，各阀门开/闭状态

阀门名称	胶囊内外连通阀	储油柜排气阀	注放油管阀	呼吸器阀
开/闭状态	闭	闭	闭	开

换流变有载分接开关储油柜主要采用敞开式结构。敞开式储油柜中的变压器油通过吸湿器与大气相通，其结构主要由柜体、呼吸管、油位指示装置和吸湿器等组成，能满足变压器油随温度的变化而引起的体积膨胀和收缩，通过吸湿器可将储油柜中空气水分吸收，起到保护油的作用，其结构示意图如图 2-1-35 所示。

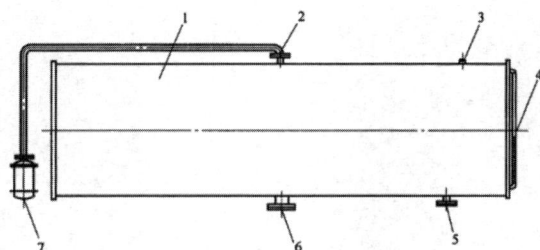

图 2-1-35　换流变有载分接开关储油柜
1—柜体；2—呼吸管接口；3—补油塞子（如需要）；4—油位指示装置；
5—注放油管接口（如需要）；6—气体继电器接口；7—吸湿器

其他结构形式的储油柜，可参见 JBT 6484—2016《变压器用储油柜》。

第五节　呼　吸　器

呼吸器是储油柜与大气环境相连的元件，主要用于隔离大气中的潮气。当储油柜油位变化时，储油柜胶囊随着油位变化而体积变化，进入储油柜胶囊的气体经过呼吸器硅胶吸收潮气，进一步防止水分进入变压器油中。

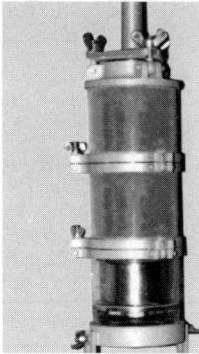

图 2-1-36 呼吸器

西门子换流变压器的呼吸器分为本体储油柜呼吸器和有载分接开关储油柜呼吸器。呼吸器的作用是在换流变压器负载下降、油温降低造成油体积减小的情况下，给换流变压器提供干燥的空气。在呼吸器中填充有硅胶，硅胶有很好的干燥效果，可以吸收相当于自重 15%的水分，吸收水分后硅胶会变成色。在呼吸器末端有一油杯，用来防止空气直接进入呼吸器，可以在空气进入前对空气进行净化，注油的时候要注到刻度线所在的位置。图 2-1-36 所示为西门子有载分接开关的呼吸器。本体储油柜的呼吸器原理与有载分接开关储油柜的一样，仅容积存在差别。

ABB 换流变压器的呼吸器同样分为本体储油柜呼吸器（见图 2-1-37）和有载分接开关储油柜呼吸器（见图 2-1-38），其工作原理与西门子呼吸器一样，在结构方面与西门子呼吸器相比，无分节结构，全是一体化。

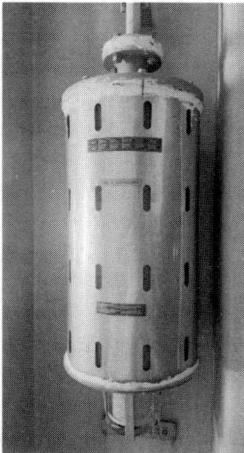

图 2-1-37 本体储油柜呼吸器

图 2-1-38 有载分接开关储油柜呼吸器

近年来，各新建换流站也开始陆续使用免维护呼吸器（见图 2-1-39），其原理为：当油枕在空气中吸合（例如，由于负载减小）时，空气通过烧结金属过滤器（图 2-1-40/5）进入设备内部。烧结金属过滤器和防尘盖（图 2-1-40/6）对空气中的尘土、沙子和其他微粒进行过滤。经过滤的空气流经干燥室（图 2－1－40/9）进行脱水，干燥室内装有无色吸湿颗粒。除湿后的空气通过油枕内的管路进一步升高。空气的相对湿度由安装在免维护呼吸器连接法兰上的湿度传感器测量。该相对湿度是干燥剂的饱和指示数值。当超过预定湿度值时，干燥剂通过安装在干燥室内的加热元件进行烘干。在烘干过程中，温度还可通过安装在连接法兰内的温度传感器进行监控。烘干过程中所产生的水蒸气通过对流在安装在底部金属法兰上的吸湿器（图 2－1－40/8）进行冷凝。冷凝水通过烧结金属过滤器流出设备。一般本体呼吸器分为两路接到油枕管路，防止因一个呼吸器堵塞导致油枕不能呼吸产生的后果。

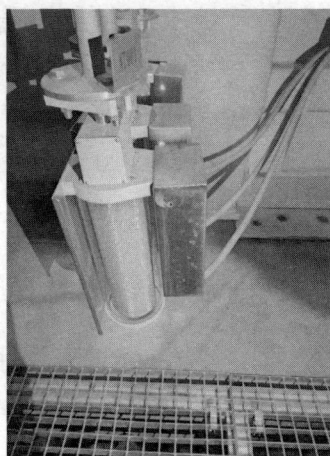

图 2－1－39　免维护呼吸器

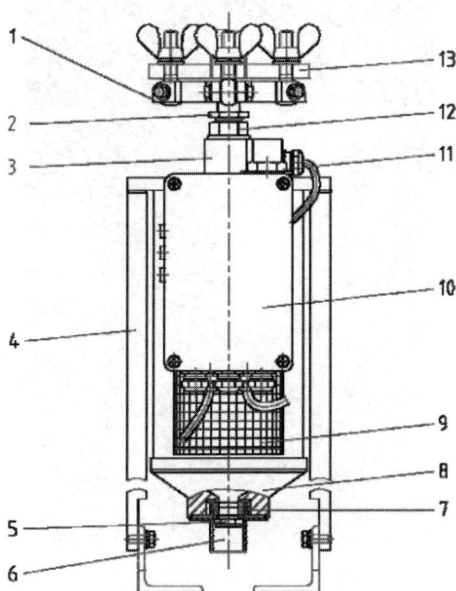

图 2－1－40　免维护呼吸器结构

1—法兰螺栓；2—螺帽；3—传感器；4—安装杆；5—烧结金属过滤器；6—防尘盖；7—烧结金属过滤器；
8—吸湿器；9—干燥室；10—接线盒；11—接地螺栓；12—传感器；13—法兰

第六节 储油柜油位计

储油柜油位计装在储油柜的端部，用来指示换流变压器油因温度的变化而产生的体积变化，从而反映当前换流变压器的实际油位。下面就特高压直流换流站内换流变压器常用的储油柜油位计进行介绍。

一、西门子换流变压器储油柜油位计

西门子提供的换流变压器储油柜油位计包括本体储油柜油位计和有载分接开关储油柜油位计，装在储油柜两侧。储油柜油位计如图 2-1-41 所示储油柜油位计用于间接显示储油柜内的油位，通常安装在储油柜两端部的法兰上。

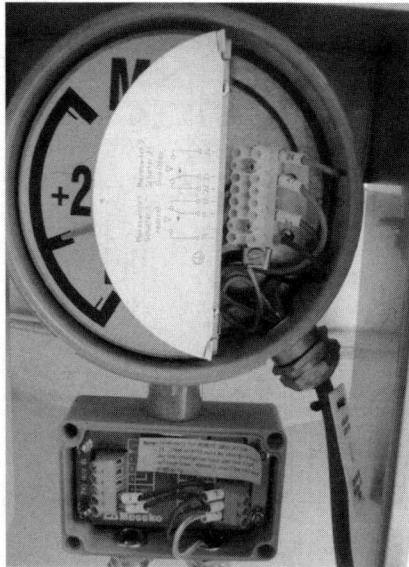

图 2-1-41 油枕油位计

随着油位的变化，储油柜油位计浮子的升降带动浮杆，如图 2-1-42 所示，从而驱动连动轴。连动轴的运动使得磁铁相互耦合作用，这个作用力使得指针也跟着一起转动。两块磁铁分别安装在储油柜外壳端部的内外两侧。

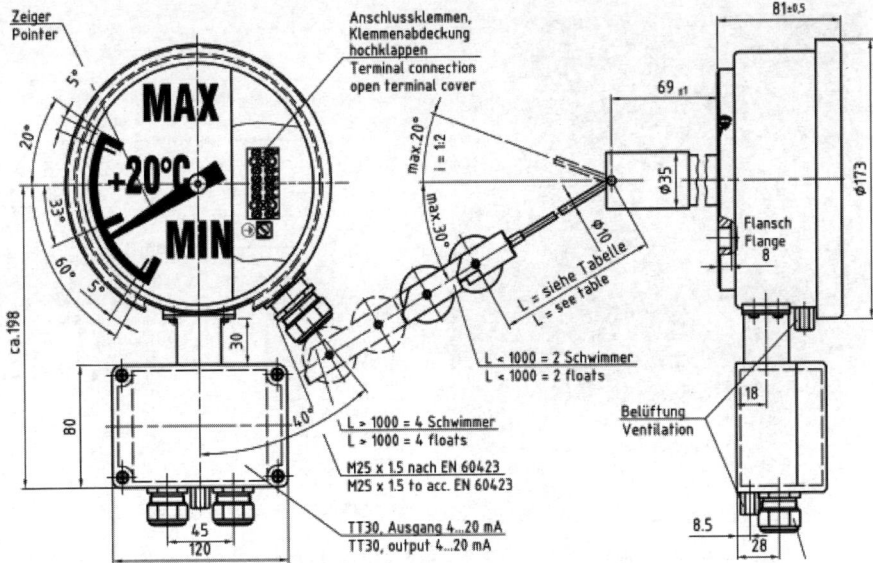

图 2-1-42 油枕油位计带浮杆示意图

　　储油柜油位计内部有油位最高、最低报警触点，当储油柜油位在最高或最低时发出对应报警信号。

二、ABB 换流变油枕油位计

　　ABB 提供的换流变压器储油柜油位计包括本体储油柜油位计和有载分接开关储油柜油位计，如图 2-1-43 所示。其工作原理：当温度升高、油位上升时浮子臂连同浮球向上移动，传动装置中的传动杆下压带动上活塞的活塞杆下移，下活塞的活塞筒下移，导致毛细管路中液体向下流（如图 2-1-44 中箭头所示），就地表盘中水平活塞的活塞杆收缩，牵引表针向表盘数值增大方向转动显示储油柜对应油位值。带动指针转动的轴设置微动开关，在表盘指示分别靠近最小、最大位置时微动开关动作，油位报警信号发出（图 2-1-44 中浮子臂连接传动杆部分应与图 2-1-45 中对应，当油位上升时浮球连同浮子臂向上移动会对传动装置中传动杆进行下压，油位下降时上提）。当储油柜中的油位降低时传动流程相反。

图 2-1-43 油位计

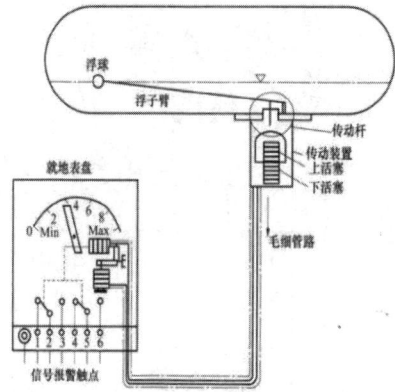

图 2-1-44 油位计结构图（一）

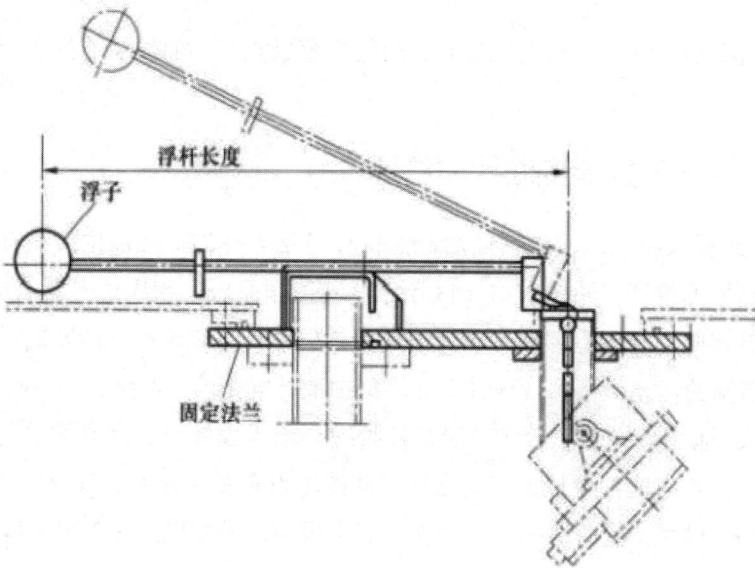

图 2-1-45 油位计结构图（二）

三、差异性说明

（1）Qualitrol 油位计一般装设在储油柜的底面，也可根据实际情况装设在储油柜的上部和侧面，如图 2-1-46 所示但是浮子一般为轴向运动的浮子，同时在储油柜上没有可直接观察的表头，当油位的变化带动浮子连杆转动时，通过连接管将油位变化传递到远方显示表头中，如图 2-1-47 所示。

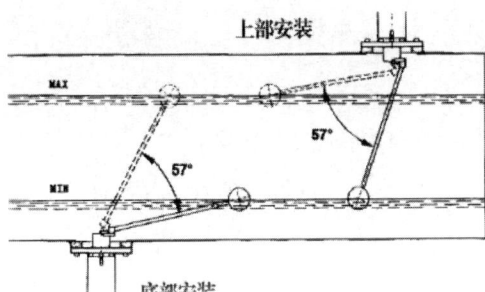

图 2-1-46　Qualitrol 油位计装设位置示意

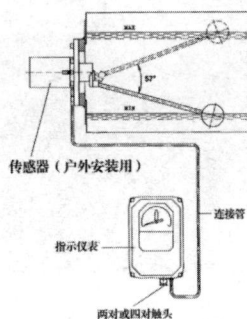

图 2-1-47　Qualitrol 油位计远方
显示表头连接

信号上，Qualitrol 的油位计可通过远方显示表头输出 2 路低油位报警信号和 2 路高油位报警信号和 1 路 4~20mA 信号，如图 2-1-48 所示。

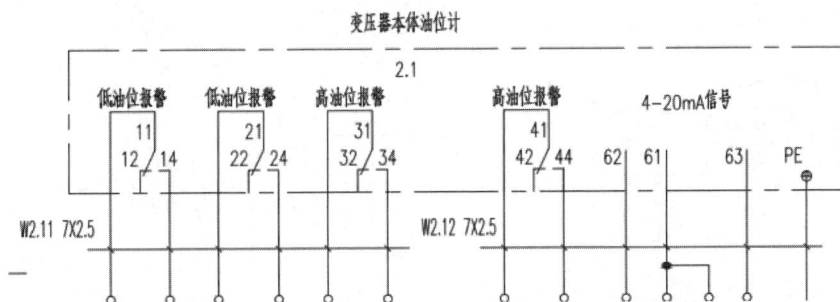

图 2-1-48　Qualitrol 油位计远方显示表头输出信号

（2）Messko 油位计一般装设在储油柜的侧面，如图 2-1-49 所示，配置储油柜就地显示表头和远方显示表头（EI160/EI100），如图 2-1-50 所示，当油位的变化带动浮子连杆转动时，可直接将变化反映在储油柜的油位计表头

71

上，同时可通过电缆将油位指示传递到远方。此外，Messko 的油位计可根据储油柜的大小选择不同的浮杆，可选择轴向运动的浮杆（见图 2-1-51）和径向运动的浮杆（见图 2-1-52）。

图 2-1-49　Messko 油位计装设位置示意

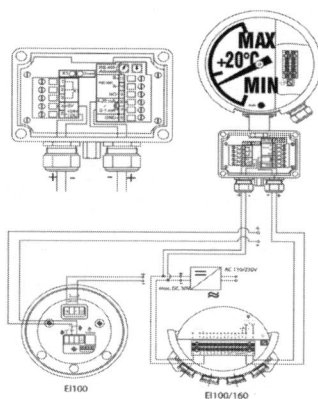

图 2-1-50　Messko 油位计显示表头连接

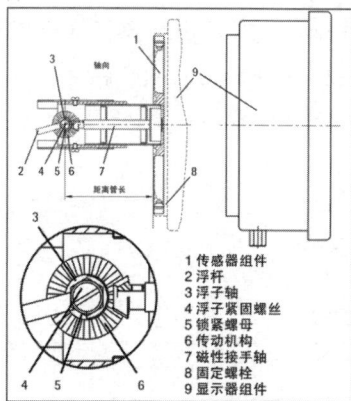

图 2-1-51　轴向运动浮杆示意

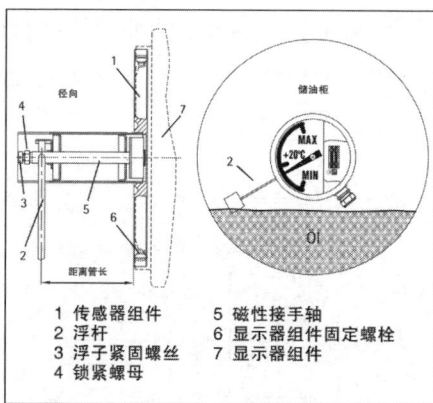

图 2-1-52　径向运动浮杆示意

信号上，Messko 的油位计可通过储油柜侧面的表头输出 2 路低油位报警信号和 2 路高油位报警信号和一路 4~20mA 信号，同时可将 4~20mA 信号转接入远方显示表头，如图 2-1-53 所示。

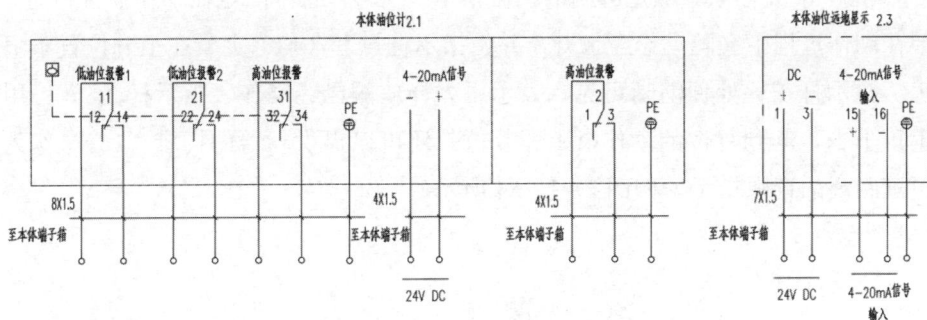

图 2－1－53　Messko 油位计远方显示表头输出信号

第七节　压 力 释 放 阀

换流变压器的压力释放阀分别装在有载分接开关油箱和本体油箱顶部。压力释放阀是一种保护装置，当换流变压器油箱或有载分接开关油箱内严重故障（例如电弧）时，换流变压器油的体积会急剧增大，并产生大量气体，就会压缩压力释放阀的弹簧。若其压力大于压力释放阀的开启压力，压力释放阀就会打开，气体和油则会从压力释放阀喷出。待油箱内的压力低于压力释放阀的开启压力后，压力释放阀会关闭。下面对特高压换流站内常见的两种换流阀QUALITROL 和 Messko 进行介绍。

一、QUALITROL 压力释放阀

QUALITROL 压力释放阀有两种结构，一种是弹簧在空气中，一种弹簧在油中。弹簧在空气中的结构的 QUALITROL 压力释放阀工作原理：实质上是一种弹顶阀，它以独特方法将驱动压力瞬间扩散。压力释放阀有 2 处密封结构：顶部密封垫（4），侧边密封圈（5）。动作盘（3）在弹簧（7）的作用下压紧在顶部密封垫上。当作用到顶部密封垫（4）区域内的压力超过弹簧（7）产生的开启压力时，压力释放阀即动作。一旦动作盘（3）从顶部密封垫（4）稍微向上移动，动作盘上的变压器内部压力马上扩展到侧面密封圈（5）直径内的整个面积上，作用力极大增强，使位于弹簧（7）闭合高度的动作盘突然打开。变压器内部压力迅速下降到正常值，弹簧（7）使动作盘（3）回到密封位置。

外罩（6）中央有一个颜色鲜明的机械指示杆（8），它不固定在动作盘（3）上，但在动作过程中会随动作盘上升，并由指示杆衬套（13）夹紧在上升位置不下来。指示杆在远处便清晰可见，表示压力释放阀已经动作。指示杆（8）可用手推下去，落到复位的动作盘上即复位。还可以提供长臂的扬旗（15），作为更远距离的直观指示。如图2-1-54所示。

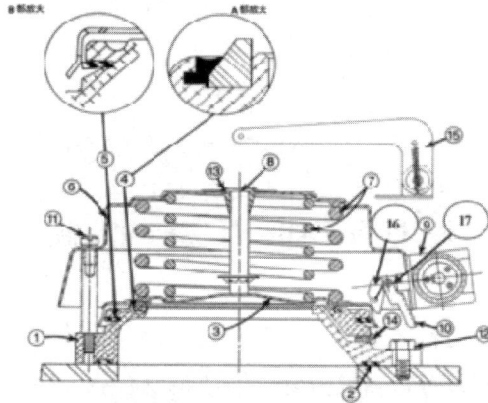

图2-1-54　弹簧在空气中的QUALITRO压力释放阀截面图

1—安装法兰；2—密封垫；3—动作盘；4—顶部密封垫；5—侧向密封垫；6—外罩；7—弹簧；8—机械指示杆；
9—报警微动开关；10—手推复位杆；11—螺丝；12—六角螺栓；13—指示杆衬套；14—放气塞；
15—长臂扬旗；16—脱扣盘；17—微动开关传动轴

QUALITROL压力释放阀报警信号有两种结构：脱扣盘（16）和机械指示杆。

脱扣盘：换流变油的压力大于弹簧系统的动作压力时，动作盘开始向上移动，带动脱扣盘逆时针转动，此时脱扣盘大圆部分离开微动开关传动轴，微动开关按钮弹出，接点导通，发出动作信号。

机械指示杆：正常状态下微动开关按钮位于机械指示杆凹槽处，按钮弹出；当压力释放阀动作时，机械指示杆动作，带动按钮压缩，微动开关传动，发出报警信号。

弹簧在油中的结构的QUALITROL压力释放阀工作原理：压力释放阀垂直方向安装在换流变分接开关油箱上，弹簧一端固定在弹簧座上、一端压在法兰上，阀杆一端固定在弹簧座上、一端固定在阀门上。正常运行时，弹簧是压缩状态，通过弹簧座和阀杆的结构使弹簧弹力传递到阀门，阀门压紧在密封垫上。

如果油箱内压力超过弹簧组的动作压力，阀门将猛然打开，使压力迅速恢复正常。然后，阀门在弹簧组的作用下重新密封。阀门动作时指示杆向外弹出，带动微动开关发报警信号。如图 2-1-55 所示。

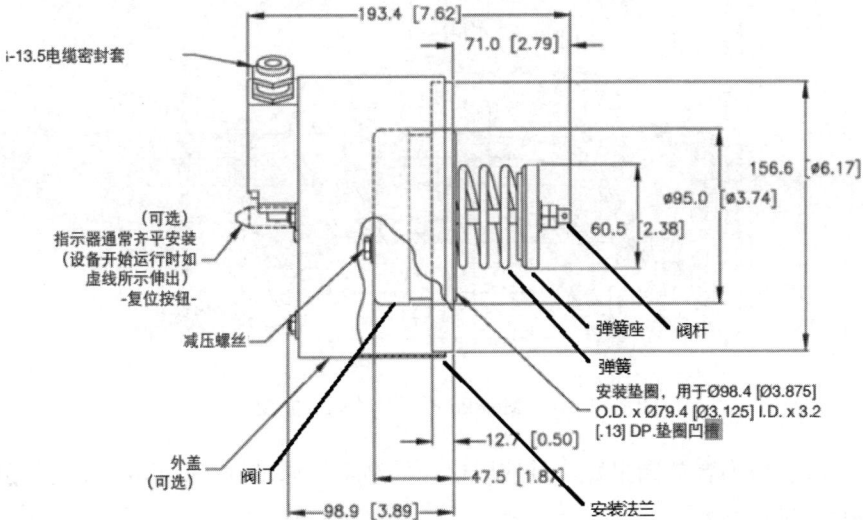

图 2-1-55　弹簧在油中的 QUALITRO 压力释放阀截面图

二、Messko 压力释放阀

Messko 压力释放阀工作原理与 QUALITROL 压力释放阀基本一致：压力释放阀外罩包括一个密封垫（2）和一个侧边密封垫（12）。阀盘（11）在弹簧组（3）的作用下压紧在密封垫上。压盖（9）由 6 个螺丝（10）固定到外罩上，压紧弹簧组。如果阀盘下的压力超过弹簧组的动作压力，阀盘将猛然打开，使压力迅速恢复正常。然后，阀盘在弹簧组的作用下重新密封。每次在压力释放阀打开时，将有一个带颜色的信号杆（5）弹出外罩，信号杆弹出外罩的同时卡在那里，告知用户压力释放阀已打开。并且安装一个信号杆把手（6），当阀门打开时，把手可被信号杆推动立起来以引起对压力释放阀动作的注意。压力释放阀有两个微动开关（8），在压力释放阀打开时，微动开关（8）被信号杆强制推动，如图 2-1-56 所示。

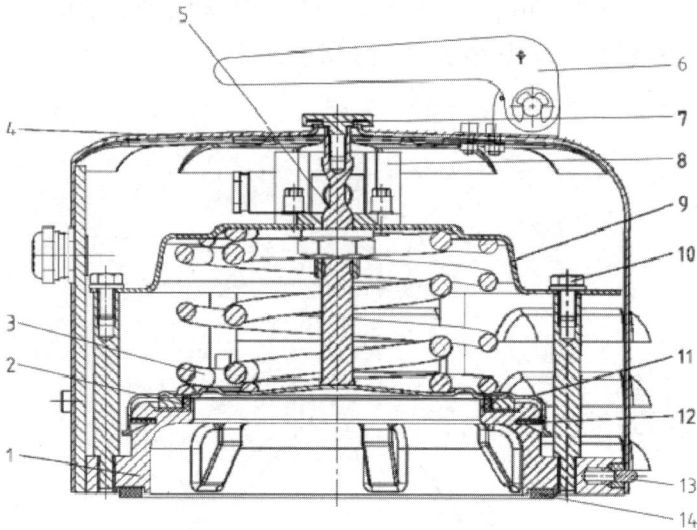

图 2-1-56 Messko 压力释放阀截面图

Messko 压力释放阀报警信号使用信号杆结构，原理同 Qualitrol 压力释放阀机械指示杆结构。

根据国网设备部关于特高压换流变关键区域保护配置优化与状态监测能力提升工作方案的要求，特高压换流站压力释放阀均从投跳闸信号改为投报警信号。

三、差异性说明

（1）Qualitrol 压力释放阀。

当油箱内的压力达到压力释放阀的开启压力时，阀盘会向上运动，压缩弹簧，此时带指示的信号杆会被向上推动，带动压力释放阀内的微动开关动作触点动作，发出压力释放阀动作信号，当压力释放阀动作后，要手动将标志杆复位，这样故障信号才能解除，如图 2-1-57 所示。压力释放阀动作信号通过信号杆的变动，直接通过接线盒内发出，接线盒如图 2-1-58 所示。

信号上 Qualitrol 的压力释放阀可最多输出 4 路报警信号，如图 2-1-59 所示。

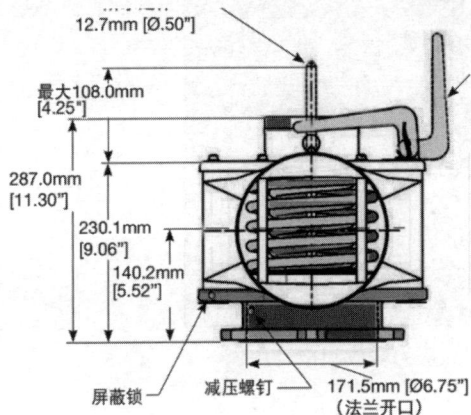

图 2-1-57 Qualitrol 压力释放阀结构示意图 图 2-1-58 Qualitrol 压力释放阀接线盒

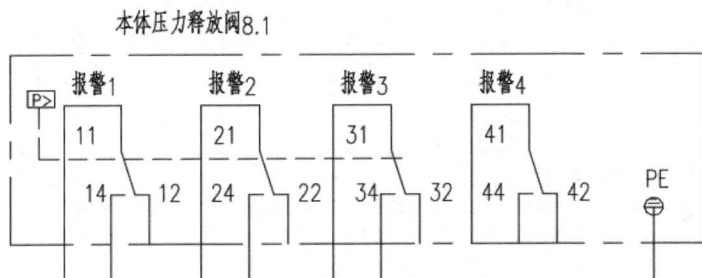

图 2-1-59 Qualitrol 压力释放阀输出报警信号

（2）Messko 压力释放阀。

当油箱内的压力达到压力释放阀的开启压力时，阀盘会向上运动，压缩弹簧，此时信号杆会被向上推动，带动压力释放阀内的微动开关动作触点动作，发出压力释放阀动作信号，当压力释放阀动作后，要手动将标志杆复位，这样故障信号才能解除。压力释放阀动作信号通过内部电缆从微动开关接至压力释放阀接线盒内，如图 2-1-60 所示。

信号上，Messko 的压力释放阀可通过 2 个微动开关，最多输出 4 路报警信号，如图 2-1-61 所示。

77

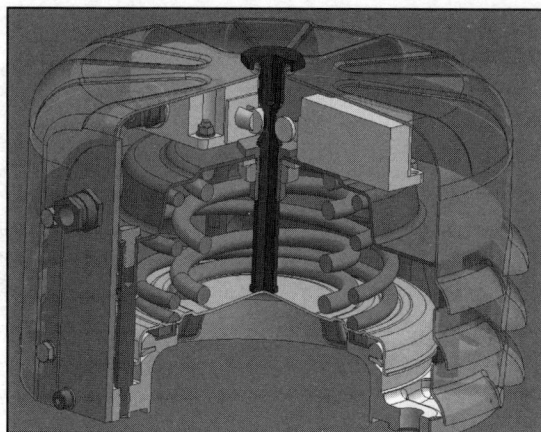

图 2-1-60　Messko 压力释放阀接线盒

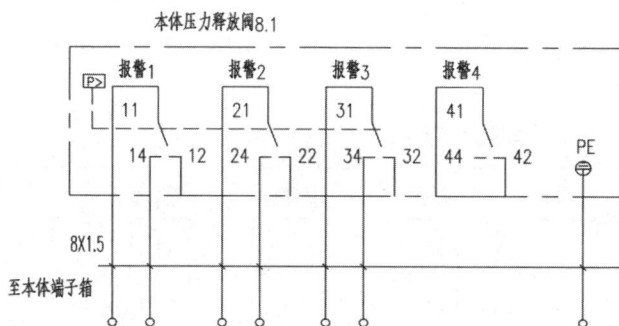

图 2-1-61　Messko 压力释放阀输出报警信号

第八节　继　电　器

一、瓦斯继电器

瓦斯继电器（也称气体继电器），当运行中的变压器内部发生故障而使变压器油分解产生气体或者油流异常波动，从而使瓦斯继电器接点动作，接通指定的控制回路，发出信号或自动切除变压器，用以保护变压器安全的一种继电器。它由一个包含安装在顶部的报警和跳闸装置的铝盒组成。在盒的两侧各预备了两个可视窗口。上方的可视窗口有立方厘米的刻度，可以显示出被收集气体的体积。可视窗口配有带铰链的金属盖。释放收集气体的阀门安装在盒的顶盖上。盖子上有一个测试旋钮，用于报警和跳闸装置的手动测试，不使用时用一个簧帽保护。如图 2-1-62 所示。

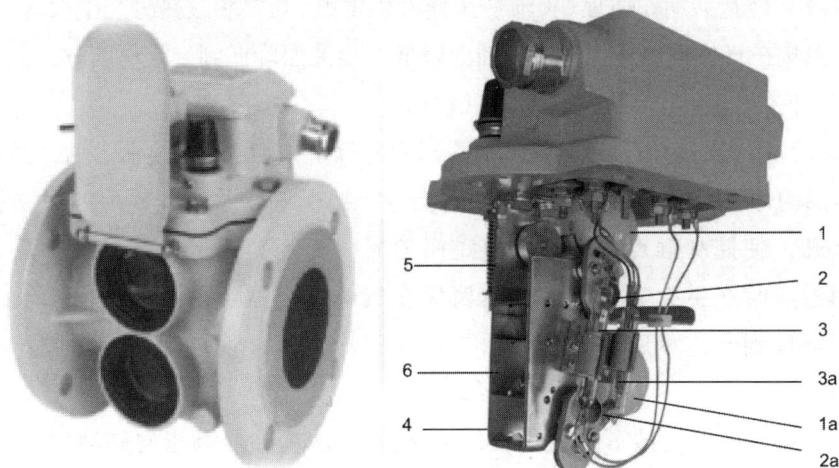

图 2-1-62 瓦斯继电器结构

上浮子（1）、下浮子（1a）、上浮子恒磁磁铁（2）、下浮子恒磁磁铁（2a）、上开关系统（3）的一个或两个磁开关管（现为三个磁开关管）、下开关系统（3a）的一个或两个磁开关管（现为三个磁开关管）、框架（4）、测试机械（5）、挡板（6）。

以上浮子（1）为例，瓦斯节点工作情况如下：正常工作时浮子（1）上浮，浮子恒磁磁铁（2）与磁开关管（干簧管）（3）距离较远，磁铁对磁开关管中未作用；当有气体聚集浮子下降浮子恒磁磁铁与磁开关管（干簧管）距离缩短，磁铁对磁开关管中产生作用，控制触点接通，发出信号。

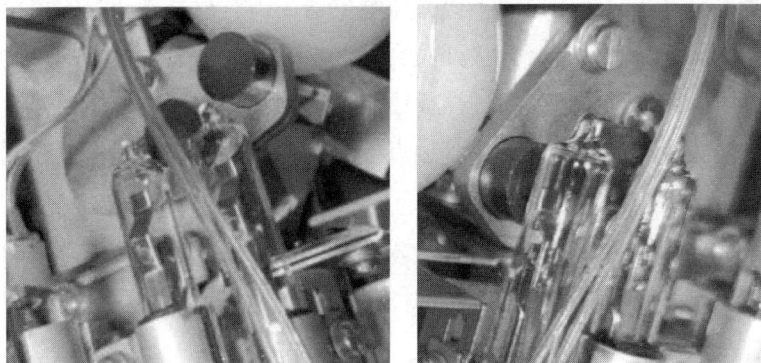

图 2-1-63 恒磁磁铁与磁开关管动作对比

气体继电器有两级保护，第一级为轻瓦斯保护，只发报警信号；第二级保护为重瓦斯保护，发出报警及跳闸信号。特高压换流站内瓦斯继电器一般为双浮子。瓦斯继电器的原理如下：

（1）轻瓦斯动作原理。换流变压器发生电弧、短路和过热时产生大量气体，气体聚集在气体继电器上部，使油面降低。当油面降低到一定程度时，上浮球下沉，使控制触点接通，发出报警信号。

（2）重瓦斯动作原理。换流变压器内部严重故障（例如电弧）时，换流变压器油的体积会急剧增大，油流冲击挡板，挡板偏转并带动板后的联动杆转动上升，使控制触点接通，发出跳闸信号。而当换流变压器发生电弧、短路和过热时产生大量气体，气体聚集在气体继电器上部，使油面降低。当油面降低到一定程度时，上浮球与下浮球均下沉，使控制触点接通，发出跳闸信号。

瓦斯继电器安装重点要求：① 继电器上的箭头必须指向储油柜；② 继电器与两侧蝶阀间的密封圈直径应大于管路直径；③ 作用于跳闸的非电量保护继电器应设置三副独立的跳闸接点，以便在非电量元件采用"三取二"原则出口，三个开入回路要独立，不允许多副跳闸接点并联上送，三取二出口判断逻辑装置及其电源应冗余配置。④ 通向气体继电器的管道应有1.5% 的坡度。

二、油流继电器

油流继电器安装在位于有载分接开关储油柜和有载分接开关之间的连接管道，油流继电器的动作原理类似瓦斯继电器：当有载分接开关的切换开关油室内发生严重故障时，有载分接开关到储油柜之间的油管发生油的迅速流动，油流冲击挡板，当流体速度超过挡板已设定的动作整定值时，挡板偏转并带动板后的连动杆转动上升，使干簧管触点接通，发出跳闸信号，保护有载分接开关。过程如图2-1-64所示。

油流继电器动作元件主要由带永久磁铁的挡板组成，磁铁用于驱动干簧管触点动作，油流挡板带动传动轮转动，永久磁铁接近干簧管，驱动干簧管中节点闭合，其结构如图2-1-65所示。

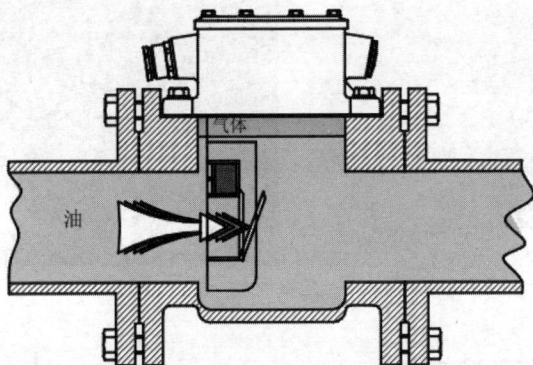

图 2-1-64　挡板工作原理

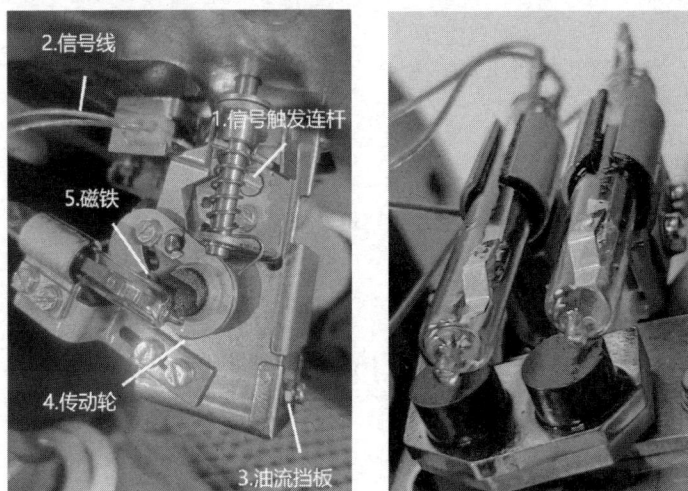

图 2-1-65　油流继电器结构

三、压力继电器

　　换流变压器的压力继电器装在有载调压开关油箱上。当分接开关油室内部压力升高时，会压迫变压器油进入气腔，引发气腔膨胀、拉紧弹簧伸长，最终导致上下触点分离，压力继电器将发出报警信号。动作时间指的是有载调压开关油箱的压力超过压力继电器的整定压力到压力继电器发出报警信号之间的时间。压力继电器外形及结构示意如图 2-1-66 所示。

(a)　　　　　　　　　　　　　　(b)

(c)　　　　　　　　　　　　　　(d)

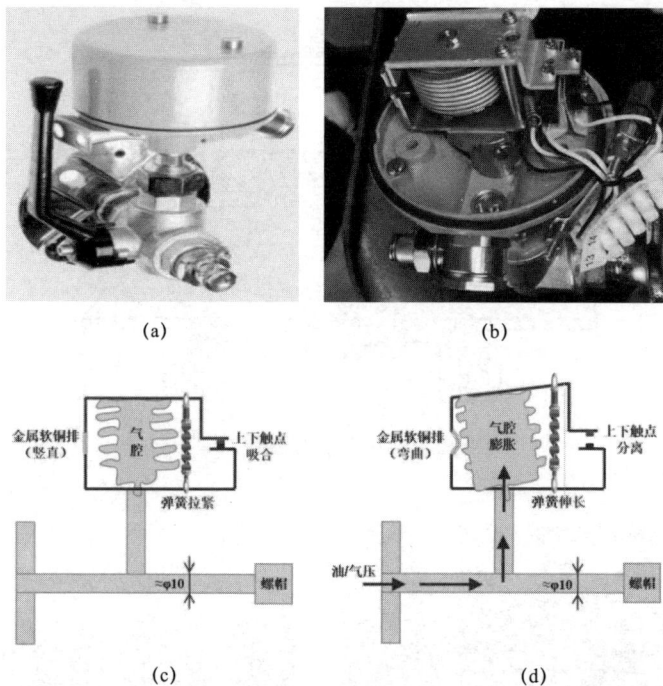

图 2-1-66　压力继电器外形及结构示意图

（a）外形图；（b）内部结构图；（c）正常状态；（d）压力升高时工作状态

第九节　温度测量装置

换流变压器一般在油箱顶部和油箱底部配置温度传感器；另外还有就地的油面温度计和绕组温度计，其探头位于换流变压器油箱顶部，表计位于换流变压器长轴侧的表面。温度测量装置探头接收换流变压器油温变化，并通过变送器将其转换成电信号（远传信号）或指针指示（就地油位计）。其中，变送器感应到的物理量在量程范围内变化时，通常输出 4~20mA 的模拟量电信号，进行远传；该电流信号具有抗干扰能力强、传输距离远、功耗低、可靠性高等优点。

一、温度控制器

温度控制器包括油面温度控制器和绕组温度控制器。主要功能：

（1）根据变压器温度的变化控制变压器冷却器工作状态。

（2）当变压器温度较高时，发出报警信号或跳闸。

主要结构包括：温包、PT100 电阻、毛细管、波纹管、表头等。

油温传感器结构如图 2-1-67 所示。

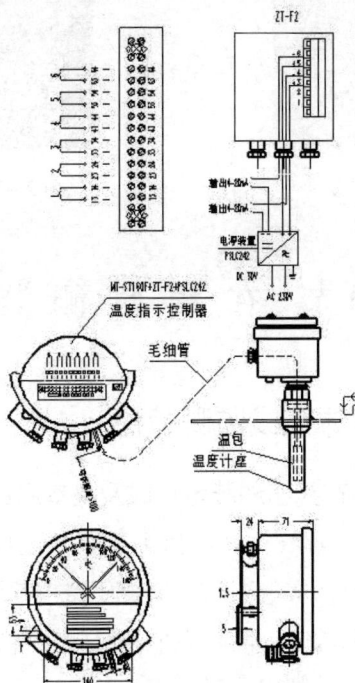

图 2-1-67 温度控制器

1）油面温度控制器是压力式温度计，由指示仪、温包和毛细管组成，三部分组成一个密闭的系统。温包放置在换流变压器顶部温度计座内，温包内充有感温液体。当换流变压器油温变化时，由于"热胀冷缩"效应，温包内的感温液体的体积也随之变化，这一体积的变化量通过毛细管传递至表头内的弹性元件内，使得弹性原件发生一相应的位移，该位移通过机构放大后，即可带动表头指针指示为被测温度。另外，油面温度计内还有信号触点。油面温度计实物如图 2-1-68 所示。

2）绕组温度控制器是利用"热模拟"原理，依据顶部油温再加上绕组和油的温差得出温度。绕组温度计的温包接入阀侧套管电流互感器（TA）电流来补偿电流的热效应，并在就地的油面温度计指示仪上显示绕组温度。另外，绕组温度计内还有信号触点。绕组温度计实物如图 2-1-69 所示。

图 2-1-68 油面温度计

图 2-1-69 绕组温度计

第十节 在线监测装置

一、油中溶解气体在线监测装置

（一）油中溶解气体在线监测装置组成及基本原理

换流变压器的油中溶解气体在线监测装置的主要作用就是通过对绝缘油中溶解气体的测量和分析，实现了对换流变压器内部运行状态的在线监控，能够及时发现和诊断其内部故障，随时掌握换流变压器的运行状况。国内在运油中溶解气体在线监测装置品牌主要有河南中分、武汉南瑞、华电云通、昆山和智、宁波理工、开马、河南日立信、合肥 ABB、湖北鑫英泰等，厂家的气体检测技术主要分为气相色谱和光声光谱两种。

油中溶解气体在线监测装置现场监测主机包含油样采集与油气分离部分、气体检测部分、数据采集与控制部分、通信部分和辅助部分。

1. 油样采集与油气分离部分

油样采集部分与被监测设备的油箱阀门相连，完成对变压器（高压电抗器）油的取样。油气分离部分实现油中溶解气体与变压器（高压电抗器）油的分离，包括动态顶空脱气、真空脱气、渗透膜脱气等方法。

（1）薄膜透气法。薄膜透气法利用扩散原理，使用一种只能渗透气体分子而不能渗透液态油的高分子膜，利用膜两侧气体压力的不平衡性，使气体自动从油向气室扩散，实现油气分离，其原理如图 2-1-70 所示。

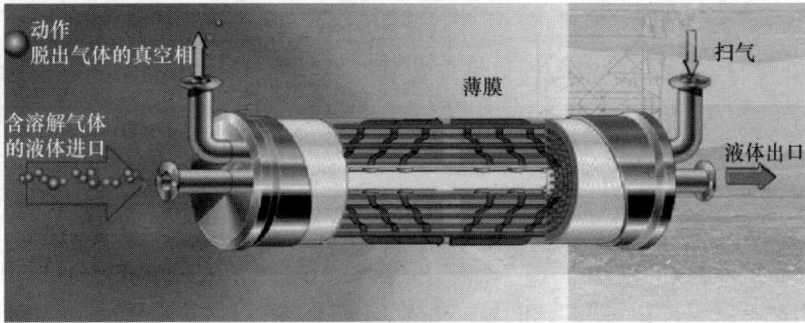

图 2-1-70 薄膜透气原理图

（2）真空脱气法。真空脱气法是基于气体的分压与该气体溶在溶液内的摩尔浓度成正比的原理，在一定温度的密封容器内，利用波纹管或者真空泵抽真空的方式，实现油中溶解气体的析出。

（3）动态顶空脱气法。动态顶空脱气法是采用流动气体反复吹扫的方式，使油表面上某种气体的浓度与油中气体的浓度逐渐达到平衡，将溶解于油中的气体萃取替换出来，通过吸附装置（捕集器）将气体样品收集，实现油气的分离，其原理如图 2-1-71 所示。

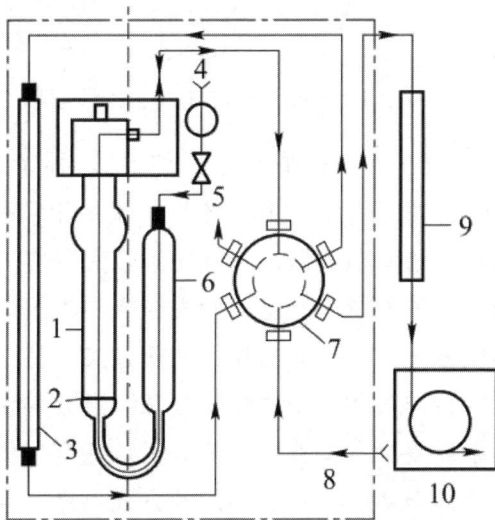

图 2-1-71 动态顶空脱气示意图

1—样品管；2—玻璃筛板；3—吸附补集器；4—吹扫气入口；5—放空；6—储液瓶；7—六通阀；

8—GC 载气；9—可选择的除水装置；10—GC

2. 气体检测部分

完成油气分离后的混合气体组分含量检测，包括气相色谱法、光谱法等气体检测方法。目前市场上占有率较高的装置主要采用气相色谱法、光声光谱法，主要原理如下。

（1）气相色谱法。该法是目前使用最广泛和最有效的气体分析法。基于色谱柱中固定

相对不同气体组分的亲和力不同，混合气体在载气推动下流经色谱柱，经过充分的交换，不同组分气体得到了分离，分离后的气体通过检测器转换成电信号，并将各组分及其浓度的变化依次记录下来，得到色谱图，其工作原理如图 2−1−72 所示。

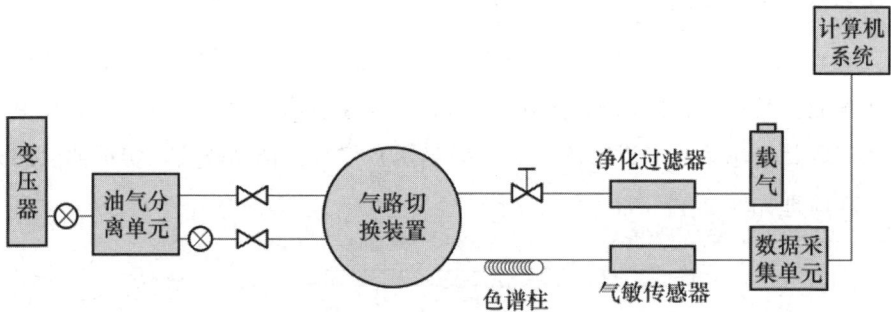

图 2−1−72　气相色谱分析技术工作原理图

（2）光声光谱法。光声光谱是基于光声效应的一种光谱分析技术，其原理如图 2−1−73 所示。根据测量气体的不同，采用相应吸收光谱的光源，光源发射出的光线经由透镜积聚后，光强得到较大程度的增强。通过斩波器（调制盘）上均匀间隔的透光孔将入射光线调制为闪烁的交变信号。然后由一组滤光片实现分光，各滤光片仅允许透过某一特定波长的红外线，其对应于光声室内某特定气体分子的吸收波长。经波长调制的红外线进入光声室后以调制频率反复激发某特定气体分子，特定气体吸收特定波长的红外线后，温度升高，但随即以释放热能的方式退激，释放出的热能使气体产生成比例的压力波。压力波的频率与光源的斩波频率一致，并可通过高灵敏微音器检测其强度，压力波的强度与气体的浓度成比例关系，即可准确计量光声室中各气体组分的浓度。

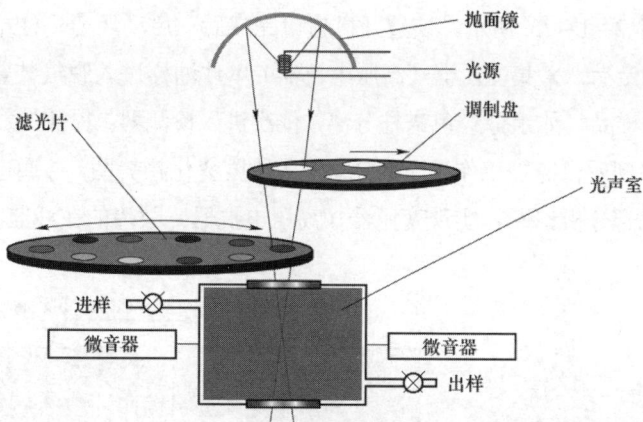

图 2-1-73 光声光谱分析技术原理

3. 数据采集与控制部分

完成信号采集与数据处理,实现分析过程的自动控制等。

4. 通信部分

完成本装置与其他装置及系统的通信。

5. 辅助部分

用于保证装置正常工作的其他相关部件,例如恒温控制、载气瓶、管路等。

(二)典型装置工作流程

油中溶解气体在线监测装置工作流程如图 2-1-74 所示。变压器(高压电抗器)本体油在取油阀打开时经取油管路进入脱气装置,采用油气分离技术将油中气体脱出后,气体随载气流经检测器作定性和定量分析,经模数转换后将特征气体信息存储并传输至后台主机。油中溶解气体在线监测装置核心技术包括油气分离和气体检测。

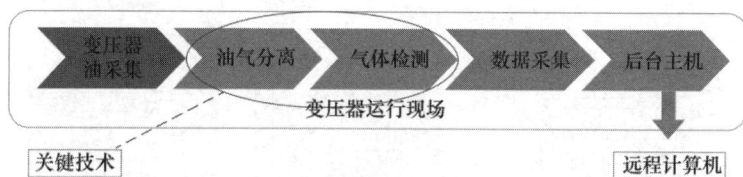

图 2-1-74 油中溶解气体在线监测装置工作流程

(1)气相色谱分析技术以河南中分 3000 为例。核心部件包括应用动态顶空脱气技术的脱气模块、组分分离模块和采用微桥式检测器的测量模块,其系统结构示意如图 2－1－75 所示。装置开机自检完成后，启动环境、柱箱、脱气温控系统，整机稳定后，采集变压器（高压电抗器）本体油样进入脱气装置，实现油气分离；脱出的样品气体组分经色谱柱分离，依次进入检测器；检测计算后的各组分浓度数据传输到后台监控工作站，可自动生成浓度变化趋势图，并通过专家智能诊断系统进行综合分析诊断，实现变压器（高压电抗器）故障的在线监测功能。

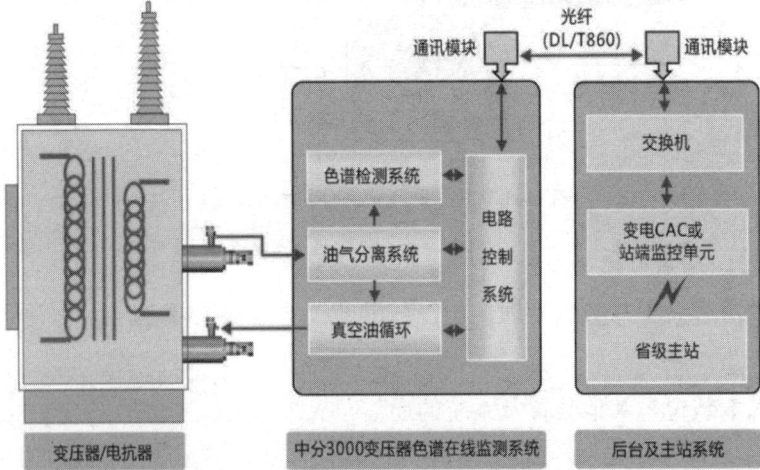

图 2－1－75　气相色谱分析技术结构示意图

（2）光声光谱分析技术以武汉南瑞 Transfix 为例。核心部件包括采用动态顶空法的脱气模块和采用 PAS 原理的光声光谱测量模块，不需要载气和标气，其系统结构如图 2－1－76 所示。装置从变压器（高压电抗器）中采集油样并进行顶空脱气，气样进入光声光谱检测室进行光声测量，计算处理单元对光声信号进行计算得出各气体组分浓度，同步在人机界面中展示并传输到后台监控工作站。

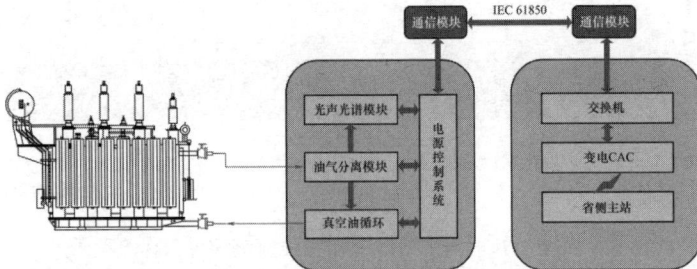

图 2－1－76　光声光谱分析技术结构示意图

（三）油中溶解气体在线监测装置重要技术要求

Q/GDW 10536—2021《变压器油中溶解气体在线监测装置技术规范》对于现场用油中溶解气体在线色谱装置的通用要求、结构要求、功能要求以及性能要求进行了详细说明，在此结合现场应用实际，选取部分条款进行说明。

目前国内换流站油中溶解气体在线监测装置均为多组分装置，能够监测 7 种及以上变压器油中溶解气体，监测量应包括氢气（H_2）、甲烷（CH_4）、乙烯（C_2H_4）、乙烷（C_2H_6）、乙炔（C_2H_2）、一氧化碳（CO）和二氧化碳（CO_2）等主要特征气体。

针对换流变压器油中溶解气体在线监测装置检测范围和测量误差的标准要求如下：

a）根据对装置测量误差限值要求的严格程度，将测量误差性能定为 A 级、B 级和 C 级。

b）对于新建装置以及运行装置，换流变压器在线监测装置应满足下表要求；

c）实验室检验时，按照全部气体组分评定。运行中装置现场校验时，按照氢气、乙炔和总烃评定。

d）若产品说明书中标称的检测范围超出表 2-1-5 的，应按照说明书中的指标检验。

表 2-1-5 换流变压器多组分装置测量误差要求

检测参量	检测范围（μL/L）	测量误差限值
氢气（H_2）	2～20[a]	±2μL/L 或±30%
	20～1000	±30%
乙炔（C_2H_2）	0.2～5[a]	±0.2μL/L 或±30%
	5～10	±30%
	10～50	±20%
甲烷（CH_4）、乙烷（C_2H_6）、乙烯（C_2H_4）	0.5～10[a]	±0.5μL/L 或±30%
	10～150	±30%
一氧化碳（CO）	25～100[a]	±25μL/L 或±30%
	100～1500	±30%
二氧化碳（CO_2）	25～100[a]	±25μL/L 或±30%
	100～7500	±30%

续表

检测参量	检测范围（μL/L）	测量误差限值
总烃（C_1+C_2）	2～10[a]	±2μL/L 或±30%
	10～150	±30%
	150～500	±20%

[a] 在各气体组分的低浓度范围内，测量误差限值取两者较大值。

换流变压器油中溶解气体在线监测装置除满足上述检测范围和测量误差要求外，还需至少满足以下功能要求：

a）装置油中乙炔最小检测浓度不大于 0.2μL/L，油中氢气最小检测浓度不大于 2 μL/L。

b）装置的测量重复性不大于 3%。

c）多组分在线监测装置的最小检测周期不大于 2 h。

d）对于油中氢气和总烃，装置的响应时间不大于 2 h。

（四）油中溶解气体在线监测装置异常判断阈值

在线监测数据异常判断阈值分注意值、告警值、停运值三类，包含特征气体含量、绝对增量和相对增长速率三部分。

（1）注意值用于提醒设备状态可能发生变化需要引起注意，并按变化程度细分为注意值 1、注意值 2，其中注意值 2 考虑油色谱对升高座、出线装置等"半死油区"异常响应较慢，较注意值 1 增加了乙炔从无到有、长期稳定设备乙炔突增且周增量达到 0.3μL/L 两种情况。

（2）告警值用于提醒设备状态可能发生明显变化，警示运维人员远离异常设备及相邻间隔区域。

（3）停运值表明设备可能发生严重异常，应及时将设备停运，停运值包括乙炔、氢气、总烃三类特征气体，其中乙炔含量达到 5μL/L，乙炔周增量、日增量或 4h 增量达到 2μL/L，乙炔 2h 增量达到 1.5μL/L，氢气含量达到 450μL/L 或总烃含量达到 450μL/L 等任一条件满足时，均视作设备达到停运值。

换流变压器油中溶解气体在线监测装置阈值见表 2－1－6。

表 2–1–6　　　　　　　　换流变压器油中溶解气体在线监测装置阈值

监测项目		注意值 1	注意值 2	告警值	停运值
气体含量 （μL/L）	乙炔	≥0.5	≥1.0	≥3	≥3
	氢气	≥75	≥150	—	≥450ᵃ
	总烃	≥75	≥150	—	≥450ᵃ
气体绝对增量 （μL/L）	乙炔	周增量≥0.3	从无到有	周增量≥ 1.2	周增量≥2
			长期稳定设备乙炔突增 且周增量≥0.3		日增量≥2
			周增量≥0.6		每 4h 增量≥2
					每 2h 增量≥1.5
	氢气 ᵇ	周增量≥10	周增量≥20	—	—
	总烃 ᵇ	周增量≥5	周增量≥10	—	—
相对增长 速率 （%/周）	总烃	周增量≥10	周增量≥20	—	—

ᵃ　乙炔、氢气或总烃缓慢达到停运值，可经专家诊断分析后确定停运时间；

ᵇ　氢气≤30μL/L 时，不计算绝对增量；总烃≤30μL/L 时，不计算绝对增量和相对增长速率。

二、单氢在线监测装置

理论和实践都证明，氢气是所有充油电气设备放电（局放、火花、电弧）和热（分解）最早、最容易产生的特征气体。因此，氢气也是行业认可的（IEEE C57.104 和 IEC 60599）充油电气设备产生故障的早期信号之一。

充油电气设备运行过程中易产生局放、电晕和接触不良导致过热的故障现象，而这些故障也都会产生以氢气为主的故障气体，使用溶解氢在线监测装置具备技术和经济可行性。另外，由于充油电气设备为密闭空间，出现电弧或局放后产生的大量故障气体集中在密闭空间内，对外壳产生的压力巨大。因此，通过安装油压传感器可实时监控突然产生的压力变化，当油压变化超出预警值时，可发出用于电气回路的报警。

现有换流站大部分单氢传感器使用钯合金薄膜，可插入变压器油中，直接测量油中溶解氢气无需油气分离，工作工程中氢气分子吸附于 Pd 合金薄膜表面，并在 Pd 的催化下分解为 H 原子，H 原子扩散"溶解"于 Pd 合金晶格中，造成 Pd 体电阻率的改变，数据传到后台。如图 2–1–77、图 2–1–78 所示。

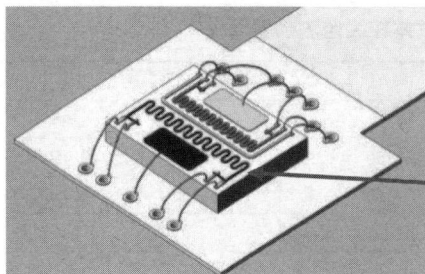

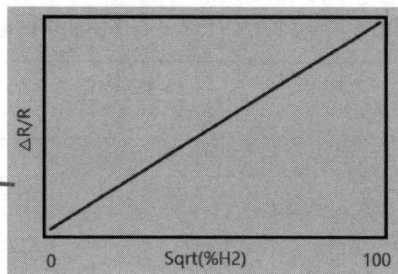

图 2-1-77　传感器核心示意图　　图 2-1-78　　氢气含量与电阻增量示意图

三、套管末屏在线监测

网侧套管末屏在线监测系统采用穿心零磁通小电流传感器采集套管末屏电流数据并将其传导至对应的采集单元，实现实时对套管高频局放、介损、电容量、泄漏电流变化的监测。所有采集单元均通过光纤接至精确时间同步交换机，以确保采集单元相互之间的同步误差小于 1μs。该系统具备广域相对电容量/相对介损异常预警功能，可比对各测量单元参数，并精准定位缺陷套管。

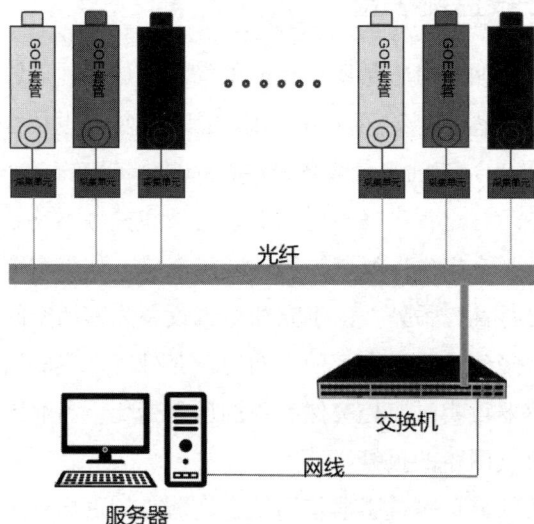

图 2-1-79　原理结构图

第二章 控制与非电量保护

第一节 冷却器控制

一、西门子技术路线换流变压器冷却器控制

（一）冷却器配置情况及运行逻辑

以 EFPH 8759 型换流变压器为例。每台换流变由 5 组冷却器组成，每组冷却器配置 1 台潜油泵和 5 台风机。变压器油由油泵获得的动力而流动，通过管束内壁将热量传导到冷却器的翅翼上，再由旋转的风机将热量带入大气中。油在冷却器内的流向为由换流变上部流出、底部流入。换流变压器充电时，自动投入第一组冷却器。正常运行时在自动控制方式下，根据绕组温度投入冷却器，根据顶部油温退出冷却器。冷却器温度及故障自动控制策略详情见表 2-2-1。

表 2-2-1 西门子换流变冷却器温度自动控制策略

序号	功能	控制策略
1	启动第一组冷却器	换流变充电启动第一组
2	启动第二组冷却器	当换流变绕组温度达到 60℃ 启动 2 号冷却器，当换流变顶部油温低于 30℃ 时退出
3	启动第三组冷却器	当换流变绕组温度达到 80℃ 启动 3 号冷却器，当换流变顶部油温低于 40℃ 时退出
4	启动第四组冷却器	当换流变绕组温度达到 100℃ 启动 4 号冷却器，当换流变顶部油温低于 50℃ 时退出
5	冷却器故障处理策略	运行冷却器组故障时自动投入相应数量的未运行正常冷却器组

换流变冷却器控制单元位于西门子就地控制柜内，A/B 套控制单元由 DC110V 供电，一主一备配置。交流部分采用两路 AC380V 供电，一主一备，可自由切换。冷却器控制单元功能及控制策略详情见表 2-2-2。

表 2-2-2   西门子换流变冷却器控制单元功能及控制策略

序号	功能	控制策略
1	冷却器定期巡检	换流变长期未充电时，每 30 天（可设定）自动控制冷却器组依次启动运行半小时，测试冷却器是否都正常
2	冷却器定期轮换备用	每 7 天（可设定）轮换一次，本次运行时间最长的一组退出，累计运行时间最短的一组投入。采用先启后切的策略，累计运行时间最短的冷却器投入后再停止运行时间最长的冷却器
3	手动/自动切换	手动/自动转换开关在手动位置时，冷却器退出 TEC/PLC 自动控制状态而切换至手动控制状态，可通过投/退按钮就地投退各组冷却器
4	冷却器远方投/退	自动控制状态下的冷却器组，在接收某一组冷却器远方（控制保护中心）强投/强退命令后，该组冷却器组切换到强控状态，不参与自动控制逻辑；处于强控状态的冷却器组需就地手动复归后，方可切换到自动控制状态
5	极冷工况下全切风机	自动控制状态下，在变压器负荷较小且环境温度较低时，风扇停止运转，但油泵仍继续运转
6	保护全切冷却器	手动/自动控制状态下的冷却器组，在接收（控制保护值班系统）保护全切冷却器命令后，切除全部冷却器并退出自动控制状态，需就地复归 TEC 装置方可恢复自动控制状态
7	TEC 装置故障全启冷却器	换流变带电的情况下当 2 套 TEC 装置都失电时，所有冷却器组全部启动

（二）部分控制功能电气回路图

1. 正常运行状态

换流变压器冷却器控制回路其核心是 A/B 套控制单元，两套装置独立并列运行。投入冷却器组，只要其中一套装置判定达到绕温定值即可投入；切除冷却器组，当两套装置都判定达到油温定值才可切除该冷却器组。如下图所示，当 A 套装置支路 1 的 1n:X10 常开触点闭合或者 B 套装置支路 2 的 2n:X10 常开触点闭合，控制回路导通，油泵接触器 KM611 带电，油泵启动运行，该组冷却器的 5 台风机接触器 KM612－KM616 得电，风机启动运行。控制回路如图 2－2－80 所示。

2. 故障状态

当装置控制单元接收到故障信号后，支路 4 的 1n:X10 和 2n:X10 的常开触点闭合，自动控制回路由正常运行时的支路 1 和支路 2 切换至支路 4，电流继电器 KA611 的线圈带电，主控制回路中的 KA611 常闭触点断开，油泵接触器 KM611 失电，油泵停运，该组冷却器的 5 台风机接触器 KM612－KM616 失电，风机停运。故障状态下的控制回路如图 2－2－81 所示。

3. TEC 装置故障全启

换流变带电条件下，当 A/B 控制装置都故障失电时，自动控制回路会由正常运行时的支路 1 和支路 2 切换至支路 3，控制回路导通，相应油泵接触器和风机接触器得电，所有冷却器组全部启动。控制回路如图 2－2－82 所示。

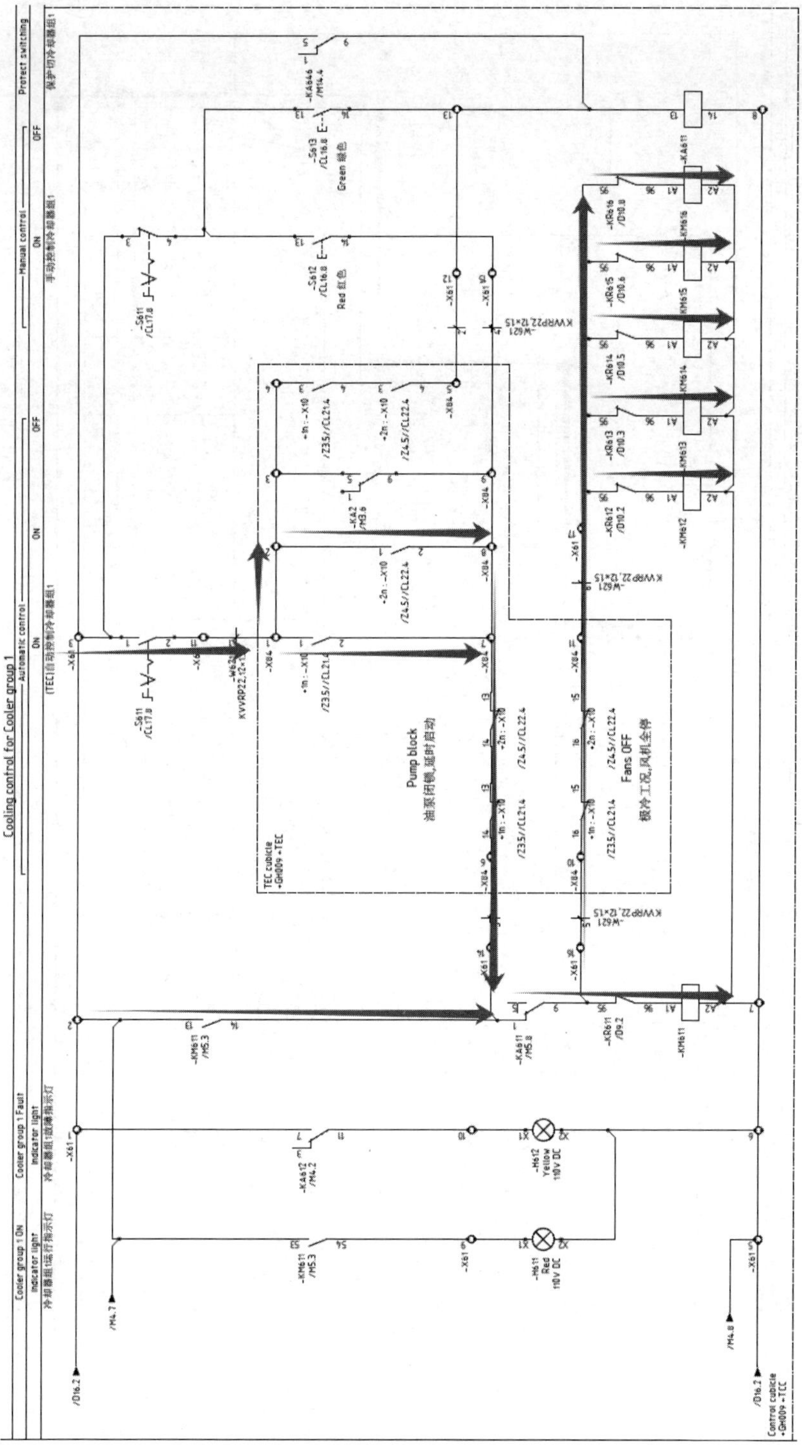

图 2 - 2 - 80 冷却器正常启停控制回路

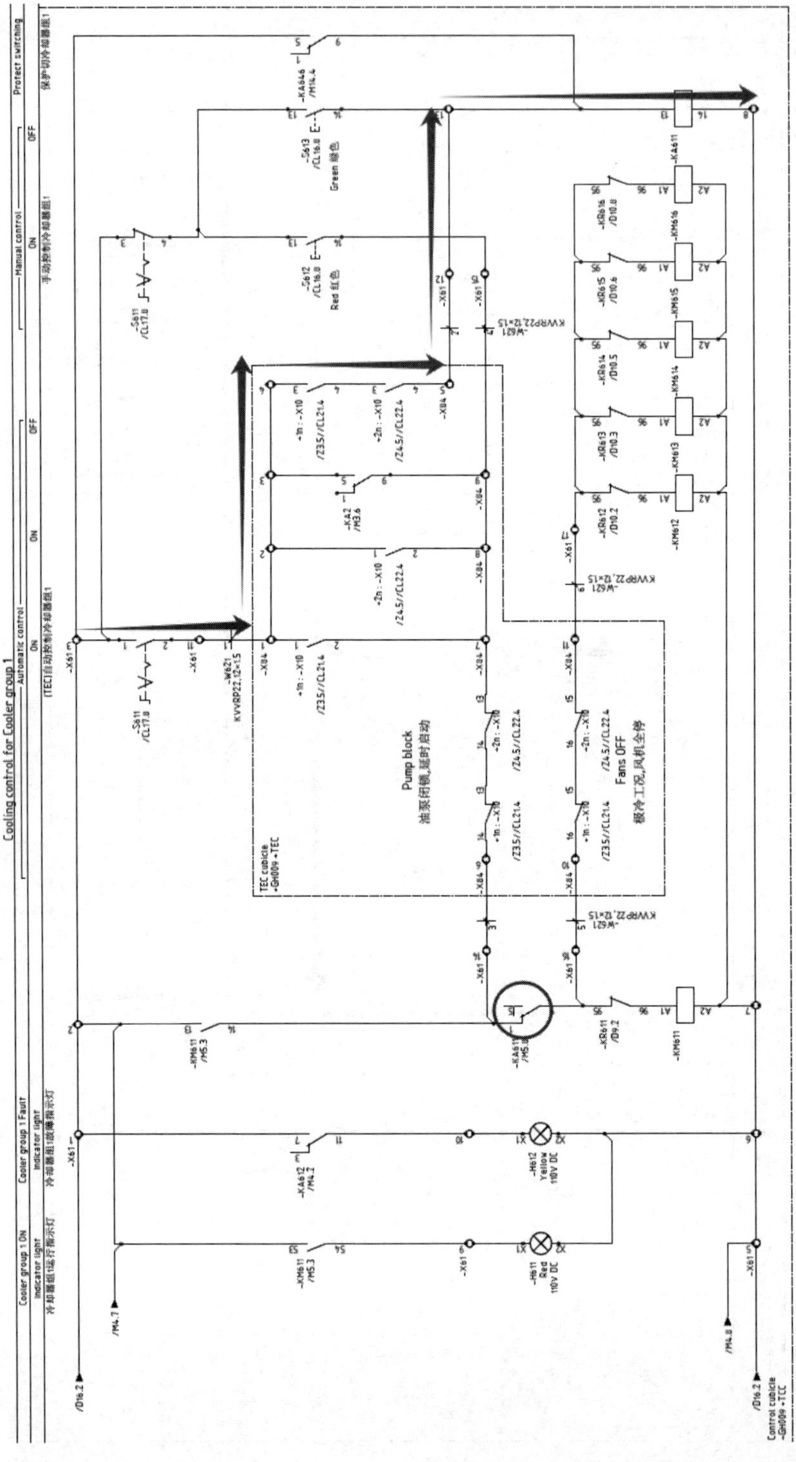

图 2－2－81　冷却器故障状态下的控制回路

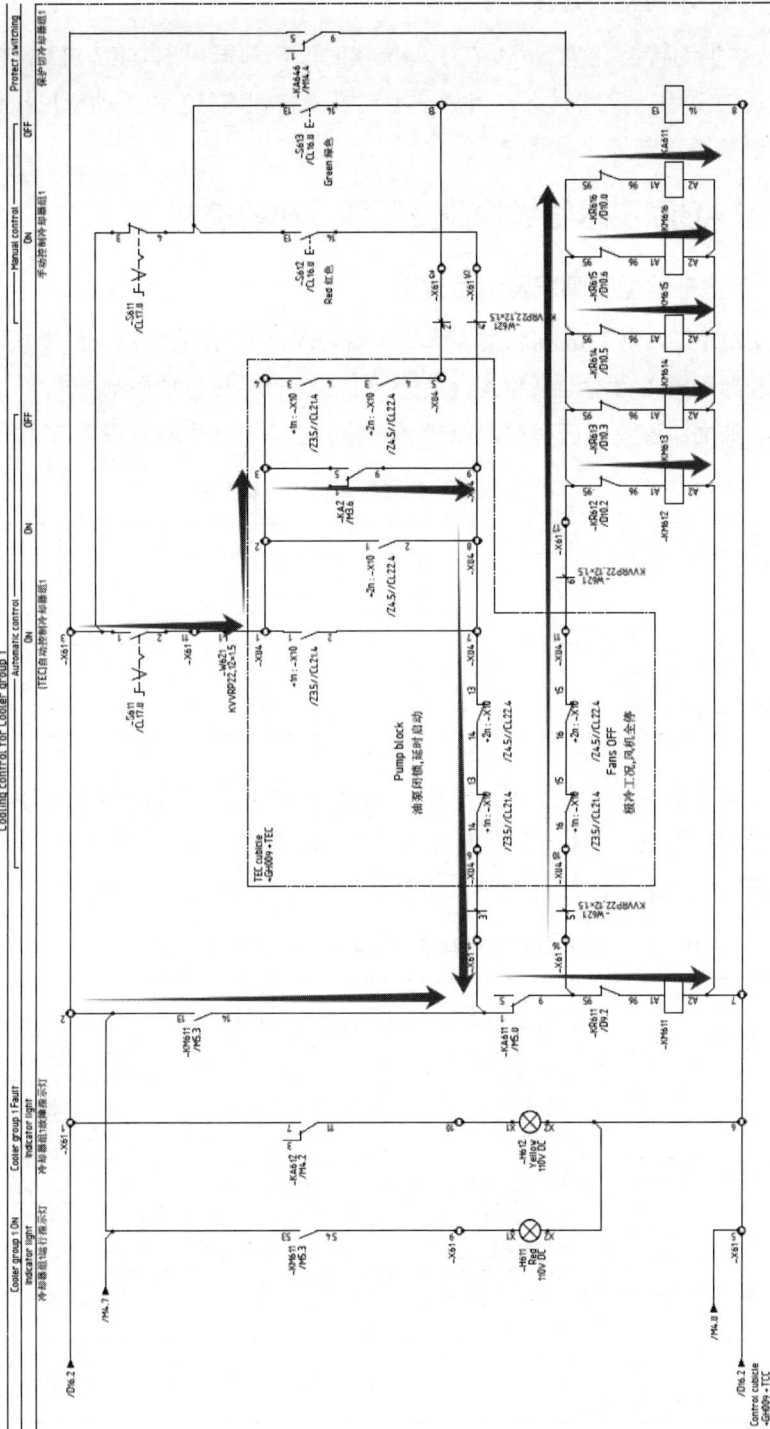

图 2-2-82　冷却器 TEC 装置故障全启控制回路

4. 自动/手动控制切换

自动/手动转换开关 S611 在手动位置时，冷却器退出 TEC/PLC 自动控制状态而切换至手动控制状态，可通过手动投入按钮 S612 和手动退出按钮 S613 就地投退各组冷却器。如图 2-2-83 所示。

二、ABB 技术路线换流变压器冷却器控制

（一）冷却器配置情况及运行逻辑

以 ZZDFPZ-493100/500 型换流变压器为例。每台换流变由 5 组冷却器组成，每组冷却器配置 1 台潜油泵和 4 台风机。正常运行时在自动控制方式下，根据绕组温度、油面温度及负荷率投退冷却器，投退自动控制策略见表 2-2-9。

表 2-2-9　　　　　ABB 换流变冷却器投退自动控制策略

	启动 1 组	启动 2 组	启动 3 组	启动 4 组	启动 5 组
油面温度启动值（℃）		40	55	65	75
油面温度停止值（℃）		36	51	61	71
绕组温度启动值（℃）	换流变带电	50	65	75	85
绕组温度停止值（℃）		46	61	71	81
负荷率启动值（℃）		30	60	90	100
负荷率停止值（℃）		25	55	85	95

换流变冷却器控制单元位于 PLC 就地控制柜内，PLCA 和 PLCB 两套控制单元由 DC110V 供电，一主一备配置。交流部分采用 AC 380V 供电，一主一备配置，可自由切换。冷却器 PLC 控制单元功能及控制策略详情见表 2-2-10。

表 2-2-10　　　　ABB 换流变冷却器控制单元功能及控制策略

序号	功能	控制策略
1	冷却器定期巡检	冷却器组每隔 5 天进行一次巡检，巡检时启动全部冷却器组，运行 5min 后恢复自动运行状态。PLCA 及 PLCB 互通巡检信号，实现巡检的同步
2	变压器上电巡检	变压器上电后，为主的 PLC 会按照 1~5 组的顺序启动全部冷却器组，实现冷却器组巡检，运行 5min 后，将按照温度及负荷情况运行需要的冷却器组数
3	冷却器轮换备用	PLC 根据当前变压器的温度及负荷计算出需要启动的冷却器组数，当需要启动的组数当大于在运冷却器组数时，将启动运行时间最短，未运行，未强退且未故障的冷却器组，反之将停止运行时间最长，在运且未强投的冷却器组
4	手动/自动切换	手动/自动转换开关在手动位置时，冷却器退出 PLC 自动控制状态而切换至手动控制状态，可通过投/退按钮就地投退各组冷却器
5	冷却器远方投/退	当后台有强投强退信号时，则停止冷却器自动运行状态，同时保持当前冷却器组的运行状态不变，对应的冷却组实现强投及强退，待强投强退复位后，恢复到自动运行状态
6	PLC 故障全启冷却器	如果 PLCA 及 PLCB 全部故障，则启动冷却器全部启动回路，1~5 组冷却器组每隔 30s 启动一组，最终全部启动。待 PLCA 或 PLCB 故障恢复后，退出此启动回路，按照 PLC 自动控制逻辑运行

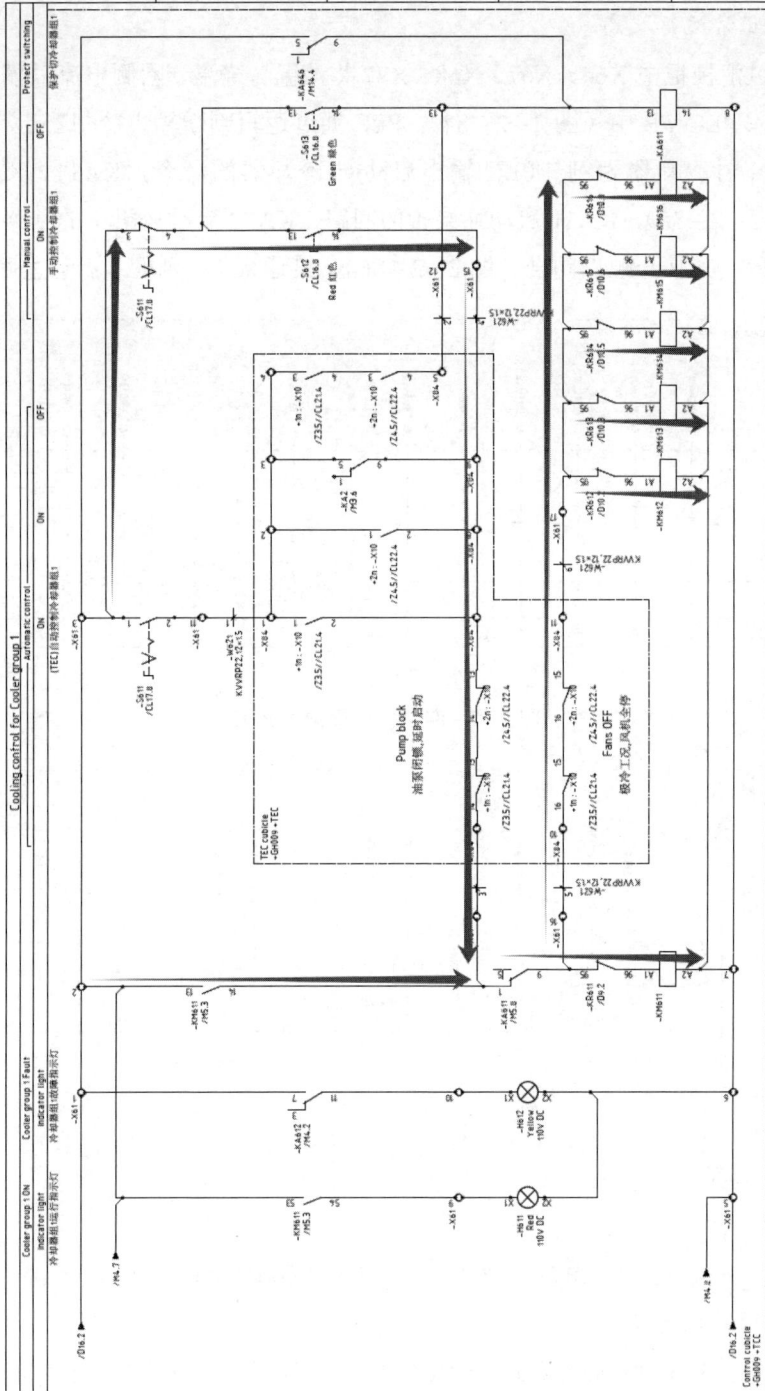

图 2-2-83 冷却器就地手动控制回路

99

（二）部分控制功能电气回路图

1. 正常运行状态

通过汇控柜中 X64、X67、X68、X77 将油温、绕温、网侧电流以模拟量的形式接入 PLCA/B 中（图 2-2-84），PLC 通过逻辑判断输出冷却器启动命令，以启动 1 号冷却器为例，PLC 输出启动#1 冷却器的命令，KA11、KA12 得电（图 2-2-85），KA11 启动油泵 1 的回路，KA12 启动风机 1 的回路，继电器带电后，其常开触点闭合（图 2-2-86），接通泵 1、风机 1 启动主回路。

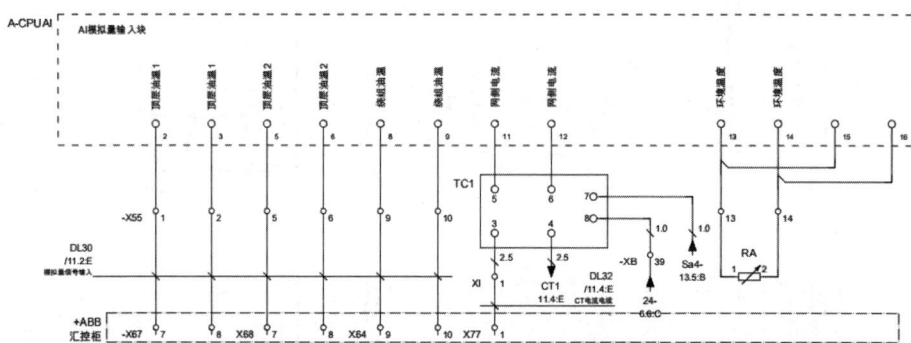

图 2-2-84　模拟量输入 PLC

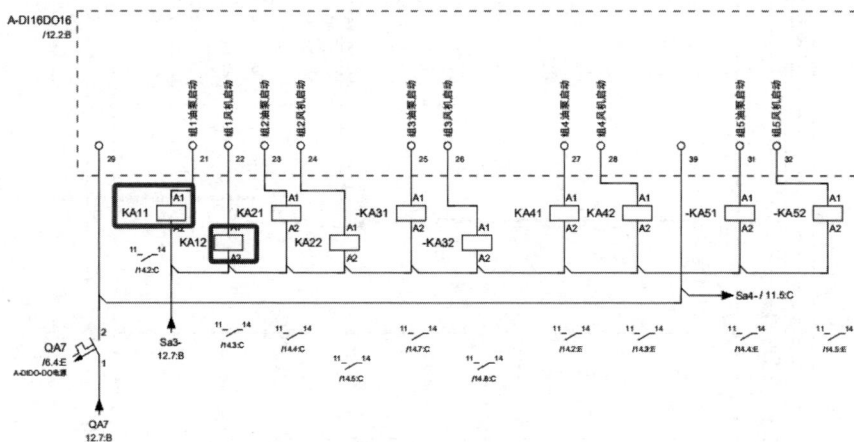

图 2-2-85　PLC 输出冷却器启动命令

2. PLC 故障全启

当双套 PLC 系统故障时，五组冷却器全启，各组启动时间相隔 30s。PLC

故障包括两种情况，一是 PLC 系统电源故障，二是 PLC 停机。当 PLC 系统电
源故障时，QA1、QB1 断开，KA54、KB54 失电（图 2-2-87）；当 PLC 停机
时，KA1、KB1 失电（图 2-2-88），四个继电器的相应辅助节点均闭合，KT0、
KT1、KT2、KT3、KT4 接触器得电，其辅助触点串于冷却器启动回路里，节
点闭合，5 组冷却器全启。

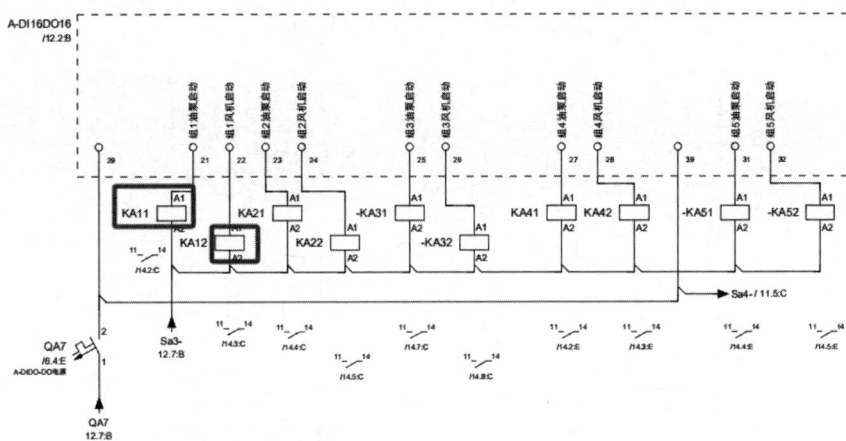

图 2-2-86　PLC 控制冷却器启动回路

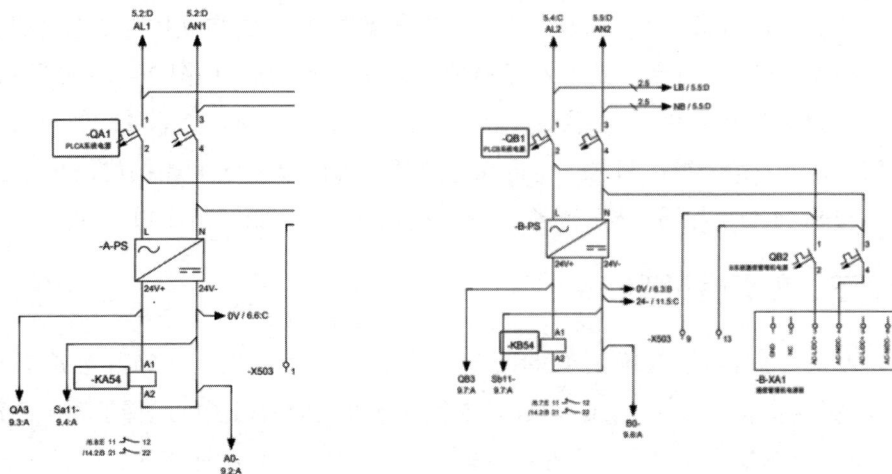

图 2-2-87　PLCA/B 系统电源及继电器回路

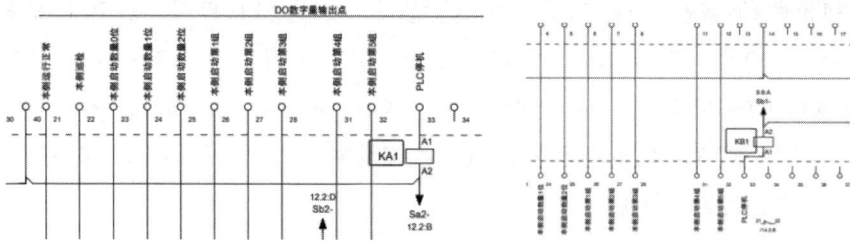

图 2 - 2 - 88　PLCA/B 停机回路

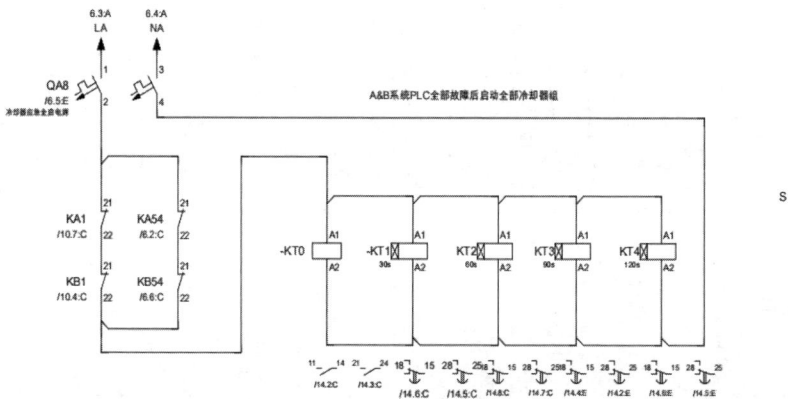

图 2 - 2 - 89　PLCA/B 故障后全启冷却器回路

3. 自动/手动控制切换

自动/手动转换开关在手动位置时，冷却器退出 PLC 自动控制状态而切换至手动控制状态，可通过投/退按钮就地投退各组冷却器。如图 2 - 2 - 90 所示，自动/手动转换开关 S2 打至手动挡位，S2 的 46 与 47 节点，42 和 43 节点导通。如需手动强启第一组冷却器，需将 S3 冷却器控制开关打至开始挡位，此时 S3 的 5 与 8，4 与 1 导通，相应油泵及风机接触器得电，第一组冷却器启动。

三、差异性说明

ABB 与西门子在换流变的冷却方式上均采用了强迫油循环强迫风冷（OFAF）技术。其中，ABB 设计了 3 组冷却器，而西门子则选择了 4 组冷却器。每组冷却器均配置了四个冷却风扇和一个潜油泵，以确保高效的冷却效果。ABB 通过实时监测换流变的顶部油温来智能控制冷却器的启停，以实现最优的能效比和延长设备寿命。而西门子则通过监测绕组温度来精确控制冷却器的运行状态。在需要调整冷却器的工作状态时，两家公司均遵循相同的策略：当需要退出一组冷却器时，会选择累计运行时间最多的冷却器进行停机；相应地，当需要投入一组新的冷却器时，会优先选择累计运行时间最少的冷却器进行启动。这种策略旨在平衡各冷却器的运行时间，从而确保整个系统的稳定性和可靠性。

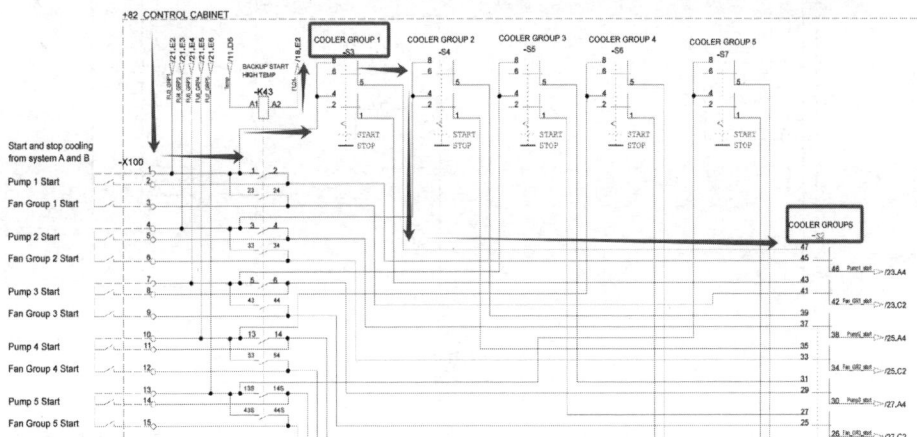

图 2-2-90　自动/手动控制切换回路

第二节　有载分接开关控制

一、西门子换流变有载分接开关控制

西门子换流变压器的有载分接开关控制目的是维持触发角在给定的参考值。在正常运行时，整流站换流变压器的有载分接开关用来维持正常触发角，换流变压器有载调压有载分接开关的控制一般是全自动的，不推荐采用手动控制。

（一）电源回路

有载分接开关操作有升挡和降挡，这就要求其操作机构箱内的电机能够正反转。操作机构箱内电机控制回路，见图 2-2-91。Q1 为电源开关，K1 和 K2 是电机控制接触器，K1 接通时正转，K2 接通时 A、C 相对调，电机反转。S8A、S8B 为手柄保护开关，防止手动操作时，电机也在运转。S6A、S6B 为限位开关，当有载分接开关达到最大、最小挡时，通过限位开关限位，防止电机越限运转，造成有载分接开关故障，进而引起换流变压器故障。

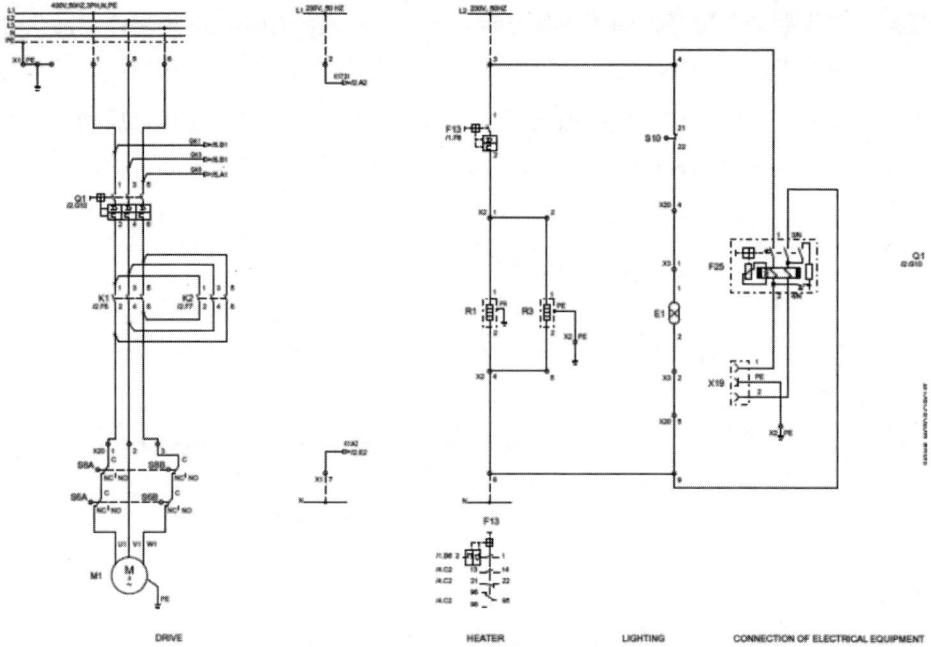

图 2-2-91　操作机构箱内电机控制回路

（二）有载分接开关的升降挡控制回路

有载分接开关的升降挡控制回路见图 2-2-92。

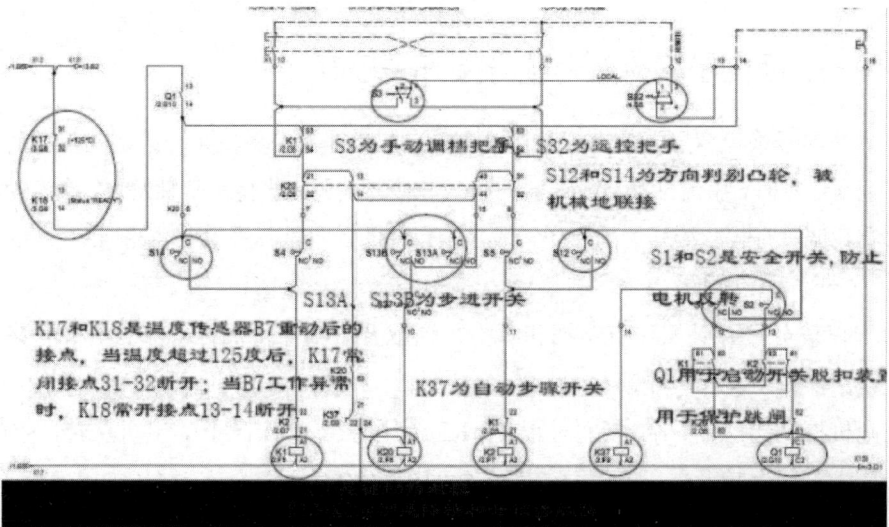

图 2-2-92　操作机构箱内电机控制回路

控制回路中，K17 和 K18 是温度传感器 B7 重动接点，当温度低于 125℃，K17 常闭接点 31－32 闭合；当 B7 工作正常时，K18 常开接点 13－14 闭合，下述操作才有效。Q1 为操作机构箱内电机投入开关，正常情况下 Q1 的接点 13－14 闭合。S32 为远、近控制选择开关，正常情况下打到远方控制，则其接点 3－4 闭合。

当需要升挡时，系统给出升挡信号，X1 的 11 接点为正电压，通过辅助接触器的 31－32 接点至限位开关 S5 的辅助接点 C－NC 导通，再通过 K1 的常闭接点 22－21 接通 K2，电机启动继电器 K2 得电，电机转动升挡。反之，降挡则通过 K2 控制。见图 2－2－93。

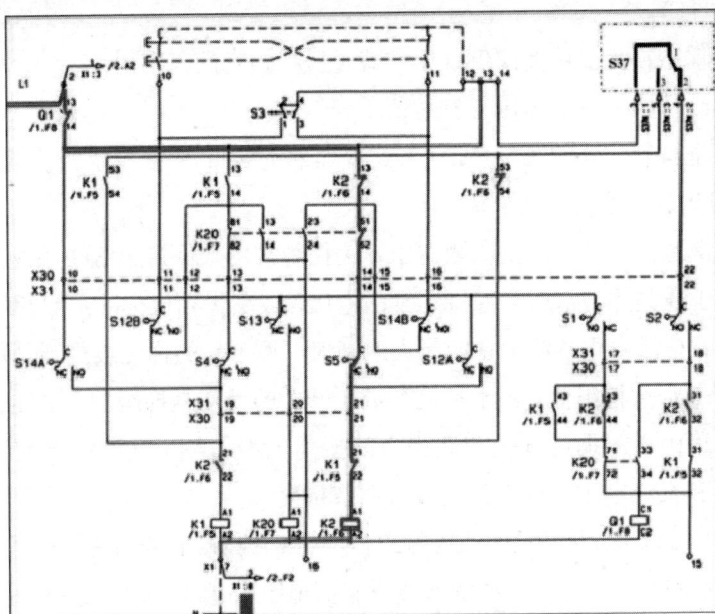

图 2－2－93　升挡回路示意

二、ABB 换流变有载分接开关控制

ABB 换流变有载调压开关控制（TCC）的目的是维持触发角，熄弧角和直流电压（U_d）在给定的参考值。换流变压器有载调压分接头的控制一般是全自动的。在 TCC 内可采用手动或自动控制。在功率传送期间，不推荐采用手动控制。

（1）原理概述。

换流变的有载调压开关由 TCC 系统控制。TCC 的目的是维持触发角，熄弧角和直流电压（U_d）在给定的参考值。在正常运行时，整流器的有载调压开关用来维持正常触发角；逆变器的有载调压开关用来维持正常的直流电压。由于有载调压开关的梯级动作，触发角，熄弧角和直流电压控制设置合适的死区以避免振荡。较高优先权标准是 Udi0 低于它的最大限制值。

（2）调压开关控制目的与原理：

1. 调压开关控制目的

换流变调压开关改变由调压开关控制系统（TCC）控制。调压开关控制（TCC）的目的是：

（1）保持换流变压器阀侧绕组空载电压在指定的范围内。

（2）维持实际直流电压与参考值 U_d 一致。

（3）维持整流器的触发角 α（或逆变器的关断角 γ）在指定的范围内。

2. 调压开关控制功能概述

在正常运行过程中，整流侧调压开关控制常用来保持正常的触发角 α，在逆变侧调压开关控制常用来保持正常的电压，较高优先权标准是 Udi0（整流器的理想空载直流电压）低于它的最大限制值，这个高的优先级规则是用来保证 Udio 低于其最大值限值。由于换流变调压开关的动作是梯级的，这样就有可能在调节过程中引起调压开关在两档之间振荡，为了防止这种现象的出现，在 TCC 角度和直流电压控制中都设置有调节裕度。

网侧有载调压分接开关的挡数为29档，从1档到29档，每档调节范围为1.25%，可调范围为 27.5%～−7.5%，换流变各分接头电压和电流如表 2−2−11 所示。

表 2−2−11　　　　换流变各分接头电压和电流统计表

位置	电压（V）	电流（A）	选择器和切换开关连接位置	分接头位置（现场和 OWS 一致）
	656630/√3	784	30−1	1
	650190/√3	791	30−2	2
网侧	643750/√3	799	30−3	3
	637310/√3	807	30−4	4
	630880/√3	816	30−5	5

续表

位置	电压（V）	电流（A）	选择器和切换开关连接位置	分接头位置（现场和 OWS 一致）
网侧	$624440/\sqrt{3}$	824	30 - 6	6
	$618000/\sqrt{3}$	833	30 - 7	7
	$611560/\sqrt{3}$	841	30 - 8	8
	$605130/\sqrt{3}$	850	30 - 9	9
	$598690/\sqrt{3}$	860	30 - 10	10
	$592250/\sqrt{3}$	869	30 - 11	11
	$585810/\sqrt{3}$	878	30 - 12	12
	$579380/\sqrt{3}$	888	30 - 13	13
	$572940/\sqrt{3}$	898	30 - 14	14
	$566500/\sqrt{3}$	908	30 - 16	15
	$560060\sqrt{3}$	919	30 - 2	16
	$553630/\sqrt{3}$	929	30 - 3	17
	$547190/\sqrt{3}$	940	30 - 4	18
	$540750/\sqrt{3}$	952	30 - 5	19
	$534310/\sqrt{3}$	963	30 - 6	20
	$527880/\sqrt{3}$	975	30 - 7	21
	$521440/\sqrt{3}$	987	30 - 8	22
	$515000/\sqrt{3}$	999	30 - 9	23
	$508560/\sqrt{3}$	1012	30 - 10	24
	$502130/\sqrt{3}$	1025	30 - 11	25
	$495690/\sqrt{3}$	1038	30 - 12	26
	$489250/\sqrt{3}$	1052	30 - 13	27
	$482810/\sqrt{3}$	1066	30 - 14	28
	$476380/\sqrt{3}$	1080	30 - 15	29
Y/△ 阀侧	157600	1885	—	
Y/Y 阀侧	$157600/\sqrt{3}$	3265	—	

分接头控制柜内部有分接头驱动装置马达电机电源小开关，正常时应合上。分接开关有载调压装置正常运行时采用工作站手动调节或自动控制；当换流变停电或检修时可在现场操作箱内采用就地电动或手动调节；当控制方式由手动转为自动前，应预先将三相换流变分接头位置调节一致。分接开关投运前应操作一个循环，应先检查分接开关动作正常，控制、显示、加热器等回路良好，分接开关位置 OWS 显示与现场指示一致，马达驱动装置和控制柜加热器电源应投入。换流变充电前，应检查分接头现场实际位置在 1 档（电压最高档），三相位置一致。

三、差异性说明

ABB 与西门子在换流变压器的有载分接开关控制方面的目标均在于保持触发角稳定在预设参考值。在正常运行过程中，系统通常采用自动调整模式。然而，当分接开关遭遇故障或其他特殊情况时，为应对这些非标准状况，系统也提供了手动调节功能，允许运行人员对分接开关的挡位进行手动调整。在有载分接开关的升降挡控制回路设计上，两家公司的产品展现了高度的相似性，均是通过控制电机的正反转来实现分接开关挡位的升降调节。这种设计确保了调节过程的精确性和稳定性，从而满足了直流控制系统对触发角的严格要求。

第三节 换流变压器非电量保护

一、换流变压器非电量保护运行规定

（1）ABB 换流变压器非电量保护运行规定如表 2－2－12 所示。

表 2－2－12　　　　ABB 换流变压器非电量保护运行规定

序号	保护名称	继电器型号	定值及动作后果	
1	本体瓦斯	BF80－10	气体达到 300mL	Ⅰ 段信号
			1.0M/S	Ⅱ 段跳闸
2	本体压力释放阀	208－105－05	56kPa	信号
3	网侧高压套管瓦斯	BF25－10	气体达到 300mL	Ⅰ 段信号
			1.0M/S	Ⅱ 段跳闸

续表

序号	保护名称	继电器型号	定值及动作后果	
4	阀侧套管 a 瓦斯	BF25-10	气体达到 300mL	Ⅰ段信号
			1.0M/S	Ⅱ段跳闸
5	阀侧套管 b 瓦斯	BF25-10	气体达到 300mL	Ⅰ段信号
			1.0M/S	Ⅱ段跳闸
6	中性线套管瓦斯	BF25-10	气体达到 300mL	Ⅰ段信号
			1.0M/S	Ⅱ段跳闸
7	OLTC 瓦斯 1（本体）	BF25-10	气体达到 300mL	Ⅰ段信号
			1.0M/S	Ⅱ段跳闸
8	OLTC 瓦斯 2（本体）	BF25-10	气体达到 300mL	Ⅰ段信号
			1.0M/S	Ⅱ段跳闸
9	OLTC 压力继电器 1	AKM35600	150kPa	跳闸
10	OLTC 压力继电器 2	AKM35600	150kPa	跳闸
11	OLTC 压力释放阀 1	208-105-05	175kPa	信号
12	OLTC 压力释放阀 2	208-105-05	175kPa	信号
13	套管 a SF_6 密度继电器	8730.20.2300.CD	350kPa	Ⅰ段信号
			330kPa	Ⅱ段信号
			310kPa	Ⅲ段跳闸
14	套管 b SF_6 密度继电器	8730.20.2300.CD	350kPa	Ⅰ段信号
			330kPa	Ⅱ段信号
			310kPa	Ⅲ段跳闸
15	油温	AKMTitg54	75℃（返回值 65℃）	Ⅰ段信号
			110℃（返回值 100℃）	Ⅱ段跳闸
16	线温	AKMTitg54	110℃（返回值 100℃）	Ⅰ段信号
			140℃（返回值 130℃）	Ⅱ段跳闸
17	本体油位	AKMTINE52	<5%	低油位信号
			>95%	高油位信号
18	OLTC 油位	AKMTINE52	<5%	低油位信号
			>95%	高油位信号

（2）西门子换流变非电量保护运行规定如表 2-2-13 所示。

表 2-2-13 西门子换流变非电量保护运行规定

序号	名称	设备厂家及型号	基本原理	定值	后果
1	阀侧 2.1SF$_6$压力（极 I 低压阀组 Y/D 换流变无此保护）	HSPWIKA	通过管道与套管相连，装置中的接触式压力表测量套管中 SF$_6$ 的压力。当 SF$_6$ 气体泄漏时，压力降低至定值，相应接点闭合，保护动作	260kPa	跳闸
2	阀侧 2.2SF$_6$压力（极 I 低压阀组 Y/D 换流变无此保护）	HSPWIKA	通过管道与套管相连，装置中的接触式压力表测量套管中 SF$_6$ 的压力。当 SF$_6$ 气体泄漏时，压力降低至定值，相应接点闭合，保护动作	260kPa	跳闸
3	本体重瓦斯	EMBBF80/10/8	变压器内部发生严重故障时，产生的气体推动油流动，监测瓦斯继电器内油流速，高于定值跳闸	1m/s	跳闸
4	本体轻瓦斯		变压器内部发生轻微故障时，产生的气体升到本体顶部，到达瓦斯继电器，当收集到一定气体时，发报警信号	250~300mL	报警
5	本体油面温度 I 段	MT-ST160F	封闭式注油设备，当本体油温上升时，油膨胀并将压力传递给波尔顿压力计，间接得到油温值，防止变压器过负荷及内部故障	85℃	报警
6	本体油面温度 II 段			75℃	报警
7	网侧绕组温度 I 段	MT-STW160F2	通过本体油温和网侧绕组电流综合得出绕组温度，防止绕组超温运行导致绝缘老化变压器绕组击穿	125℃	报警
8	网侧绕组温度 II 段			115℃	报警
9	阀侧绕组温度 I 段	MT-STW160F2	通过本体油温和阀侧绕组电流综合得出绕组温度，防止绕组超温运行导致绝缘老化变压器绕组击穿	125℃	报警
10	阀侧绕组温度 II 段			115℃	报警
11	有载分接开关瓦斯	MRRS2001	分接头内部发生严重故障时，产生的气体推动油流动，监测瓦斯继电器内油流速，高于定值跳闸	1.2m/s	跳闸
12	本体压力释放 1	Messko BA2066	当阀盖底部的压力超过由弹簧决定的定值压力时，阀盘将冲开，当压力恢复平常后，在弹簧的作用下阀盘又重给盖上	55kPa	报警
13	本体压力释放 2	Messko BA2066		55kPa	报警
14	有载分接开关压力释放	Messko BA2066		138kPa	报警

序号	名称	设备厂家及型号	基本原理	定值	后果
15	本体油位高	Mesko MTO-TT	油位计检测本体油枕油位上限，发出报警	MAX	报警
16	本体油位低		油位计检测本体油枕油位下限时，发出报警	MIN	报警
17	分接开关油位高	Mesko MTO-TT	油位计检测分接开关油枕油位上限，发出报警	MAX	报警
18	分接开关油位低		油位计检测分接开关油枕油位下限，发出报警	MIN	报警

二、换流变非电量保护配置

（1）ABB 提供的换流变非电量保护配置如表 2-2-14 所示。

表 2-2-14　　　　　　ABB 提供的换流变非电量保护配置

序号	项目	目的	后果
1	温度监视	测量油温和绕组温度，防止温度过高	跳闸、报警
2	油位监视	监测油枕油位变化（本体和调压开关）	报警
3	油在线监测	监测内部气体，判断是否存在内部故障	报警
4	压力继电器	判断分接头切换装置内部是否过压	跳闸
5	漏油探测器	监视油枕气囊是否漏油	报警
6	瓦斯继电器	判断流向油枕的油速是否过快，收集内部气体	跳闸、报警
7	压力释放阀	监视变压器内部/分接头内部是否有过压	报警
8	SF_6 密度监测	测量 GGF 套管内部 SF_6 压力是否降低	跳闸、报警
9	泵和风扇电机保护	监视泵和风机是否过载	跳电机开关
10	油流指示	监视加在冷却器油的压力	报警

（2）西门子提供的换流变非电量保护配置如表 2-2-15 所示。

表 2-2-15　　　　　　西门子提供的换流变非电量保护配置

序号	项目	目的	后果
1	温度监视	测量油温和绕组温度，防止温度过高	跳闸、报警
2	油位监视	监测油枕油位变化（本体和调压开关）	报警

序号	项目	目的	后果
3	油在线监测	监测内部气体，判断是否存在内部故障	报警
4	瓦斯继电器	判断流向油枕的油速是否过快，收集内部气体	跳闸、报警
5	压力释放阀	监视变压器内部/分接头内部是否有过压	报警
6	SF_6密度监测	测量GGF套管内部SF_6压力是否降低	跳闸、报警
7	泵和风扇电机保护	监视泵和风机是否过载	跳电机开关
8	油流指示	监视加在冷却器油的压力	报警

三、差异性说明

ABB与西门子换流变非电量保护原理基本一致，通过采集换流变的气体体积、气体压力、油温、绕组温度、油位监测换流变的运行状态。ABB与西门子换流变在保护配置方面也大体相同，但ABB在技术路线上有所增强。具体而言，ABB在非电量保护中增加了压力继电器和漏油探测器。压力继电器用于监控分接头切换装置的内部压力，而漏油探测器则用于检测油枕气囊是否发生漏油。一旦分接头切换装置的内部压力超出预设的安全限值，非电量保护系统将发出跳闸信号并闭锁直流。同样，一旦检测到油枕气囊漏油，非电量保护系统也会发出告警，以确保设备的安全运行。

第三篇

运检技能

第一章 运行维护与例行检修

第一节 运行规定及巡检、日常维护项目

一、运行规定

（1）新投运、大修、事故抢修或换油后的换流变压器，在施加电压前静置时间不应少于 72h。

（2）换流变压器在正常运行时，不允许在现场电动和手动操作有载分接开关，应在工作站进行三相同步逐级调节，同时监视分接位置及电压、电流的变化。

（3）呼吸器硅胶干燥时为橙黄色（或蓝色），吸潮后为白色（或粉红色），硅胶吸潮变色应由下至上。当硅胶被油浸后或有 3/4 硅胶变色时，必须更换；若硅胶上部先变色，应检查连接管是否存在破损或密封圈密封不良。

（4）压力释放装置动作后，换流变压器再次充电前，应先对该装置进行手动复归。

（5）气体在线检测装置发"气体浓度高或装置本身故障报警"时，应尽快通知检修处理，必要时，由检修人员取油样进行离线色谱分析。

（6）当换流变压器的油位异常升高或呼吸系统有异常现象，需要打开放气或放油阀门时，应将重瓦斯改接信号。

（7）有载调压装置控制方式由手动转为自动前，应预先将本极各相换流变压器有载分接开关调至相同挡位。

二、巡检项目

（一）常规巡检

（1）换流变压器无异常声音和明显振动。

（2）各部温度正常、油位与温度相对应。

（3）油枕，有载分接开关开关油枕，以及套管油位、SF_6 压力正常，各部分无渗漏现象。

（4）呼吸器完好，硅胶无严重变色。

（5）套管外部无破损裂纹，无放电痕迹及其他异常现象。

（6）冷却器运行正常，油流指示正常，风扇运行良好。

（7）有载分接开关调节驱动装置及控制柜加热器投入良好。

（8）外壳接地，冷却系统接地良好，无腐蚀和锈蚀现象。

（9）在线滤油装置运行正常。

（10）消防系统处于良好状态。

（11）在线气体分析装置运行正常，无报警信号。

（12）二次端子箱门关严，各标志齐全。

（二）随季节变化，应增加下列项目

（1）雪天检查接头处有无水蒸气及冰溜现象。

（2）大风天检查架空线、母线有无严重舞动及挂落物。

（3）雨、雾天检查各处无异常放电声，接头有无热气流。

（4）冬季气温低于 5℃时，带电设备电加热器应投入运行。

（5）大负荷时，对配电设备接头应进行定期红外测温。

三、日常维护

对换流变压器的日常维护项目如表 3-1-1 所示。

表 3-1-1　　　　　　日 常 维 护 项 目 表

序号	项目	周期	标准	说明
1			油枕（本体及分接开关）及吸湿器	
1.1	干燥吸附剂及油杯内绝缘油更换，油杯清洁	定期巡检	1）玻璃罩清洁完好，密封良好； 2）应自下而上变色，当 2/3 以上硅胶变色时必须更换	1）硅胶离顶盖留下 1/6～1/5 高度空隙； 2）一般在换流变温度逐渐升高的情况下更换（比如上午）； 3）更换油杯内变压器油的同时，应将油杯清洗干净，避免残渣影响油位观察
1.2	油封油位检查	定期巡检	1）呼吸正常； 2）油量适中，油面在最低刻度与最高刻度之间且高于呼吸管口，油质透明无浑浊	1）随着油温的变化油盒中有气泡产生或油面变化； 2）如发现不呼吸，应防止压力突然释放

续表

序号	项目	周期	标准	说明
1.3	电源检查	定期巡检	电源工作正常	免维护呼吸器检查项目
1.4	排水孔检查	定期巡检	排水孔畅通	免维护呼吸器检查项目
1.5	加热器检查	定期巡检	1）加热器工作正常； 2）加热器工作正常启动定值小于RH60%或按厂家规定	免维护呼吸器检查项目
2	冷却器			
2.1	总控箱检查	定期巡检	1）柜体接地应良好，箱体密封、封堵良好，无进水、凝露、积灰、杂物； 2）连接导线无发热、烧焦，接线端子无松动、锈蚀； 3）指示灯显示正常，投切温湿度控制器及加热器工作正常，驱潮装置和加热升温装置工作正常； 4）电缆引线在进线孔封堵严密	进行外观检查并逐一确认接线端子紧固情况
2.2	冷却器功能检查	每季度1次	1）风扇启停正常； 2）潜油泵启停正常、油流指示器指示正常； 3）A、B路电源切换正常	
3	测温装置			
3.1	指示情况检查	定期巡检	现场温度计指示的温度与控制室温度显示装置或监控系统的温度应基本保持一致，最大误差不超过±5℃	
4	瓦斯继电器			
4.1	取气装置检查	必要时	阀门关闭，无渗油痕迹	打开取气装置，观察是否渗油，配有观察窗的取气装置检查观察窗是否存在破裂情况
5	在线监测装置			
5.1	油色谱在线监测装置检修	必要时	1）阀门位置正确； 2）载气、标气压力正常，在使用期内； 3）与离线数据趋势一致； 4）联结部件无渗漏； 5）准确级校验（每1年）	
5.2	铁心、夹件对地电流在线监测装置检修	每年1次或必要时	外观完好及通信正常，与带电检测数据一致	
5.3	套管SF$_6$压力在线监测装置检修	每年1次或必要时	1）阀门位置正确； 2）外观完好及通信正常，与离线数据趋势一致； 3）联结部件无渗漏	

116

续表

序号	项目	周期	标准	说明
5.4	换流变网侧套管升高座单氢在线监测系统	每年 1 次或必要时	1）外观完好及通信正常； 2）与离线检测数据一致	
5.5	换流变网侧套管在线监测系统	每年 1 次或必要时	1）外观完好及通信正常； 2）相对电容、相对介损、泄漏电流等状态量符合相关标准； 3）数据横、纵向比对无异常	
6	接地系统			
6.1	本体、铁心、夹件及附件接地情况检查	定期巡检	1）无锈蚀或开裂情况； 2）变压器外壳、铁心和夹件接地良好	1）接地扁铁（铜）有锈蚀时，需用钢丝刷刷去锈迹，刷一层防锈漆，然后刷一层面漆； 2）参照螺母力矩表进行力矩检查，防止力矩过大损坏螺栓； 3）接地标识油漆脱落、掉落时，需更换接地标识
6.2	黄绿油漆色标检查	定期巡检	颜色清晰可见	1）出现相色不清或油漆剥落应进行补漆； 2）禁止攀爬套管进行检查； 3）安全带禁止悬挂在套管本体及其金属连接部件
7	整体及其他附件			
7.1	相色漆检查	定期巡检	油漆完好，相色清晰可辨	

第二节 带 电 检 测

一、带电检测的意义

油浸式电力换流变压器的故障常常起源于局部放电造成的油纸绝缘劣化及老化，其特点为放电能量小、放电时间极短，虽然不会立即引起换流变压器障，但在换流变压器长期运行过程中将产生累积效应使内部绝缘加速劣化、局部缺陷扩大，最终击穿绝缘材质。因此定期开展油浸式换流变压器局部放电带电检测，对提高其工作效率及状态评估有重要意义。

带电检测是指在电力设备不停电的情况下对其进行现场检测，相比于传统的预防性试验，带电检测具有无需停电、可及时发现设备早期潜伏性故障的优点。开展变压器局部放电带电检测技术的研究，对于保证变压器乃至整个电力系统的安全稳定运行意义重大。

二、变压器局部放电带电检测技术

当变压器内部发生局部放电时，通常伴有声、光、电、水、热及化学物质等多种故障特征信号。针对这些不同的故障信号衍生出的变压器局部放电检测方法有：高频电流检测法、特高频检测法（UHF）、超声波检测法（AE）、油中溶解气体检测法（DGA）等。

（一）高频电流检测法

高频电流检测法是在脉冲电流法的基础上发展而来。脉冲电流法是研究最早、应用最为广泛的一种局部放电检测方法，但该方法测量频率较低（$f_2 \leqslant 500\text{kHz}$）、测量频带较窄（$100\text{kHz} \leqslant \Delta f \leqslant 400\text{kHz}$）、获取的信息量较少，抗干扰能力差等缺陷，使其只能用于变压器出厂的型式试验和其他离线试验中，而无法运用在带电检测中。针对脉冲电流法的缺陷和不足，国内外学者采用罗果夫斯基线圈（Rogowski coils）制作了高频电流传感器（HFCT）提取更高检测频带内的脉冲电流信号以获得更丰富的检测信息。对变压器检测时，可将高频电流传感器可安装在中性点接地线、铁心接地线、套管末屏接地线或外壳接地线上检测由局部放电产生的脉冲电流，并从中提取视在放电量、放电相位、放电重复率等局部放电特征信息。被设计成钳形结构的高频电流传感器安装快捷方便，检测过程中无需侵入变压器内部，无须改变变压器的运行方式。且检测回路与待测变压器之间仅有磁耦合而无电气连接，在一定程度上削弱了电气干扰。

（二）超声检测法

局部放电是一种快速的电荷释放或迁移过程，产生较陡的电流脉冲，电流脉冲的作用打破放电点周围电场应力、介质应力、粒子力之间的平衡状态，引起了介质的振动和疏密瞬间变化，形成超声波。超声波传感器分为接触式超声波传感器和非接触式两种，在变压器局部放电检测中常使用接触式超声传感器，通过超声耦合剂将传感器贴合在变压器外壳上来检测变压器内部的局部放电情况，检测过程中不需要拆动任何部件不影响变压器的正常运行。但由于超声波在变压器内部传播过程中会产生严重的衰减和畸变，使得超声波检测法多作为辅助方法不作单独使用。

（三）特高频检测法

特高频法对伴随局部放电产生的特高频电磁波信号（300MHz≤Δf≤3GHz）进行检测。电力设备内发生局部放电时的电流脉冲会辐射出不同频率范围的电磁波。当放电间隙比较小、绝缘强度比较高时，产生的电流脉冲陡度较大（上升沿为纳秒级），辐射的电磁波频率较高（可达数吉赫兹）。

特高频检测法按照检测的频带划分可以分为宽带检测法和窄带检测法。宽带检测法将检测频带内的所有信号都送入检测系统中，而窄带检测法则是选取整个检测频带中的某一段送入检测系统如图 3-1-1 所示。两种方法各有利弊，宽带检测法的信息量大可以避免放电信号遗漏但现场干扰强烈时会造成检测信号的信噪比低，不利于后续分析；窄带检测法通过频带选择，将此频带之外的干扰信号有效抑制但是检测的是一个较窄频带内的信号，检测信号的能量受限制。

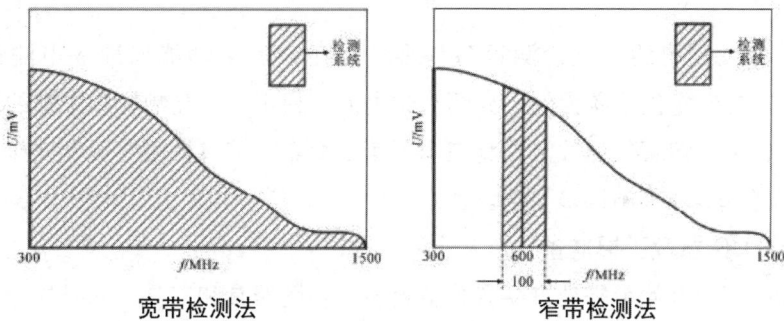

图 3-1-1　两种特高频检测法

（四）油中溶解气体检测法

分析油中溶解气体的组分和含量是监视充油电气设备安全运行的最有效的措施之一。主要监测对判断充油电气设备内部故障有价值的气体，这些故障气体的组分和含量与故障的类型及其严重程度有着密切的关系。当变压器油纸绝缘中出现局部放电时产生的主要气体组分为氢气（H_2）、甲烷（CH_4）、一氧化碳（CO）；次要气体组分为乙炔（C_2H_2）、乙烷（C_2H_6）、二氧化碳（CO_2）。但是由于变压器油中局部放电的产生的气体浓度达到预警值需要一定时间的积累，气相色谱检测法的检测结果存在很大的时延。该检测方法对缓慢发展的早期潜伏性故障较为灵敏有效，但是对突发性的放电故障则快速诊断能力较弱。且该检测方法只能判断变压器内部是否存在局部放电作定性的分析，无法进行定量判断。无法定位局部放电位置也是该方法一个重要的缺陷。

变压器局部放电带电检测方法的特点如表 3-1-2 所示。

表 3-1-2　　　　　　　　变压器局部放电带电检测方法特点

检测方法	检测对象	传感器安装方式	能否定位	灵敏度	特点
高频电流检测法	3MHz 至 30MHz 的电流脉冲	外置式	困难	<50pC	可标定放电量，抗干扰能力差
超声检测法	超声波	外置式	能	±1dB	检测范围小，抗电磁干扰能力强
特高频检测法	电磁波	外置式或内置式	能	<1dBmV	检测灵敏度高，抗干扰能力强
油中溶解气体检测法	故障气体　组分	外置式	不能	—	在充油设备应用广泛，但实时性差

三、现场测试方法

本节以常用的带电检测设备华乘 PDS-T90 多功能局部放电测试仪和 PDS-G1500 定位系统为例，介绍高频电流、超声、特高频检测方法的现场检测流程，油中溶解气体检测法将在本篇第二章第一节《换流变压器交接试验》中详细介绍，本节不过多赘述。

（一）仪器及工具准备

测试工作开始前需要准备好仪器设备、辅助器具和工具，同时检查仪器设备、工器具应齐备、完好、可靠。局放检测仪器电池应充满电量。仪器及工具的准备见表 3-1-3。

表 3-1-3　　　　　　　　仪　器　及　工　具

类别	名称	单位	数量	备注
仪器	多功能局部放电测试仪	台	1	
	局部放电检测及定位系统	台	1	
	高精度温湿度计	台	1	
辅助器具	安全帽	顶	若干	
工具	检修工具	套	1	
	强光手电筒	件	1	

（二）现场测试流程

（1）拍摄所需的照片

进换流站之前需要对换流站的名牌进行整体拍摄如图 3-1-2 所示，在进入换流变设备区后对换流变设备进行拍照如图 3-1-3 所示。

图 3-1-2 换流站名称照片

图 3-1-3 换流变现场照片

（2）记录被测换流变相关信息

需要记录被测变压器的相关信息包括：生产厂家、型号、出厂日期等，可采用现场拍照的形式进行记录，如图 3-1-4 所示。

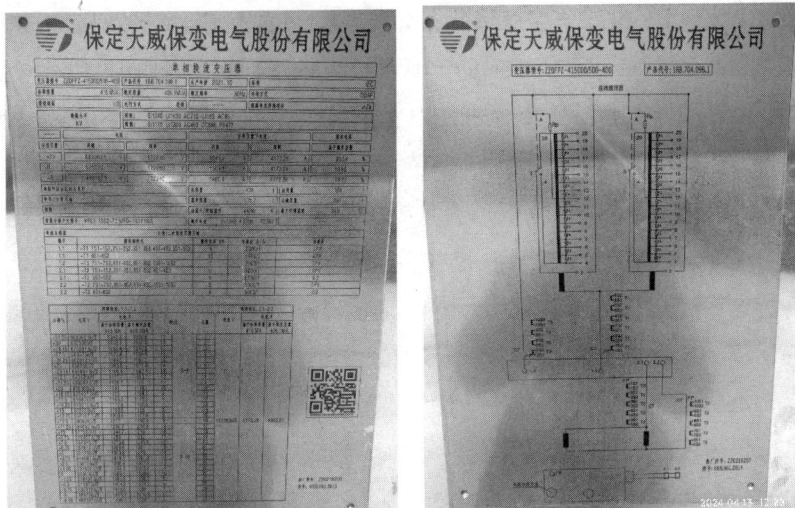

图 3-1-4 换流变设备信息铭牌照片

（3）应用 PDS－T90 对换流变进行高频电流信号普测

1）换流变高频电流测试点的选择。

对于换流变的高频电流测试点，首先选择铁心接地位置，其次选择夹件接地位置，最后选择外壳接地，如图 3－1－5、图 3－1－6 所示。

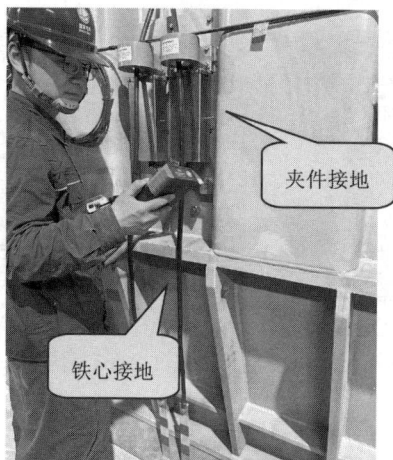

图 3－1－5　铁心接地测试点

图 3－1－6　外壳接地测试点

2）换流变本体高频电流测试。

对换流变进行高频电流信号普测，测试点按照前面所述进行选择。选择高频电流 PRPD/PRPS 模式，增益选择：0dB。由于换流站高频局放检测过程中存在较大换相脉冲干扰，且 PDS－T90 不含换相脉冲抑制功能，通常需与外置式滤波器配合使用。观察高频电流的测试情况，如果仪器提醒增益过高，则需将增益调小一级，直到仪器不再提醒增益调节，满足测试要求为止。测试时在高频电流 PRPD/PRPS 模式下观察是否具有局放典型缺陷特征图谱：

① 如有则保存高频电流周期图谱如图 3－1－7 所示，以及高频电流 PRPD/PRPS 图谱如图 3－1－8 所示，并记录高频信号的最大值（dB 值）。同时需要将测试数据进行记录。

② 如测试过程未发现异常特高频图谱，则每个换流变只需要保存一张正常的高频电流 PRPD/PRPS 图谱，同时需要拍摄一张现场的高频电流测试照片。

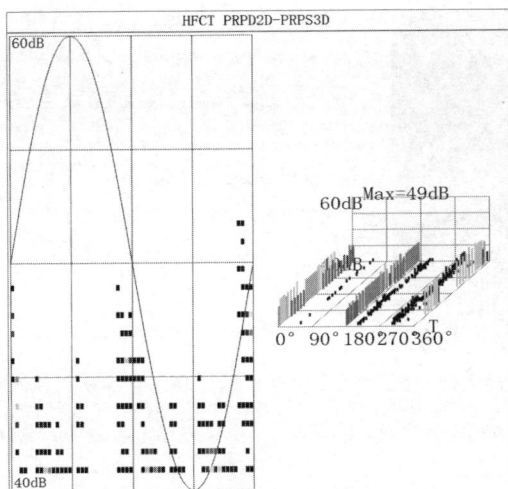

图 3-1-7 高频电流 PRPD/PRPS 图谱

（4）应用 PDS-T90 对换流变进行超声信号普测

1）换流变超声测试点选择。

对于换流变的超声测试点的选择，可根据高频电流的测试情况而定：

① 如果高频电流测试正常，无局放信号，则换流变的测试点可适当少一些，每个面可选择 2~3 个点进行测试。

② 如果高频电流测试异常，存在局放信号，则换流变的测试点需要尽量多一些，每个面可选择 6 个以上的测试点进行测试，判断是否存在局放超声信号。

2）换流变本体超声测试。

应用超声波测试模式，对所有换流变进行超声信号普测，一般采用表贴式超声波传感器沿着换流变外壳进行局放超声测试。通过识别图谱特质，并根据耳机中听到的特有的放电声音判断局放的有无：

① 如有放电声音则认为测试异常，需要对超声最大位置进行拍照如图 3-1-8 所示，并记录相应的数据包括：超声幅值图谱如图 3-1-9 所示、超声相位图谱如图 3-1-10 所示、超声波形图谱如图 3-1-11 所示。同时需要将测试数据进行记录。

② 如无放电声音则认为测试正常，则需要保存一张正常的幅值图谱，同时拍摄一张现场测试照片。

图 3-1-8 超声信号最大位置照片

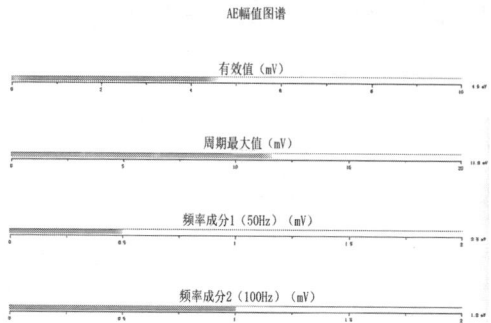

图 3-1-9 超声幅值图谱

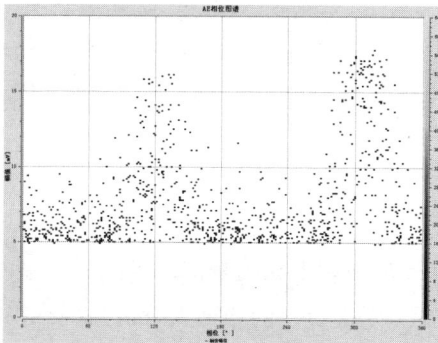

图 3-1-10 超声相位图谱

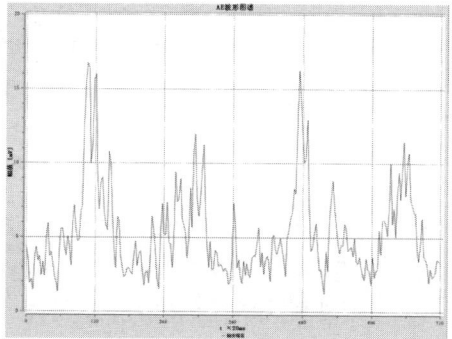

图 3-1-11 超声波形图谱

（5）应用多功能局部放电测试仪对换流变进行特高频信号普测

进入换流变设备区后，对预置有特高频传感器的换流变设备进行测试。如果没有预置传感器，测试结果可能因空间高频信号干扰而不准确。因此，必须使用预置的传感器来准确检测局部放电信号。选择特高频 PRPD/PRPS 模式，增益选择：开，带宽选择：全通。如果周围特高频信号较大无法对信号进行判断，则需要改变设置直到能够很好地对测试信号进行分析。设置可根据以下顺序进行调整，首先：增益选择：开，带宽选择：高通；其次：增益选择：关，带宽选择：全通；最后：增益选择：关，带宽选择：高通。在能够很好地分析测试信号时，在特高频 PRPD/PRPS 模式下观察是否具有局放典型缺陷特征图谱：

① 如有则保存特高频周期图谱如图 3-1-12 所示，以及特高频 PRPD/PRPS 图谱如图 3-1-13 所示，并记录特高频信号的最大值（dB 值）。同时需要将测试数据进行记录。

② 如测试过程未发现异常特高频图谱，则每个换流变保存一张正常的特高频 PRPD/PRPS 图谱，同时需要拍摄一张现场的特高频测试照片。

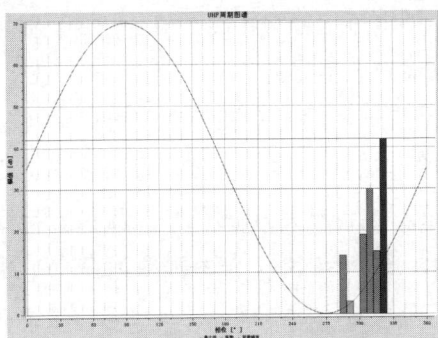

图 3-1-12 特高频周期图谱

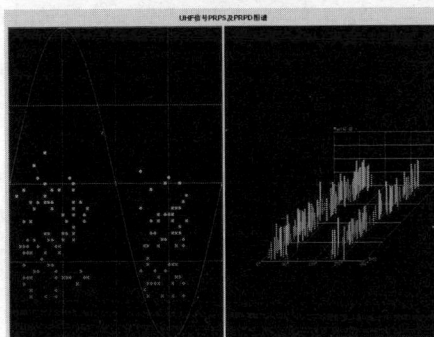

图 3-1-13 特高频 PRPD/PRPS 图谱

检测过程中如有异常信号，可在换流变周围改变传感器方向。

（6）应用局部放电检测及定位系统对换流变进行局放信号定位

对于存在局部放电高频电流信号或特高频信号的换流变需应用 PDS-G1500 进行局放源定位，最终判断信号来自换流变内部的具体位置或者来自外部的具体位置。

1）局部放电信号类型分析。

在应用 G1500 定位时需要对局部放电信号的类型进行判断，因此，需要保存多张 10、5、2、1ms 时基下的示波器波形图如图 3-1-14、图 3-1-15 所示，以便于对局部放电类型进行判断。

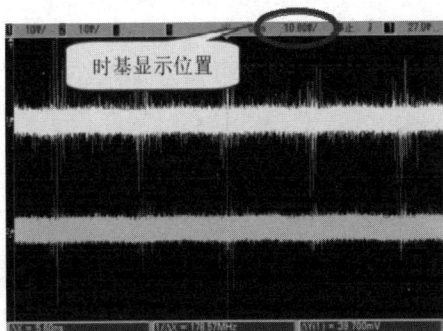

图 3-1-14 10ms 示波器图谱

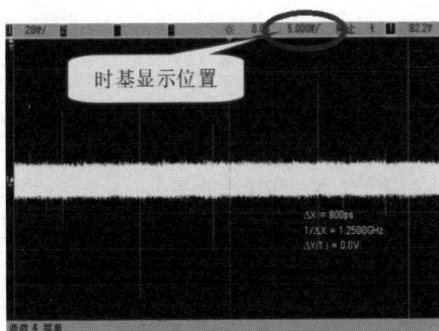

图 3-1-15 5ms 示波器图谱

2）换流变内部的局放信号定位。

①电-电联合定位：该方法是应用高频电流和特高频相结合的方式进行定位，将高频电流传感器卡在铁心接地位置，将两个特高频传感器放置在换流变周围的空间当中，观察示波器波形中的高频电流信号与特高频信号是否有对应关系，并通过两个特高频传感器的不断移动定位信号源。

②声-电联合定位：当存在高频电流信号，同时存在超声信号时，可进行声电-联合定位。一个高频电流传感器卡在铁心接地位置，将两个或者更多的超声传感器放置在换流变壳体，观察示波器波形中的高频电流信号与超声波信号是否有对应关系，通过不断挪动超声传感器，最终精确判断局放信号源的位置。

3）换流变外部局部放电信号定位。

换流站中存在众多一次高压设备，如果其中一台设备存在局部放电现象都可能会影响换流变的局放测试，因此，当应用 PDS-G1500 确认局部放电信号并非来自换流变内部时，同样需要对该信号进行追踪，确认信号的具体位置，判断信号的危害程度，并给出合理的处理建议。

（7）测试数据整理

每天测试结束后，需要将当天的所有测试图谱包括：高频电流周期图谱、高频电流 PRPD/PRPS 图谱、超声幅值图谱、超声相位图谱、超声波形图谱、特高频周期图谱、特高频 PRPD/PRPS 图谱等通过 PDS-T90 数据分析软件按照图片的格式导出，并形成简易的测试报告。

（8）编写测试报告

对于分散的测试任务，每完成一个站的测试形成一份正式的报告。对于批量的测试任务，每完成一个站的测试需要形成一份正式的报告，同时还需要将所有站的测试报告汇总形成一份整体的报告。

四、故障识别

局部放电多发生于换流变绝缘内部弱点或生产过程中造成的缺陷处，其放电能量很小在短时间内的存在不会影响电气设备的绝缘强度。但若在运行电压下持续不断的出现，这些微弱的放电将会产生积累效应使得绝缘的介电性能不断劣化并使局部缺陷不断扩大，甚至导致整个绝缘的击穿严重影响换流变安全稳定的运行。通过带电检测可有效识别以下几类缺陷：

（1）尖角和毛刺

换流变场强设计和制造工艺处理直接关系到局部放电的水平，通常要求能将高电场尽量做到均匀分布。处在高电场的导体和绝缘体要做到表面光滑圆润、无棱角。但是由于某些制造厂设计不当或是加工工艺等因素，换流变内部绝缘和金属表面常会带有一些尖角和毛刺，比如剪切铁心片留下的毛刺、焊接引线时留下的毛刺、焊接油箱内壁时留下的焊渣、多级铁心柱的边角等。这些尖角、毛刺将吸引大量的电荷，导致其附近的电场强度成倍地增加成为容易发生局部放电的区域。因此在换流变设计和制造的过程中要精益求精，尽量避免和消除突出的金属电极，对尖角毛刺进行磨光处理。

（2）悬浮导体

在换流变运行过程中，一般情况下金属紧固件或屏蔽件应该与导体或地电位接触良好，换流变内部应无处于悬浮状态的金属出现。但由于换流变运行时产生的器身振动，可能使某些金属件松动或脱落，导致原有的接触状态被打破，成为悬浮导体，在强交变电场作用下处于悬浮状态的金属件产生悬浮电位，该悬浮电位足以产生油隙击穿的场强引发局部放电。根据换流变的实际结构，可能产生金属件松动或脱落的部位有：用于高压套管的均压球、穿心螺杆上的紧固螺丝及均压帽、导电回路的固定螺丝及油箱磁屏蔽的接地螺丝等。

在大容量的换流变中，为了降低各种结构件的耗散损耗，通常在油箱壁及结构件上安装由电工钢带组成的屏蔽材料，这种磁屏蔽是通过接地螺栓接地的，如果接地不良或脱落，就会造成磁屏蔽悬浮放电。为了防止金属紧固件的松动或脱落，换流变在装配时都考虑了紧固或锁紧装置，但由于操作疏忽或者安装工艺不合理，金属紧固件松动或脱落也会造成悬浮放电。

（3）空隙与气泡

固体绝缘中的气隙和绝缘油中的气泡也是产生局部放电的重要原因。比如由于真空浸漆或是干燥工艺处理问题导致换流变内部电木筒和层压板的各纸层之间会出现空腔。在浸油处理的时候，油往往不能浸入空腔从而产生空气间隙。由于真空注油的真空度不足或维持合格真空时间不够，在注油的过程中所产生气泡。这些气隙、气泡的大小形状相差甚大，所能承受的过电压也大不相同。但由于交变的电场环境下介质中的电场强度与介电常数成反比的关系，空气的介电系数比绝缘材料要低很多，从而导致介质中气隙、气泡所承受的电场强度要远远高于相邻的绝缘材料。很容易达到被击穿的程度，发生局部发电。

（4）固体杂质

固体杂质也可以称为异物，分为导电性杂质、导磁性杂质与非导电性杂质三种。一般而言，换流变中的固体杂质 90%以上为纤维（如绝缘碎纸片等）、金属颗粒（如铜屑、铁屑）、尘粒等颗粒，大小为 1～100μm。在换流变的生产、存储、运输、安装过程中由于防护不当，可能会导致换流变油中混入纤维、粉尘、铜屑、铁屑等杂质。此外在换流变运行过程中由于各部件的摩擦、振动产生的颗粒，以及在高温环境下工作产生的氧化物、锈蚀等均是杂质的来源。这些杂质使得油中电场发生畸变，从而引起局部放电。为了减少油中杂质提高换流变油的局部放电场强，生产厂家和检修维护人员都应采取全面有效的防尘措施。

（5）绝缘受潮

水分是换流变油纸绝缘的最严重的危害因素，受潮会降低油纸绝缘的局部放电的起始电压。油纸绝缘的电气强度随含水量的上升而下降，一般遵循如下规律：当含水量超过 2%是，油纸绝缘的电气强度下降明显；含水量上升到 4.5%，电气强度下降为干燥时的 90%；含水量上升到 5.5%，电气强度下降为干燥时的 80%。DL/T 596—2021 为换流变纸和油制定了严格的干燥标准，且随着换流变电压等级的升高标准变得更为严苛。运行过程中换流变密封部位（如换流变上部的套管法兰及升高座法兰处、套管将军帽、压力释放装置、冷却器法兰、铁心接地套管下部等处）密封不严都会导致雨水侵入换流变，使油纸绝缘的局部放电的起始电压降低。

第三节 例 行 检 修

一、网侧套管

（一）伞裙检查及清扫

（1）绝缘外护套无损伤，与金属法兰胶装部位粘合牢固，无开裂，表面无异常放电痕迹。

典型问题：ABB 网侧中性点干式套管渗漏油；

问题描述：ABBGSA123 型网侧中性点干式套管发生多起硅橡胶外套拼接处渗漏油，主要原因为套管法兰与环氧树脂电容芯子间密封圈老化、密封不严，导致变压器油通过缝隙溢至硅橡胶外套与电容芯子间，硅橡胶外套拼接处密封胶老化失效，进而导致变压器油通过拼接处溢出。

整改措施：结合日常巡视，开展套管、升高座渗漏油检查；结合年度检修，对 ABBGSA123 同类型结构及运行年限超过 20 年的中性点套管开展排查，存在渗漏情况应进行堵漏或套管更换处理。

（2）伞裙表面用清水擦拭干净、无灰尘。

（3）清灰前开展憎水性抽检。采用憎水性分级测量方法，瓷瓶表面与水平面倾角呈 20°～30°，喷水方向尽可能垂直瓷瓶表面，喷水装置与瓷瓶距离 25cm，每秒喷水 1 次，共 25 次，在喷水结束后 30s 以内，检查瓷瓶表面水滴状态，憎水性结果应处于 HC1～HC3 级。

典型问题：网侧瓷套管 RTV 涂料憎水性降低导致闪络；

问题描述：在运换流站发生多起因瓷套管 RTV 涂料憎水性降低，在大雨、浓雾等恶劣环境下外绝缘闪络问题。

整改措施：在运换流站按照"逢停必扫"原则结合年度检修开展套管清扫，抽查换流变网侧套管 RTV 涂料憎水性、盐密、灰密值，必要时通过复喷 RTV 涂料、加装增爬伞裙等措施提高套管外绝缘性能。

（二）末屏分压器接线盒检查（如有）

（1）末屏分压器接线盒内二次电缆连接良好，无放电、受潮痕迹。

（2）用万用表通断档测量盒内接地线接地良好。

（3）密封圈无龟裂，密封严密。如需更换密封圈，新密封圈使用前应核实材质、规格型号，并经电科院抽检合格。

（4）检查格兰头无松动，二次电缆保护管无锈蚀、破损，滴水弯最低处有排水孔，无雨水倒灌的可能。

（5）恢复封盖应拧紧，检查接缝平行。

（三）末屏检查

（1）末屏旋开后检查末屏铜柱及封盖无放电、受潮痕迹，封盖完好；弹性元件开口小于铜柱直径、弹性良好；末屏内部无渗漏油痕迹。

注意：检查完成或工作间断后立即恢复。

（2）密封圈无龟裂，密封严密。如需更换密封圈，新密封圈使用前应核实材质、规格型号，并经电科院抽检合格。

（3）打开末屏检查触指、弹簧、密封圈无变形、无破损，密封圈若有破损及变形，更换新密封圈，更换前检查密封圈完好无破损，检查末屏接地连接良好后及时恢复，末屏恢复后用记号笔画线标记。

（4）恢复封盖应拧紧，检查接缝平行，检查完后使用透明密封胶密封处理。

（四）将军帽检查

检查将军帽无变形开裂。

（五）金具、引线检查

（1）检查金具无变形开裂、抱箍、线夹、抱夹应无裂纹、无氧化痕迹、无毛刺。

（2）引线应无散股、扭曲、断股现象。

（3）检查铜铝过渡片接触面完好，无裂纹、锈蚀、灼烧痕迹。

（4）螺栓平垫、弹垫齐全、完好，力矩检查合格并划线。

（5）断复引需拍摄断引前、断引后、复引后及回路电阻共计三张照片拍摄。

（6）一次主通流检查，套管引线接头直阻最大不超过 $20\mu\Omega$。

（六）均压环（若有）

（1）无锈蚀、变形、破损，表面光滑无倾斜。

（2）应有排水孔，开口位置在均压环下部最低处，排水通畅。

（七）接地跨接线检查

套管接地跨接线无缺失、无松动、无锈蚀。

二、阀侧套管

（一）伞裙检查及清扫

（1）绝缘外护套无损伤，与金属法兰胶装部位粘合牢固，无开裂，表面无异常放电痕迹。

（2）伞裙表面用清水擦拭干净、无灰尘。

（3）清灰前开展憎水性抽检，若憎水性下降至 HC4 以下时用无水乙醇或中性清洗剂清洗，并及时用清水擦拭干净。

（二）末屏分压器接线盒检查

（1）末屏分压器接线盒内二次电缆连接良好，无放电、受潮痕迹。

注意：如当年开展预试，开盖检查应在试验完成后开展；检查完成或工作间断后立即恢复。

（2）用万用表通断档测量盒内接地线接地良好。

（3）如有密封圈，检查密封圈无龟裂，密封严密。如需更换密封圈，新密封圈使用前应核实材质、规格型号，并经电科院抽检合格，检查格兰头无松动，密封良好。

（4）接线盒盖子安装后，接缝处重新涂抹防水密封胶。

（三）末屏检查

（1）末屏旋开后检查末屏铜柱及封盖无放电、受潮痕迹，封盖完好；弹性元件开口小于铜柱直径、弹性良好；末屏内部无渗漏油痕迹。

注意：检查完成或工作间断后立即恢复。

（2）密封圈无龟裂，密封严密。如需更换密封圈，新密封圈使用前应核实材质、规格型号，并经电科院抽检合格。

（3）恢复封盖应拧紧，检查接缝平行，接缝处重新涂抹防水密封胶。

（四）SF_6 密度继电器

（1）检查 SF_6 压力与前一年度画线位置基本一致（带温度补偿的表计应在早晚检查，避免阳光直射导致表计负补偿）。

（2）通过后台调取 SF_6 压力变化趋势，压力值无明显下降，与现场 SF_6 压力表数据一致，SF_6 压力值在铭牌规定范围内。

（3）后台数据显示异常或达到校验周期（三年校验一次）时进行校验。

（4）若开展拆表校验或压力值存在明显下降趋势则应开展包扎检漏。

注意：开展拆表校验后应更换密封圈。

（5）全部检修工作完成后检查 SF_6 密度继电器三通阀最终状态为打开，后台显示压力值与就地压力表数据无明显偏差。

典型问题：ABB 阀侧套管 SF_6 密度继电器接口漏气。

问题描述：ABB 阀侧套管 SF_6 密度继电器直接安装于套管根部，年度检修期间需拆除密度继电器检测套管内部 SF_6 气体微水、纯度、分解物，密度继电器回装时，若密封圈未放置到位，运行期间存在套管漏气风险。

整改措施：年度检修期间，拆除 SF_6 密度继电器后应更换专用密封圈，密封圈正确放置于密封槽，回装密度继电器后应包扎检漏；（涉及极 Ⅱ 高）运行期间，按照"日比对、周分析、月总结"开展阀侧套管 SF_6 气体压力分析。

典型问题：ABB 阀侧套管 SF_6 密度继电器进水。

问题描述：青豫直流及后期工程，ABB 技术路线换流变阀侧套管升高座移出阀厅，套管 SF_6 密度继电器设置于户外，密度继电器未装防雨罩、电缆格兰头密封失效、电缆未设计滴水弯时，存在密度继电器进水导致直流闭锁风险。

整改措施：年度检修期间，检查阀侧套管 SF_6 密度继电器防雨罩是否正确安装，电缆格兰头密封是否良好，电缆是否设计滴水弯，电缆护套是否预留滴水孔，不满足要求的需进行整改。

（五）SF_6 压力表

（1）压力显示异常或达到校验周期（三年校验一次）时进行校验。

（2）若开展拆表校验或压力值存在明显下降趋势则应开展包扎检漏。

（3）全部检修工作完成后检查阀门最终状态为打开，后台显示压力值与就地压力表数据无明显偏差。

（六）均压环（球）外观检查

（1）无锈蚀、变形、破损，表面光滑、安装无倾斜。

（2）检查等电位线连接良好。

（七）接地跨接线检查

套管接地跨接线安装正确、无松动。

（八）渗油检查（油气混合套管）

（1）套管下方地面无油迹。

（2）升高座法兰面、抽真空口、套管端部无渗油现象。

典型问题：ABB 阀侧套管顶部油封渗漏油。

问题描述：ABB 阀侧套管导电管内部与换流变本体连通，套管顶部设计有油封，由于油封堵头紧固不到位，在换流变振动、热胀冷缩等综合作用下，可能存在顶部油封渗漏油问题，变压器油流至套管下方的阀厅地面。

整改措施：年度检修期间，检查套管下部阀厅地面、套管均压球是否积油，若存在积油问题，联系厂家对套管顶部油封检查处理，按照套管说明书力矩值紧固油封堵头。

（九）套管引线及线夹

（1）抱箍、线夹、抱夹应无裂纹、无氧化痕迹、无毛刺。

（2）引线应无散股、扭曲、断股现象；多股引线间及引线与均压罩间均应保持 20mm 以上间距，如使用绝缘包裹则应检查绝缘外观无破损，避免相互接触后长期放电导致损坏。

（3）阀侧套管引线接头直阻最大不超过 $10\mu\Omega$。

（十）套管封堵检查

阀侧封堵完整，接地线外观无破损且连接良好。

典型问题：阀侧套管升高座周围附件涡流发热。

问题描述：在运换流站多次发生阀侧套管升高座、电缆金属护套、导油管与封堵接触，阀侧套管 SF_6 气管金属铠甲与封堵接触，形成闭合回路产生涡流发热。

整改措施：运行期间，对封堵位置开展红外测温，如有搭接异常温升应及时绝缘化处理；年度检修期间，对升高座区域附件进行排查，阀侧套管升高座、电缆金属护套、导油管不应与封堵接触，SF_6 气管金属铠甲穿封堵处应包裹绝缘护套。

（十一）工艺口检查

无变型、渗油现象，必要时，可胶封处理。

典型问题：HSP 阀侧套管根部工艺孔进水。

问题描述：HSP 阀侧套管根部朝上位置设计有工艺孔，工艺孔仅在生产阶段使用，运行期间使用螺帽密封，换流变长期振动可能导致螺帽松动，雨水从工艺孔侵入套管导致末屏绝缘降低。

整改措施：年度检修期间，对工艺孔螺栓进行紧固并画线，必要时使用玻璃胶或防雨罩进行密封。

三、分接开关

（一）传动系统外观检查

（1）检查传动轴无裂纹、无变形。

（2）检查连接紧固螺栓齐全、无松动、无锈蚀。

（3）检查齿轮盒密封完好、无润滑脂渗漏。

（4）如开盖检查，应检查齿轮动作无卡涩、齿轮无磨损，润滑脂缺少时添加润滑脂，齿轮盒进水则需更换润滑脂，润滑脂使用厂家同型号润滑脂。

（5）检查传动轴护套安装紧固。

（6）防雨罩完整、无缺失、安装紧固。

注意：检查过程中严禁踩踏传动轴及齿轮盒。

典型问题：ABB 分接开关传动轴脱开

问题描述：在运换流站 ABB 分接开关发生多起传动轴与主轴之间卡箍脱落分离、传动机构故障等导致分接开关不能正确调档，造成三相电流不平衡。

整改措施：对于采用两台或三台有载分接开关共用一套传动连杆方式的换流变，建议各运维单位加强运行监视，发现中性点电流异常或三相电流不匹配时，通过摄像头核查传动连杆是否存在故障；年度检修期间，对 ABB 分接开关传动轴各部位固定螺栓按照规定力矩进行检查紧固，对传动齿轮磨损情况、齿轮盒密封性进行检查并补充润滑油。

（二）联管外观检查

（1）检查联管、油箱、连接法兰面无渗漏油。

（2）连接法兰螺栓齐全、无松动、无锈蚀。

（3）检查法兰跨接线无遗失、连接良好。

典型问题：ABB 分接开关管路渗漏油。

问题描述：ABB 分接开关取油阀采用插接方式，受制造工艺不佳、锁紧螺母紧固不到位、锁紧环安装歪斜等影响，在长期振动及低温作用下，可能发生脱落漏油。

整改措施：对 ABB 分接开关油回路插接结构进行换型或加固，对分接开关切换芯子油室上盖上油管路法兰面固定螺栓进行排查，确保紧固强度。

（三）操作机构箱

（1）检查机构箱内无受潮、无凝露。

（2）检查箱门密封圈全部能有效压紧，有明显压痕，观察窗接缝防水胶完好、防火泥无干裂、格兰头无松动。

（3）检查箱门应能打开 90°以上，限位装置功能正常。

（4）检查机构箱加热驱潮装置、温湿度控制器正常，照明正常，如有门控开关，检查门控开关正常。

（5）检查机构箱内二次接线、继电器接线紧固，接地线紧固，无烧灼痕迹。

（6）检查电机固定螺栓橡胶垫圈无松动、变形，传动皮带无裂纹。

（7）中期维护（6～7年）时进行继电器校验，定值检查。

典型问题：MR分接开关控制回路故障

问题描述：因MR分接开关控制回路故障，导致跳挡失败、挡位不同步问题多发，如挡位上送异常、同步回路故障、电机控制回路继电器故障、接触器故障导致无法升挡等。主要原因为挡位指示干簧管节点氧化、机械疲劳等问题引起分接开关位置故障报警；电机开关、接触器故障等造成电机电源空开脱扣；同步器信号插孔松动、与插针接触不良、导致同步信号消失；电动机构凸轮开关辅助接点接触不良等问题，导致开关不能正确调档。

整改措施：运行期间，加强MR分接开关同步正常指示灯的巡视，指示灯熄灭时应进行检查处理；年度检修期间，对MR分接开关接线盒、外部接线进行检查，包括头盖接线盒密封、接线工艺以及电缆是否存在破损等，对同步回路进行检查；结合检修周期，开展分接开关机械试验，结合分接开关吊检或大修，开展信号插头的针对性排查。

（四）分接开关操作

（1）分接开关电动操作升降至少1个循环。

（2）分接开关电动操作时，人员在分接开关油箱处检查传动轴无异响。

（3）分接开关电动操作时，人员在分接开关油箱处检查齿轮盒无异响。

（4）分接开关电动操作时，人员在分接开关机构处检查电机声音正常、无异响，传动皮带无打滑，每档动作时间小于5s。

（5）分接开关电动操作时，人员在分接开关油箱处、机构处、后台检查本体、机构、后台挡位指示应一致。

（6）分接开关电动操作时，三相同步偏差，应在控制系统检查有如下报文："换流变分接开关三相不一致""分接开关不同步""分接开关越限"。

（7）分接开关电动操作时，人员在分接开关机构处检查任一挡位圈数指针不出合格范围。

（8）分接开关电动操作时，人员在分接开关油箱处检查分接开关芯子切换声音正常。

（9）分接开关电动操作时，升、降挡一次动作后，检查刹车盘、刹车片画线位置角度（核实角度为±22.5°）。

（10）检查电气限位，通过电动在最高挡位继续升挡，在最低挡位继续降挡，分接开关不会动作。

注意：禁止手摇操作分接开关。

（五）油位检查

（1）油位表记指示应清晰、准确，便于观察。

（2）油位应正常，与油温油位曲线一致。

（3）测量真实油位，并在油枕上划线记录真实油位高度、测量时间、测量时顶层油温。

（4）对比真实油位、现场表记油位、后台油位数据，偏差不大于±10%。

（5）油位表防雨罩完整、无缺失、安装紧固。

（六）滤油机（ABB 技术）

（1）外观检查，接地装置可靠，金属部件无锈蚀，承压部件无变形，各部位无渗油。

（2）压力表（压差表）读数清晰，指示正常，动作时指针无反转，油压无报警，表盘无进水，无漏油。

（3）防雨罩完整、无缺失、安装紧固。

（4）启动电机及油泵，检查电机及油泵声音正常、无异响。

（5）压力超过 2bar，或者运行 7 年时更换滤芯。

（七）滤油机（MR 技术）

（1）外观检查，接地装置可靠，金属部件无锈蚀，承压部件无变形，各部位无渗油。

（2）防雨罩完整、无缺失、安装紧固。

（3）压力值超过 3.5bar 或者运行 6 年时应更换滤芯。

注意：MR 分接开关滤油机禁止启动。

（八）冷却器

外观检查，散热片应清洁无脏污，法兰面、阀门，应无渗油。

（九）阀门检查

（1）核对阀门名称及状态标识无丢失，补装阀门状态标识时应核对图纸中阀门状态一致。检查阀门及连接法兰无渗漏油，下方无油渍。

（2）核对阀门在运行中开关状态无变位，检查限位锁或限位装置功能正常，无裂纹、无脱落。

（3）检修过程中变更阀门状态时需填写阀门变更记录表，并检查阀门操作灵活，无渗油，开闭功能正常与指示状态一致。拍摄变更前、变更后、恢复后共计三张照片并填写记录表格注意：检查完成后立即恢复。

（4）全部检修完毕后逐一检查阀门的开闭状态与状态标识一致。

四、换流变非电量继电器

（一）瓦斯继电器

1. 外观检查

（1）检查接线盒，密封圈无龟裂，密封严密，无受潮，接线柱无锈蚀、无渗油，二次接线紧固、接线鼻无松动、脱落。

（2）电缆引线无高挂低用现象，进线孔封堵严密，无雨水倒灌可能。

（3）二次电缆格兰头无裂纹，安装紧固。

（4）恢复接线盒盖螺丝拧紧，检查接缝平行。

（5）排气口阀门打开，铜管连接处无渗油。

（6）通过观察窗，检查瓦斯继电器油中无颗粒、杂质。

典型问题：瓦斯（油流）继电器误动作。

问题描述：在运换流站发生多起因换流变瓦斯继电器、分接开关油流继电器误动作导致的直流闭锁问题，主要原因为挡板整定磁铁失效、挡板整定值降低，瓦斯继电器浮球永磁面动作行程偏小、抗干扰能力弱，二次接线盒进水等。

整改措施：以 5 年为周期，对瓦斯继电器和油流继电器轮流送检校验；针对 EMB 瓦斯继电器重点检查"浮球永磁面动作行程"，对不合格的继电器进行更换；年度检修期间，对防雨罩、电缆格兰头、接线盒封盖进行检查，对非电量保护信号回路开展绝缘测试，避免因二次回路受潮问题导致保护误动。

2. 信号回路检查

通过瓦斯继电器本体探针，模拟瓦斯继电器动作信号，探针应完好，操作灵活无卡涩，动作时通过观察窗检查磁铁吸合、干簧管动作正常，复归正常，同步在后台验证每套系统动作信号正常，复归信号正常。

3. 回路绝缘情况检查

（1）测量、记录电缆芯间和对地绝缘电阻，用 1000V 绝缘电阻表测量绝缘电阻不小于 10MΩ。

（2）对比上一年绝缘电阻测量数据，若有明显下降，应进一步检查处理。

4. 内部部件外观检查

（1）通过观察窗检查继电器支架、限位磁铁、浮球、吸合磁铁和干簧管等关键部件无破损、无脱落、无锈蚀，玻璃管无破损渗油。

（2）观察窗无裂纹、无渗油、刻度清晰。

5. 防雨罩检查

（1）检查防雨罩无变形、无锈蚀、无缺失、安装牢固，应完全覆盖防雨设备。

（2）确定本体及二次电缆进线格兰头外 50mm 被遮蔽，45°向下雨水不能直淋到接线盒电缆进口位置，不满足要求的需更换防雨罩。

6. 集气盒检查

（1）排气工作结合专项工作、特殊性检修项目统筹开展。

（2）检查集气盒观察窗及连接处无渗漏油。

（3）排气工作结束、自验收前，打开排气阀进行排气，排气后立即恢复并清理油迹，并确认连接铜管阀门打开，排气阀及取油口阀门关闭。

7. 瓦斯继电器拆除、安装

（1）拆除前，关闭瓦斯继电器两端阀门，排净继电器内绝缘油，对更改状态的阀门进行记录。

（2）备用继电器应校验合格，并使用干净变压器油冲洗。

（3）更换所有拆除的连接管道的法兰密封垫，密封垫位置准确，压缩量为三分之一（胶棒压缩二分之一）。

（4）继电器上的箭头应朝向储油柜。

（5）复装时确保瓦斯继电器不受机械应力，密封良好，无渗油。

（6）连接二次电缆应无损伤、封堵完好，用 1000V 绝缘电阻表对二次回路进行绝缘电阻试验，绝缘电阻不小于 10MΩ。

（7）瓦斯继电器应保持基本水平位置，波纹管朝向储油柜方向应有 1%～1.5%的升高坡度，继电器的接线盒应有防雨罩或有效的防雨措施。

（8）安装完成后，先打开瓦斯排气阀，再缓慢开启油枕侧阀门，进行注油，直至注满油，注满油后阀门开启至全开位置，应确认阀门位置正确，对更改状态的阀门进行记录。

（9）调试应在注满油并连通油路的情况下进行，打开瓦斯继电器的放气阀排净气体，通过按压探针发出重瓦斯、轻瓦斯信号，在后台验证告警及跳闸功能正常，并能正常复归。

8. 表计校验

年度检修期间，按 1/5 比例更换已校验完成的瓦斯继电器，更换下来的瓦斯继电器应由有校验资质的单位进行校验。

（二）油流继电器

1. 密封情况检查

（1）检查接线盒，密封圈无龟裂，密封严密，无受潮，接线柱无锈蚀、无渗油，二次接线紧固、接线鼻无松动、脱落。

（2）电缆引线无高挂低用现象，进线孔封堵严密，无雨水倒灌可能。

（3）二次电缆格兰头无裂纹，安装紧固。

（4）恢复接线盒盖螺丝拧紧，检查接缝平行。

（5）排气口阀门打开，铜管连接处无渗油。

（6）通过观察窗，检查瓦斯继电器油中无颗粒、杂质。

2. 信号回路检查

通过油流继电器本体探针，模拟油流继电器动作信号，探针应完好，操作灵活无卡涩，动作时通过观察窗检查磁铁吸合、干簧管动作正常，复归正常，同步在后台验证每套系统动作信号正常，复归信号正常。

3. 回路绝缘情况检查

（1）测量、记录电缆芯间和对地绝缘电阻，用 1000V 绝缘电阻表测量绝缘电阻不小于 10MΩ。

（2）对比上一年绝缘电阻测量数据，若有明显下降，应进一步检查处理。

4. 内部部件外观检查

（1）通过观察窗检查继电器内部挡板、支架、限位磁铁、吸合磁铁和干簧管等关键部件无破损、无脱落、无锈蚀，玻璃管无破损渗油。

（2）观察窗无裂纹、无渗油、刻度清晰。

（3）如有排气塞，检查放气阀阀门位置为关闭。

5. 油流继电器拆除、安装

（1）拆除前，关闭油流继电器两端阀门，排净继电器内绝缘油，对更改状态的阀门进行记录。

（2）备用继电器应校验合格，并使用干净变压器油冲洗。

（3）更换所有拆除的连接管道的法兰密封垫，密封垫位置准确，压缩量为三分之一（胶棒压缩二分之一）。

（4）继电器上的箭头应朝向储油柜。

（5）复装时确保油流继电器不受机械应力，密封良好，无渗油。

（6）连接二次电缆应无损伤、封堵完好，用 1000V 绝缘电阻表对二次回路进行绝缘电阻试验。

（7）继电器的接线盒应有能完全覆盖设备防雨罩。

（8）安装完成后，先打开排气阀，再缓慢开启油枕侧阀门，进行注油，直至注满油，注满油后阀门开启至全开位置，应确认阀门位置正确，对更改状态的阀门进行记录。

（9）调试应在注满油并连通油路的情况下进行，打开放气阀排净气体，通过油流继电器本体探针，在后台验证告警及跳闸功能正常，并能正常复归。

6. 外观及防雨罩情况检查

（1）检查防雨罩无变形、无锈蚀、无缺失、安装牢固，应完全覆盖防雨设备。

（2）确定本体及二次电缆进线格兰头外 50mm 被遮蔽，45°向下雨水不能直淋到接线盒电缆进口位置，不满足要求的需更换防雨罩。

7. 外观及防雨罩情况检查

年度检修期间，按 1/5 比例更换已校验完成的油流继电器，更换下来的油流继电器应送至具有校验资质的单位进行校验。

（三）压力释放阀

1. 外观检查

（1）电缆引线无高挂低用现象，进线孔封堵严密，无雨水倒灌可能。

（2）对于 Qualitrol 压力释放阀，用内窥镜检查 C 形销无缺失（对于 Messko 压力释放阀，检查传动杆无锈蚀卡涩）。

典型问题：本体、分接开关压力释放阀误动作。

问题描述：Qualitrol 压力释放阀行程开关复位顶销机械卡涩、C 型销缺失，运行期间换流变振动导致动作挡杆松脱，导致压力释放保护误动作；压力释放阀二次电缆格兰头密封失效，雨水进入接线盒导致压力释放保护误动作；部分 MR 压力释放阀接线盒与本体间隙未密封，存在水汽进入接线盒积水问题。

整改措施：年度检修期间，对压力释放阀进行检查，重点检查行程开关是否存在卡涩，检查两侧 C 型销是否脱落；对压力释放阀二次接线盒按轮试（1/3）比例开盖检查，确保防雨罩功能完好、二次电缆设置防水弯、电缆格兰头密封良好；对二次回路轮试（1/3）比例进行绝缘测试，避免因二次回路受潮问题导致保护误动。MR 压力释放阀本体与端子盒采用分离结构的，应在连接面四周采用硅胶沿边密封。

2．信号回路检查

（1）模拟压力释放阀动作信号正常，在后台验证动作信号正常，复归信号正常。

（2）对于 Qualitrol 压力释放阀，手拉操作杆逆时针动作，模拟压力释放阀动作，压力释放阀动作信号应正常送至监控系统后台，手推操作杆顺时针动作，压力释放阀动作信号应立即复归，操作时不应存在卡涩，复归操作后需检查脱扣盘与压力释放阀密封膜盘是否接触；对于 Messko 压力释放阀，手动拉升压力释放阀顶盖中间的机械指示杆至试验位置时，后台应报出动作信号；按下机械指示杆，压力释放阀动作信号应复归。

3．回路绝缘情况检查

（1）测量、记录电缆芯间和对地绝缘电阻，用 1000V 绝缘电阻表测量绝缘电阻不小于 10MΩ。

（2）对比上一年绝缘电阻测量数据，若有明显下降，应进一步检查处理。

4．防雨罩检查

（1）检查防雨罩无变形、无锈蚀、无缺失、安装牢固，应完全覆盖防雨设备。

（2）确定本体及二次电缆进线格兰头外 50mm 被遮蔽，45°向下雨水不能直淋到接线盒电缆进口位置，不满足要求的需更换防雨罩。

（四）温度计

1. 指示情况检查

（1）现场温度计指示的温度与控制室温度显示装置或监控系统的温度应基本保持一致，最大误差不超过±5℃。

（2）表盘指针完整、无缺失，温度刻度清晰。

（3）年检后验收检查油温表与绕温表温度显示应基本保持一致，差值不超过±5℃。

2. 外观检查

（1）外观无损坏，各零部件无锈蚀、无脱落。

（2）温控器表面玻璃或其他透明材料应保持光洁透明，不得妨碍正确读数。

（3）表盘无进水、凝露现象。

（4）温包座无渗漏油。

（5）检查二次电缆波纹管无破损。

（6）毛细管固定良好，绕线盘半径不小于 50mm。

3. 信号回路检查

在屏柜短接油温告警信号，在后台验证动作信号正常，复归信号正常。

4. 回路绝缘情况检查

（1）测量电缆芯间和对地绝缘电阻，用 1000V 绝缘电阻表测量绝缘电阻不小于 10MΩ。

（2）对比上一年绝缘电阻测量数据，若有明显下降，应进一步检查处理。

5. 外观及防雨罩情况

防雨罩无变形、无缺失、安装紧固，应完全覆盖防雨设备。

6. 表计校验

以每年 1/3 的比例进行温度计校验，使用专用校验油槽，加入一定的变压器油，设置温度例如 60℃、80℃、100℃进行升温，查看表计的值与后台报文是否一致，同时校验测试结果应满足接点动作误差限值为±2℃。

（五）压力继电器

1. 外观检查

（1）本体完整无裂纹、无锈蚀、无脱落；二次电缆格兰头无裂纹，安装紧固。

（2）电缆引线无高挂低用现象，进线孔封堵严密，无雨水倒灌可能。

2. 信号回路检测

屏柜短接，模拟压力继电器告警信号，在后台验证动作信号正常，复归信号正常。

3. 回路绝缘情况检查

（1）测量、记录电缆芯间和对地绝缘电阻，用 1000V 绝缘电阻表测量绝缘电阻不小于 10MΩ。

（2）对比上一年绝缘电阻测量数据，若有明显下降，应进一步检查处理。

五、换流变器身及联管

（一）联管检查

（1）法兰、本体及分接开关油箱、联管等连接处应密封良好，无渗漏痕迹，油箱焊接部位无渗漏油、无裂纹。

（2）联管接地跨接线无缺失、无松动、无锈蚀。

（3）检查联管法兰螺栓无松动、无缺失、无锈蚀。

（二）渗漏油检查

（1）停电第一天进行换流变本体渗漏油情况整体检查，重点复核运行中发现的渗漏油部位。

（2）对渗漏油螺栓进行紧固。

（3）对渗漏油的沙眼进行封堵补漏处理。

（4）如需更换密封圈，新密封圈使用前应核实材质、规格型号，并经电科院抽检合格，更换前检查密封圈完好无破损。

（5）对渗漏油点处理后进行观察。

（三）力矩检查

紧固力矩应符合产品技术文件要求，防止损坏部件。

（四）接地检查

（1）接地螺栓无缺失、无松动、无锈蚀。

（2）黄绿相间色标清晰可辨识，出现相色不清或油漆剥落时，按照两次底漆、两次面漆进行补漆处理，漆面均匀不起皱，颜色无色差。

（五）防雨罩检查

（1）检查防雨罩无变形、无锈蚀、无缺失、安装牢固，应完全覆盖防雨设备。

（2）确定本体及二次电缆进线格兰头外 50mm 被遮蔽，45°向下雨水不能直淋到接线盒电缆进口位置，不满足要求的需更换防雨罩。

（六）阀门密封及开闭情况检查

（1）核对阀门名称及状态标识无丢失，补装阀门状态标识时应核对图纸中阀门状态一致；检查阀门及连接法兰无渗漏油，下方无油渍。

（2）核对阀门在运行中开关状态无变位，检查限位锁或限位装置功能正常，无裂纹、无脱落。

（3）检修过程中变更阀门状态时需填写阀门变更记录表，并检查阀门操作灵活，无渗油，开闭功能正常与指示状态一致。注意：检查完成后立即恢复。

（4）全部检修完毕后逐一检查阀门的开闭状态与状态标识一致。

（七）排气阀（塞）检查

（1）检查排气阀（塞）无渗油。

（2）拧开顶部排气阀（塞），排出内部气体，直至排出绝缘油即可，紧固排气阀（塞），用酒精无毛纸擦拭干净排气阀（塞）排出的残油。

（3）排气周期为 3 天，每天早晚排气各 1 次，并且做好排气记录。排气工作结合专项工作、特殊性检修项目统筹开展。

（八）检查升高座

（1）网侧、阀侧套管升高座法兰面、与本体连接处无渗漏油或渗漏痕迹。

（2）接地跨接线无缺失、无松动、无锈蚀。

（3）连接螺栓处无缺失、无松动、无锈蚀。

（4）CT 接线盒（每三年开展一次）二次接线紧固、密封圈无龟裂，密封严密，无受潮，无进水。

（九）铁心夹件检查

（1）铁心夹件通过小套管引出接地，检查电缆绝缘层无破损，槽盒无松动，套管瓷瓶无开裂、无破损；铁心夹件接地牢固，螺栓无缺失、无松动、无锈蚀。

（2）铁心夹件未引出通过连片直接接地的，检查接线柱无断裂，连片无松动、无渗漏油、密封严密，密封圈无龟裂，无受潮。

注意：随预试开盖检查。

（十）变压器冲洗

（1）冲洗前将所有的瓦斯继电器、CT、压力释放阀、油流继电器、压力继电器接线盒和端子箱用塑料薄膜进行防水包扎。

（2）冲洗时，用高压水枪清洗换流变本体表面，严禁用高压水枪正对温度计、油位计、二次接线接线盒、端子箱进行冲洗，污秽处可用拖把、毛巾将表面擦拭干净。高压清洗机压力≤20kPa。

（3）清洗后换流变本体表面无明显油污、无杂物。

（4）清洗完成后，拆掉防水包扎的薄膜，并仔细检查设备无受潮情况，如发现有受潮的情况应立即进行绝缘检查并及时处理。

注意：变压器冲洗应在二次回路绝缘检查前完成。

（十一）除锈、补漆

（1）检查换流变本体表面无锈蚀及油漆脱落情况。

（2）表面锈蚀及油漆脱落时需用钢丝刷除去表面锈迹或油漆脱落部分，按照两次底漆、两次面漆进行补漆处理，漆面均匀不起皱，颜色无色差。

六、油枕及吸湿器

（一）油枕油位检查、分接开关油位检查

（1）使用透明软管通过瓦斯继电器或取气盒排气口对换流变本体进行实际油位测量，把透明软管放至油枕顶部，观察透明软管油位与油枕底部高度，按油位曲线图变化的要求，若油位超过或低于正常范围，则从油枕注放油阀进行排油或补油。

（2）ABB 分接开关使用透明软管通过压力继电器排气口对分接开关进行实际油位测量（MR 分接开关使用透明软管通过分接开关注放油阀进行实际油位测量），把透明软管放至油枕顶部，观察透明软管油位与油枕底部高度，按油位曲线图变化的要求，若油位超过或低于正常范围，则从油枕注放油阀进行排油或补油。

（3）对实测油位进行记录并拍照留存。

（4）以实际油位为基准对油位机械指示、数显以及后台一体化油位数据比对，若油位不一致则对油位计进行校准或更换油位计。实际油位与现场油位表、后台油位等指示基本一致，偏差不超过±5%。

（二）胶囊检查

（1）利用内窥镜检查，将油枕顶部胶囊固定法兰拆除，利用内窥镜软管伸入胶囊内部检查胶囊无油渍，并且胶囊完全舒展开，无褶皱。

（2）充氮检查（如果胶囊未完全舒展开或有油渍）。

1）关闭主瓦斯与油枕之间联管阀门，阀门动作前后进行拍照记录，拆除呼吸器，安装密封法兰，打开油枕左侧排气塞，通过呼吸器联管向胶囊持续注入氮气，直至排气阀出油后关闭排气阀并停止注气；打开油枕右侧排气塞，通过呼吸器联管向胶囊持续注入氮气，直至排气阀出油后关闭排气阀并停止注气。（排出油枕内部空气，检查胶囊密封性）

2）拆除呼吸器密封法兰，将胶囊内部压力排至大气压后恢复呼吸器。

3）打开主瓦斯与油枕之间联管阀门，阀门状态恢复后进行拍照记录。

典型问题：本体油枕胶囊破裂导致绝缘油含气量超标。

问题描述：换流变油枕胶囊质量存在问题、胶囊老化、油枕内部毛刺等问题导致胶囊破裂，绝缘油与空气直接接触，造成换流变油含气量超标。

整改措施：运行期间，应结合日常巡视对油枕油位、呼吸器状态进行检查，定期开展含气量检测；年度检修期间，使用"棉签—内窥镜—加压"方法进行胶囊密封性检测；对运行年限超过15年的胶囊进行检查，必要时更换。

典型问题：本体油枕胶囊褶皱导致呼吸器管口堵塞

问题描述：换流变运行过程中，若胶囊存在舒展性差、内部有残油等问题时，容易发生随机性褶皱，换流变满负荷运行时，存在胶囊褶皱堵塞呼吸器管口的风险。

整改措施：运行期间，应结合日常巡视对油枕油位、呼吸器状态进行检查，必要时用红外测温辅助判断油位和胶囊状态；年度检修期间，使用内窥镜检查胶囊内部，对异常褶皱的胶囊充氮气或干燥空气，排出油枕与胶囊间的空气。

（三）阀门状态检查

（1）检查阀门及连接法兰无渗漏油，下方无油渍，核对阀门名称及状态标识无丢失。

（2）检修过程中变更阀门状态时需填写阀门变更记录表，并检查阀门操作灵活，无渗油，开闭功能正常与指示状态一致。（检查完成后立即恢复）

（3）全部检修完毕后逐一检查阀门的开闭状态与状态标识一致。

注意：年检期间保持旁通阀为全关状态，严禁随意打开。

（四）联管检查

（1）检查密封法兰无渗漏油。法兰、联管等连接处应密封良好，无渗漏痕迹。

（2）检查联管法兰螺栓无松动、无缺失、无锈蚀。

（3）接地跨接线无缺失、无松动、无锈蚀。

（五）油位计检查

（1）检查外观无破损，油位计表盘内无脏污，油位刻度清晰可见，状态指示正确。

（2）通过油位计本体端子，模拟油位异常信号，在后台验证告警功能正常。咨询油位计厂家具体测试方式。

（3）检查防雨罩无变形、无锈蚀、无缺失、安装牢固，完全覆盖防雨设备。

（4）格兰头无松动，二次电缆保护管无锈蚀、破损，滴水弯最低处有排水孔，无雨水倒灌的可能。

（六）呼吸器检查

（1）外观洁净无破损，呼吸器应设硅胶变色 2/3 刻度线，吸湿剂应自下而上变色不超过 2/3；吸湿剂与顶部保持 1/6～1/5 呼吸器距离，防止硅胶吸入管道。

（2）观察呼吸器呼吸通畅（呼气时油杯内产生气泡，吸气时油杯内油位有明显降低）。

（3）硅胶更换。

1）　取下油杯，松开呼吸器与油枕呼吸管连接处的螺栓，取下呼吸器，随即用崭新、干燥的毛巾包住呼吸导管，避免空气及杂质进入油枕。

2）　拆除呼吸器，将原有的硅胶倒出，并清洁呼吸器内部，用硅胶筛，注入新的硅胶，且硅胶离顶盖留下 1/6～1/5 高度空隙。（在湿度不大于 75%的环境下更换硅胶）

3）　将取下的油杯清洗干净并注入新油，更换后油杯的油位在油位线范围内，油面高于呼吸管口，油质透明无浑浊，呼吸正常。

（七）免维护呼吸器检查

（1）检查呼吸器外观完好、无破损，指示灯正常。

（2）检查电源、加热器工作正常，检查波纹管排水孔畅通、格兰头无松动。

七、冷却器（含潜油泵、油流指示器）

（一）冷却器检修

1. 渗漏油检查

（1）停电第一天进行冷却器渗漏油情况整体检查；重点复核运行中发现的渗漏油部位。

（2）对渗漏油螺栓进行紧固。

（3）对渗漏油的沙眼进行封堵补漏处理。

（4）如需更换密封圈，新密封圈使用前应核实材质、规格型号，并经电科院抽检合格，更换前检查密封圈完好无破损。

（5）对渗漏油点处理后进行观察。

2. 阀门状态检查

（1）核对阀门名称及状态标识无丢失，补装阀门状态标识时应核对图纸中阀门状态一致。检查阀门及连接法兰无渗漏油，下方无油渍。

（2）核对阀门在运行中开关状态无变位，检查限位锁或限位装置功能正常，无裂纹、无脱落。

（3）检修过程中变更阀门状态时需填写阀门变更记录表，并检查阀门操作灵活，无渗油，开闭功能正常与指示状态一致。（检查完成后立即恢复）

（4）全部检修完毕后逐一检查阀门的开闭状态与状态标识一致。

3. 联管检查

（1）检查密封法兰无渗漏油。

（2）检查联管法兰螺栓无松动、无缺失、无锈蚀。

（3）接地跨接线无缺失、无松动、无锈蚀。

4. 防雨罩检查

检查防雨罩无变形、无锈蚀、无缺失、安装牢固，完全覆盖防雨设备。

5. 冷却器功能检查

（1）打开冷却器控制柜，逐台手动启动冷却器控制柜开关，确定风扇运行平稳，无杂音、无反转现象，风机扇叶转动无卡阻、异响，不摩擦侧壁及外罩。

（2）在就地及远方逐一检查每组风扇启停功能及运转情况，现场指示与后台一致，PLC 显示屏显示结果和现场实际情况一致。

6. 冷却器外观检查

（1）检查冷却器表面无锈蚀及油漆脱落情况。

（2）表面锈蚀及油漆脱落时需用钢丝刷除去表面锈迹或油漆脱落部分，按照两次底漆、两次面漆进行补漆处理，漆面均匀不起皱，颜色无色差。

（3）风扇保护网罩完好，固定螺栓无锈蚀、松动、缺失。

7. 冷却器冲洗

（1）冲洗前将所有的冷却器电源接线盒及油流指示器接线盒、潜油泵接线盒用塑料薄膜进行防水包扎。

（2）检查散热器外观清洁无异物，风扇完好无变形，冷却器管束间及散热片上洁净无积灰及杂物。

（3）用高压水枪清洗冷却器时严禁正对二次接线接线盒冲洗，污秽处可用毛巾将表面擦拭干净。

（4）持续冲洗至水穿透冷却器从另一侧喷出，且喷出水较洁净时，再更换冲洗方向，重复上述过程。

（5）清洗完成后，拆掉防水包扎的薄膜，并仔细检查设备无受潮情况，如发现有受潮的情况应立即进行绝缘检查并及时处理。

注意：1. 冷却器冲洗应在二次回路绝缘检查前完成。

　　　　2. 根据上一年油温变化情况确认是否需要开展深度清洗。

8. 排气阀（塞）检查及排气

（1）检查排气阀（塞）无渗油。

（2）拧开冷却器顶部排气阀（塞），排出冷却器内部气体，直至排出绝缘油即可，紧固排气阀（塞），用酒精无毛纸擦拭干净排气阀（塞）排出的残油。

（3）排气周期为 3 天，每天早晚排气各 1 次，并且做好排气记录，排气工作结合专项工作、特殊性检修项目统筹开展。

典型问题：冷却器负压进气。

问题描述：2023 年 4 月 1 日银川东站极Ⅰ Y/Y－A 相换流变冷却器进油蝶阀因阀片失效造成空气进入本体导致网侧首端轻瓦斯报警，原因为ABB1ZSE254008 型蝶阀定位钢珠顶入把手定位键槽的顶力不足、把手锁定功能失效、阀门处于半开合状态，最终导致阀门连杆承受负压，阀门密封失效造成空气进入本体。

整改措施：日常巡视应检查冷却器负压区回路渗漏油情况，特别是阀门阀芯，如有渗漏油应及时更换阀门；年度检修前，对换流变本体开展含气量试验，若含气量存在增长趋势或高于其他相，应及时分析进气点，重点检查冷却器负压区回路，含气量超过注意值时考虑滤油处理。

（二）潜油泵检查

（1）在就地及远方逐一检查每组油泵启停功能及运转情况，油泵启动时注意观察油流继电器指针正常转动、指向正确位置。

（2）格兰头无松动，二次电缆保护管无锈蚀、无破损，滴水弯最低处有排水孔，无雨水倒灌的可能，无堵塞，封堵无干裂。

（3）法兰接触面应无渗漏油或渗漏痕迹，螺栓无锈蚀、松动。

（4）应运转平稳无异响。

（5）用500V绝缘电阻表检查电机绝缘电阻应≥1MΩ。（必要时）

典型问题：冷却器潜油泵扫膛。

问题描述：2023年6月27日政平站012换流变C相潜油泵扫膛引起色谱异常增长，故障潜油泵生产厂家为德国GEA，型号为100/200L/125NA20。潜油泵上下腔体未能将导流盘止口法兰压紧，使得导流盘在油流冲击下快速旋转（正常情况处于静止状态）磨损止口法兰，产生大量细小金属粉末，粉末随油流进入换流变内部，附着在器身绝缘表面发生爬电或游离在高场强区域发生悬浮放电。另外，过薄的止口法兰无法承受导流盘重量，造成导流盘法兰断裂，使得导流盘坠入导流蜗壳，在高速油流作用下与导流蜗壳继续摩擦切削，停下后阻挡油流，引起油泵跳闸。

整改措施：加强油色谱在线监测和数据分析；年度检修期间，对运行超过15年的潜油泵开展振动检测、油泵运行电流检测、油流速度检测等工作；排查德国GEA同型号潜油泵，根据排查结果制定差异化运检策略，对潜油泵运行超过15年的换流站试点加装直接接触式声纹及电机电流在线监测装置。对潜油泵运行超过20年的立项开展潜油泵换型改造工作，改造前加强振动、油泵运行电流检测等工作，确保潜油泵长期稳定运行。

（三）油流指示器检查

（1）格兰头无松动，二次电缆保护管无锈蚀、无破损，滴水弯最低处有排水孔，无雨水倒灌的可能，无堵塞，封堵无干裂。

（2）法兰接触面应无渗漏油或渗漏痕迹，螺栓无锈蚀、松动。

（3）状态指示正确，潜油泵未启动时指针指向 OFF，潜油泵启动时指针指向 ON。

（4）油流指示器密封良好，表内应无潮气凝露。

典型问题：冷却器油流指示器挡板脱落或断裂。

问题描述：冷却器油流指示器主要有两种，一种为带远传的挡板机械指示类、一种为流速传感器类，挡板机械指示类又包括销钉固定挡板型、焊接固定挡板型等。销钉固定挡板型因可能存在脱落的情况，如 2022 年 7 月 20 日雅砻江站极Ⅱ低端 Y/Y-C 相换流变冷却器 Qualitrol092 油流指示器固定销钉脱落；2022 年 1 月 13 日灵州站极Ⅰ高端 Y/D-B 相换流变冷却器 MRMFI100-0 油流指示器挡板断裂。主要原因为销钉质量存在问题，焊接挡板承载面积不足，连接处机械疲劳。

整改措施：结合日常巡视对冷却器油流指示进行检查，对于机械指示位置异常的，必要时可进行 X 光探测检查；结合 X 光检测结果，对存在异常的油流指示器进行更换，对同型号指示器进行抽检，对固定销钉质量进行检测或挡板根部开展金属探伤，如有问题应批量更换。

第四节　特殊检修项目

一、套管更换

（一）新套管开箱检查、试验

（1）检查套管完好无破损。

（2）绝缘电阻检查：用摇表检查套管的绝缘电阻，绝缘电阻与出厂值比较无明显区别。

（3）电容量和介质损耗因数测试：用电桥测试套管的电容量和介质损耗因数，测得电容值与出厂值误差不得大于±5%，测得介质损耗因数应不大于出厂值的 130%。

（4）直流电阻试验：测试套管主导流回路的直流电阻，应与出厂和安装前测试值无明显区别。

（二）换流变排油

（1）拆除本体呼吸器并加装 DN50 阀门，将干燥空气机管路连接至阀门处，在换流变顶部安装压力表。

（2）将滤油机管道接至换流变排油阀处，打开本体储油柜旁通阀，并记录于换流变阀门变更记录表。

（3）开启干燥空气机，当露点低于－55℃时通过本体呼吸器处 DN50 阀门缓慢地将干燥空气充入换流变内，同时开启滤油机将油排至油罐中，充气速度≤120m³/h。排油过程中，观察压力表，换流变本体压力应时刻保持在 5kPa～10kPa 之间，排油速率为 10000L/h 直至排油完成并逐罐封闭保存，排油过程全程记录于换流变注气排油记录表。

（4）排油结束后，应持续向换流变本体注入露点低于－55℃的干燥空气，观察压力表，当达到 20kPa 时，应立即关闭本体呼吸器处 DN50 阀门，停止充气，保证换流变内部干燥。相关数据记录于换流变注气排油记录表。

（5）换流变本体绝缘油排完后，进行储油罐热油循环处理，循环结束后进行绝缘油取油送检工作，直至检测合格。

（三）内检

（1）凡雨、雪、风（4 级以上）和相对湿度 80% 以上的天气不得进行内部检查。

（2）待厂家确认各项条件满足拆除套管后，打开本体呼吸器处 DN50 阀门排出换流变内部干燥空气至大气压。

（3）开启干燥空气机，当露点低于－55℃时通过本体呼吸器处 DN50 阀门缓慢地将干燥空气充入换流变内并记录于换流变注气排油记录表。

（4）打开阀侧人孔封板后，并用塑料薄膜进行覆盖，防止杂物、灰尘进入换流变本体内；进入换流变本体内检前应坚持"先通风、再检测、后作业"的原则，必须先通风 30 分钟后，并检测内部空气成分，含氧量应在 19.5%～23.5%，无有毒气体成分方可进行作业。每 30 分钟进行一次气体检测并填写有限空间作业管控记录表。

（5）进入换流变本体内部人员清理所有随身物品，穿无尘防护服，并记录带入换流变本体内部的所有工器具，填写换流变带入带出工具记录表。内检过程中，应不断地将干燥空气充入换流变油箱内。

（6）工作人员从阀侧人孔进入换流变本体内部，应按照经审核的内检清单逐项检查换流变内部是否清洁，有无放电痕迹，漆膜是否完整，绝缘件是否破损，连接件是否松动等，必要时配合内窥镜检查。

（7）内检过程中安排专人守候于阀侧人孔处，间隔 10min 与内检人员联系，传递信息。

（8）若需要连续内检，每天工作结束后，应抽真空补干燥空气，直到压力达到 10kPa～30kPa，累计露空时间不宜超过 24h。

（9）内检清洁后，使用压力式板框滤油机对底部残油进行清理。

（10）若发现问题，根据实际情况进行现场清洗、现场处理或返厂修复。

注意：内检时安排运维单位换流变设备主人与工作人员一同进箱，旁站见证并记录内检工作开展情况，确保作业监管无死角，内检情况心中有数。

（四）拆除旧套管

（1）凡雨、雪、风（4 级以上）和相对湿度 80%以上的天气不得进行内部检查。

（2）待厂家确认各项条件满足拆除套管后，打开本体呼吸器处 DN50 阀门排出换流变内部干燥空气至大气压。

（3）开启干燥空气机，当露点低于 −55℃时通过本体呼吸器处 DN50 阀门缓慢地将干燥空气充入换流变内并记录于换流变注气排油记录表。

（4）吊车等工装设备行进至适当位置。

（5）套管拆除前，仔细清理套管法兰、升高座及周边尘土、积污，防止杂质等落入油箱内。

（6）按照从下到上的拆除原则，依次拆除 a 套管和 b 套管，套管拆除环节采用吊车及工装施工，两台 25 吨起重机将套管从换流变上卸下。A 吊车用专用吊具连接套管出线端子侧，B 吊车用专用吊具连接套管顶部，将套管吊离换流变。

（7）拆装套管底座与引线的连接螺栓时，应采用洁净塑料布或白布对均压球底部及外部绝缘层间缝隙进行防护，拆装后均压球内部应清理干净。内部连接引线拆除后，需对拆除的紧固件清点确认，防止遗漏在器身内。

（8）套管拆除后，立即用洁净塑料布对法兰面进行临时遮挡，防止异物侵入。套管尾部用拉伸膜包覆防护，地面枕木上铺放干净的塑料布，将套管水平放置。

（9）套管拆除后，B 起重机起钩将套管平行放置，平板拖车驶入，将套管放入运输木箱内，转运至套管检修位置。

（五）安装新套管

（1）现场干湿度在 80%以下，无明显扬尘，风速低于四级时，可以进行套管复装。

（2）吊车等工装设备行进至适当位置。

（3）套管复装时，按照先高后低的安装原则，先复装位于上方的 2.1 阀侧套管，再复装位于下方的 2.2 阀侧套管。

（4）将套管尾部与 75t 起重机连接，套管顶部与 25t 吊车连接。两台起重机同时平行起吊，将套管移至换流变旁侧。

（5）更换密封圈，将套管缓慢进入升高座，紧固拉杆螺纹，当套管插入升高座的过程中，应每隔 50～100mm 检查套管法兰与升高座法兰间四周距离（等分四点），4 点间的偏差不应超过±2mm。对正安装孔，对角紧固螺丝。紧固套管顶部螺母至 40kN，拆卸吊具。

（6）套管落到位后紧固套管和升高座法兰螺栓，对角紧固法兰螺栓。

（六）检漏

（1）换流变内检结束后，更换阀侧人孔密封圈，新密封圈使用前应核实材质、规格型号，并经电科院抽检合格；恢复阀侧人孔盖板及螺栓，并关闭 AA023 阀门。

（2）将干燥空气发生器管道连接至 BZ102 铜阀处，向换流变内部注入露点低于−55℃的干燥空气，观察 AT005 呼吸器法兰处压力表，当压力达到 30kPa 时，停止注气并关闭 BZ102 铜阀，使用泡泡水涂抹在所有法兰连接处、密封盖板处，观察是否有气泡产生；若无气泡产生、压力表压力无变化，则将换流变本体内部干燥空气从 AA023 阀门排出至大气压后，关闭 AA023 阀门。

注意：充气速度≤120m³/h。

（七）抽真空

（1）将真空机接至 BZ102 法兰铜阀处进行抽真空，并在 AA023 阀门处加装电子式真空计。

（2）换流变抽真空至≤100Pa 后,停机后使用电子式真空计记录真空值 P1，1h 后记录真空值 P2，泄漏率＝（P2－P1）V/T≤10mbar·L/s，则泄漏率合格，其中 T 表示读取 P1、P2 的时间间隔，单位为秒（s）。开启真空机，持续抽真空 72h，期间保持本体真空度≤100Pa，注油前真空度≤30Pa。

（3）若器身总暴露时间超过规定时间，每超过 8h，延长 12h 抽真空时间。

注意：严禁使用麦氏真空表，防止麦氏表中的水银吸入换流变本体。

（八）真空注油

（1）通过换流变本体 AA356 注油阀门连接注油管路，在真空状态下通过真空滤油机给换流变注合格绝缘油；拆除 AA023 阀门处的电子真空计并恢复密封盖板。

（2）注油前，启动滤油机真空泵、罗茨泵，打开滤油机进油阀，将油管路内的空气抽出，直到管路内真空≤30Pa。

（3）注油时，滤油机出口油温达到 55±5℃，注油管路内始终保持正压，注油速度不超过 4000L/h。注油过程中维持油箱内真空度＜100Pa，油注入换流变压器距箱顶约 200mm～300mm 时停止注油，并继续抽真空保持 4h 以上。

（4）注油时观察油面超过油枕液面观察窗上 150mm 停止注油，先关闭储油柜旁通阀门 AA345，再关闭 BZ102 阀门及真空机组并拆除真空机组管路。

（5）将干燥空气发生器管路连接至 BZ102 阀门，当露点低于−55℃时将干燥空气缓慢的注入油枕胶囊内，观察压力表指针读数为 0MPa 停止注气（0MPa 表示大气压）。

（6）注油完成后使用透明软管通过瓦斯继电器或取气盒排气口对换流变本体进行实际油位测量，把透明软管放至油枕顶部，观察透明软管油位与油枕底部高度，同时使用红外确认油位，实际油位应满足本体油位曲线。

（九）热油循环

（1）真空注油后，本体再经上进下出的连续热油循环处理，即油循环方向为：真空滤油机→本体进油口（AA356）→本体出油口阀门（AA355）→真空滤油机。

（2）热油循环时，顶层油温应达到 60±5℃，热油循环速率为 10000L/h。

（3）当顶层油温达到要求时开始计时，本体循环时间≥72h 后，总热油循环时间应≥96h，且自开始热油循环至热油循环停止，热油循环油量不少于换流变压器总油量的 5 倍。

（4）热油循环 96h 以后取油样做试验，绝缘油合格后循环可以停止，否则应适当延长热油循环的时间直至油样合格。

（十）静置排气

（1）热油循环结束后，换流变静置时间不小于 200h。

（2）在换流变压器静放期间，每 12h 对升高座、散热器等部件进行排气。

（3）静置排气 72h 后取油样送检，常规试验在本体油温降至 40℃以下后开展，静置结束后方可进行耐压试验。

二、换流变整体更换

（一）故障换流变退运准备

1. 套管金具及引线拆除

使用高空作业车拆除换流变网侧套管引线，拆除后的引线用风绳固定在一旁支架上。

（1）拆除换流变中性点套管引线及管母。

（2）在阀厅顶梁上装设 2m 2T 吊带，吊带连接 1T 电动葫芦，再用 2m 2T 吊带连接葫芦和解引管母，用升降车拆除阀侧套管顶端均压环及一次引线。

2. 降噪装置拆除

换流变压器降噪装置主要分为半包围隔声屏降噪板和全覆盖固定式降噪板两种类型，其拆除工艺流程如下。

（1）半包围隔声屏降噪板拆除。

1）拆除前端可脱落隔声板。

a. 拆除连接隔声板侧跨接接地线。

b. 拆除固定螺栓及卡扣，取下可脱落隔声板。

c. 拆除隔声板顶部高处百叶扇。

d. 使用记号笔对每块可脱落隔声板按拆除顺序进行标记。

e. 拆除前部可脱落隔声板至换流变广场指定位置进行整齐堆放。

2）拆除钢构架。

a. 拆除钢梁之间连接螺栓。

b. 按标记顺序拆除横梁、立柱。

（2）全覆盖固定式降噪板拆除。

1）拆除顶部可脱落隔声板。

a. 拆除连接隔声板侧跨接接地线，螺栓统一存放。

b. 拆除固定螺栓及卡扣，取下可脱落隔声板。

c. 使用美工刀划开可脱落隔声板缝隙间密封胶。

d. 使用记号笔对每块可脱落隔声板按拆除顺序进行标记。

e. 拆除顶部可脱落隔声板至换流变广场指定位置堆放整齐。

2）拆除前端可脱落隔声板。

a. 拆除连接隔声板侧跨接接地线，螺栓统一存放。

b. 拆除固定螺栓及卡扣，取下可脱落隔声板，螺栓统一存放。

c. 使用美工刀划开可脱落隔声板缝隙间密封胶。

d. 使用记号笔对每块可脱落隔声板按拆除顺序进行标记。

e. 拆除前部可脱落隔声板至换流变广场指定位置进行整齐堆放。

3）拆除防坠网。

拆除在换流变顶部钢梁下端固定防坠网的卡扣，取下防坠网。

4）拆除钢构架。

a. 拆除钢梁之间连接螺栓，螺栓统一存放。

b. 使用记号笔对钢梁按拆除顺序进行标记。

c. 按标记顺序拆除水平主梁、水平次梁、竖梁。

3. 阀侧封堵拆除

1）拆除室内、室外包边拆除。

a. 使用电动螺丝刀将包边上的燕尾钉依次取出酸铝针刺毯及密封胶。

b. 用美工刀沿包边内外侧清除密封胶，用胶锤、美工刀小心轻击或撬开包边，确保不损坏防火板。

c. 取下包边存放于阀厅指定位置。

d. 清理包边内填充的硅酸铝针刺毯、密封胶。

2）拆除小封堵。

a. 拆除室内、室外不锈钢抱箍与阀厅接地铜排连接的 $16mm^2$ 接地线，并拆除将接地线固定的卡扣。

b. 拆除室外高温硫化硅橡胶与升高座固定的不锈钢抱箍。

c. 拆除室内防火硅胶布与升高座固定的不锈钢抱箍。

d. 拆除室内、室外压条之间接地使用 $16mm^2$ 接地铜绞线，拆除最下方压条连接至接地铜排使用 16mm²接地铜绞线。

e. 拆除室外、室内压条、高温硫化硅橡胶与第三层岩棉板固定的燕尾钉进行拆除，清理密封胶。

f. 拆除室外高温硫化硅橡胶，清除表面残余的胶料；拆除室内防火胶布，清除表面残余的胶料。

g. 拆除填充硅酸铝复合板与套管之间的铝纤维针刺毯、柔性有机堵料。

3）拆除屏蔽层、第一、二、三层防火板、旧封堵。

a. 从里到外，从上到下依次拆除屏蔽层、第一、二、三层防火板、旧封堵；第一三层防火板、旧封堵待龙骨拆除后进行。

b. 清除拼缝处密封胶，拆除固定的燕尾钉。

4）拆除龙骨及中间棉。

a. 拆除龙骨跨接螺栓，拆除龙骨与连接至接地铜排接地线。

b. 拆除装配单元内的龙骨不锈钢连接螺栓。

c. 拆除单元之间龙骨不锈钢连接螺栓；拆除龙骨连接处用绝缘连接片。

d. 拆除龙骨填充的硅酸铝纤维棉。

4. 抗爆门拆除

1）搭建脚手架。

a. 从下到上依次搭建移动式脚手架。

b. 脚手架连接螺栓应牢固无松动。

2）抗爆门门板拆除。

a. 自上而下拆除门板；先拆除两侧，再拆除中间。

b. 抗爆门门板与钢梁之间不锈钢连接螺栓进行拆除。

c. 指挥吊车将抗爆门门板吊至地面。

5. 二次电缆拆除

（1）拆除网侧套管、瓦斯继电器、压力释放阀、分接开关压力继电器、主油枕压力式油位计本体侧二次电缆。

（2）拆除分接开关滤油机控制箱、油温、油位表计、分接开关操作箱、冷却器、排油模块本体侧二次电缆。

（3）拆除阀侧套管 SF_6 密度继电器、阀侧套管末屏分压器、阀侧套管升高座 CT 本体侧二次电缆。

6. 附件拆除

（1）关闭换流变本体和冷却器汇流管的闸阀。

（2）排空排油模块内的变压器油。

（3）断开排油模块与换流变本体及冷却器汇流管法兰连接，拆除管路。

（4）使用封板密封闸阀。

（5）解开铁心、夹件接地的螺栓连接，拆除铁心、夹件接地电流传感器。

（6）关闭油色谱在线监测装置系统电源。

（7）拆除其与本体连接阀门联管。

（8）用保鲜膜保护管道防止受潮。

（9）隔离感温电缆故障模块与火灾报警后台。

（10）拆除火灾报警模块箱内感温电缆接头接线端子。

（11）拆除换流变本体已敷设的感温电缆。

（二）备用换流变转运准备

1. 二次电缆及附件拆除

（1）拆除备用换流变的网侧套管、瓦斯继电器、压力释放阀、分接开关压力继电器、主油枕压力式油位计本体侧二次电缆。

（2）拆除分接开关滤油机控制箱、油温、油位表计、分接开关操作箱、冷却器本体侧二次电缆。

（3）拆除阀侧套管 SF_6 密度继电器、阀侧套管末屏分压器、阀侧套管升高座 CT 本体侧二次电缆。

（4）拆除阀侧套管外引密度继电器管道。

（5）拆除备用换流变铁心夹件、接地连接螺栓。

2. 备用变试验

备用换流变就位前试验开展顺序如下：

（1）铁心、夹件绝缘电阻测量。

（2）所有分接位置的变比以及极性测量。

（3）绕组直流电阻测量。

（4）低电压短路阻抗试验。

（5）绕组连同套管绝缘电阻、吸收比和极化指数测量。

（6）套管的绝缘电阻。

（7）绕组连同套管的介质损耗和电容量测量。

（8）套管介质损耗因数、电容量测量。

（9）有载分接开关过渡电阻与切换时间测量。

（10）换流变消磁测试。

具体试验方法详见本篇第二章。

3. 备用变转运至准备位置

（1）牵引前准备。

1）通过液压千斤顶，将换流变顶升至预定高度，加入保护枕木，期间换流变无明显晃动倾斜。

2）在换流变底部两端承载位置依次加入两台运输小车，期间换流变无明显晃动倾斜。

3）逐级顶升千斤顶、取出底部枕木、降低千斤顶，缓慢将换流变降至运输小车上，每次高度不得超过 5cm，期间换流变无明显晃动倾斜。

（2）牵引换流变。

1）通过 U 型环及钢丝绳将换流变与牵引车牵引钩进行软连接。

2）通过牵引车缓慢牵引钢丝绳，使其均匀受力，车速控制在 2m/min 内。

3）使用两组顶杆分别将两台运输小车的行走轮的内框顶住，防止牵引过程行走轮偏向。

（3）运输小车换向。

运输小车换向需要升降换流变，整个过程必须缓慢平稳，期间换流变无明显晃动倾斜。具体工艺如下：

1）搭建与运输小车高度保持基本一致的枕木，检查枕木稳定、结实。

2）顶升换流变至运输小车高度以上，逐端用枕木平台替换运输小车。

3）改变运输小车的方向。

4）顶升换流变至枕木高度以上，逐端用运输小车替换枕木。

（4）换流变转向。

换流变转向需要升降换流变，整个过程必须缓慢平稳，期间换流变无明显晃动倾斜。具体工艺如下：

1）搭建与运输小车高度保持基本一致的枕木，检查枕木稳定、结实。

2）顶升换流变至运输小车高度以上，逐端用枕木平台替换运输小车。

3）提前布置转向盘，检查转向盘基本在换流变底部重心位置。

4）逐级下降千斤顶、取出保护枕木，整个过程平稳缓慢，每次高度不得超过 5cm，直至转 4 向盘安全承载换流变。

5）转向完成后，测量中心线与轨道两侧距离基本一致，重新用记号笔记录位置，检查转向角度合适、正确。

6）逐级顶升千斤顶、插入保护枕木，整个过程平稳缓慢，每次高度不得超过 5cm，直至枕木高度与小车高度基本一致。当转向盘不受力后，及时取出。

7）顶升换流变至枕木高度以上，逐端用运输小车替换枕木。

（三）换流变换位

1. 故障变退出运行位置

工艺流程及要求与"备用变转运至准备位置"相同。

2. 备用变进入运行位置

（1）备用换流变牵引至运行基础就位前，先在运行基础预留的地锚位置完成地锚安装，随后将牵引换流变就位的（两组）滑轮组，分别安装于基础地锚及备用换流变本体指定牵引挂载位置，连接滑轮组中的牵引钢丝绳与牵引车的牵引钩。

（2）牵引车匀速缓慢地牵引钢丝绳，控制在 2m/min 内，待牵引车的转速达到牵引转速后，再将换流变缓慢地牵引至基础指定位置，期间运输小车牵引通过的每个钢轨接头位置提前加垫块作减震保护。

（3）备用换流变牵引到达基础的指定位置后，在换流变两端指定顶点位置，放置液压千斤顶。

（4）启动一端液压千斤顶，逐级将换流变一端缓缓升起至其底部与运输小车脱离，并加枕木作保护；启动另外一端液压千斤顶，将该端换流变升起至其底部与运输小车脱离，并同样加枕木作保护。

（5）将两台运输小车依次移除换流变底部，随后采取与上相同的千斤顶升降方法，依次逐级升降换流变两端，取出两端底部保护枕木，直至基础完全承载换流变。

（6）以上工作完成后，在 1 组钢轨后方加入 1 套液压夹紧顶推装置，匀速地将其顶推至基础中心位置。

（7）换流变顶推平移至基础中心位置后，启动换流变一端的液压千斤顶，将换流变一端缓缓升起至一定高度，人工取出底部钢轨及滑板，并在底部加枕木作保护，随后用相同的方式取出另一端底部钢轨及滑板。

（8）钢轨滑板取出完成后，通过千斤顶依次升降换流变两端并逐级取出两端底部保护枕木，直至换流变完全放置于运行基础上。

（四）换流变恢复

1. 换流变预试

备用换流变就位后开展试验顺序如下：

（1）铁心、夹件绝缘电阻测量。

（2）绕组直流电阻测量。

（3）换流变消磁测试。

2. 阀侧封堵恢复

（1）恢复屏蔽层、防火板、旧封堵。

（2）恢复龙骨及中间棉。

（3）恢复小封堵。

（4）恢复包边。

3. 抗爆门恢复

（1）恢复抗爆门钢梁、钢柱及接地线。

（2）恢复抗爆门门板。

（3）拆除脚手架、清理场地。

4. 降噪装置恢复

以拆除流程反向恢复换流变压器降噪装置。

5. 附件恢复

（1）焊接恢复换流变本体接地。

（2）恢复在线油色谱装置联管，排气后恢复电源，查看后台数据确保装置运行正常。

（3）恢复铁心、夹件接地螺栓连接，恢复铁心、夹件在线监测装置电源，查看后台数据正常，信号测试正常。

（4）铺设换流变本体新感温电缆，在火灾报警模块箱内进行二次接线。

（5）恢复本体至排油管道，真空机组连至抽真空阀。

（6）启动真空机组对电动阀至本体的管路抽真空，真空抽到（残压）≤100Pa 时，持续约 10min。

（7）如果真空度不达标，则抽真空 20min，缓慢打开本体上的排油闸阀，使管路中充满变压器油。

6. 静置排气

排油系统恢复后可开展换流变排气工作，每隔 12h 对换流变本体瓦斯、冷却器、升高座、分接开关、排油装置等高点位置通过放气塞充分排气，排气持续至投运检查前。

7. 二次电缆恢复

（1）恢复网侧升高座 CT、瓦斯继电器、压力释放阀、分接开关压力继电器、主油枕压力式油位计本体侧二次电缆。

（2）恢复分接开关滤油机控制箱、油温、油位表计、分接开关操作箱、冷却器、排油模块本体侧二次电缆。

（3）恢复阀侧套管 SF_6 密度继电器、阀侧套管末屏分压器、阀侧套管升高座 CT 本体侧二次电缆。

8. 二次回路检查及调试

本体二次线校验、绝缘检查、本体 CT、开盖及二次回路直阻检查，本体非电量信号核对，分接开关信号核对、遥控试验、本体冷却器信号核对、传动试验，二次通流、短路试验。

9. 金具及引线恢复

（1）使用高空作业车恢复换流变网侧套管、中性点套管引线。

（2）使用高空作业车及吊车恢复换流变管母。

（3）在阀厅顶梁上装设 2m 2T 吊带，吊带连接 1T 电动葫芦，再用 2m 2T 吊带连接葫芦和解引管母，用升降车恢复换流变拆除阀侧套管顶端均压环及一次引线。

（4）按照"十步法"要求对接头接触面进行打磨处理和直阻测试，记录数据，网侧接头直阻不大于 $20\mu\Omega$，阀侧接头直阻不大于 $10\mu\Omega$。

三、换流变分接开关吊芯检查

（一）工具及耗材

进行换流变分接开关吊芯检查所需要的工具及耗材包括：吊车、吊带、手动葫芦、U 型环、叉车或转运车辆、滤油机及配套接头和软油管、油泵及软管、干燥空气发生器或氮气瓶、变压器油及油罐、干净空油桶、放置开关的油盘、塑料薄膜、抹布、吸尘器、扳手等工具、温湿度计、过滤网、无水酒精、防雨罩、试验装置、取油装置、内窥镜、摄像机、开关密封圈、开关更换专用工具等。

（二）作业步骤

1. 绝缘油油样评估（开关油室旧油）

进行分接开关内旧绝缘油油样评估。开展油样的油色谱试验、油耐压试验、微水试验、油颗粒度试验并记录数值作为参考；乙炔＞10ppm，现场内窥镜检查（开关内部以及各触头表面），乙炔＞50ppm，芯子进行解体检查。

2. 开关吊芯前特性试验

进行切换开关过渡波形测试。若交接试验报告未提交切换开关过渡波形，真空开关更换前需开展额定挡位±1 挡过渡波形测试试验，记录波形作为后续对比参考。

3. 绝缘油油样评估（新变压器油）

进行新绝缘油油样评估。开展油样的油色谱试验（各组分要求值）、油耐压试验（＞50kV/2.5mm）、微水试验（＜15ppm）、油颗粒度试验，试验结果应满足并满足 GB/T 2536 标准要求（补充颗粒度数值）。

4. 开关芯子起吊

（1）开关排油。排油前，打开开关油枕的呼吸器。使用滤油机将开关储油柜和开关油室内变压器油排出，排油管出口应放置专用油泵过滤网（500 目）对异物进行筛查，滤网孔径应小于需检测异物最小尺寸范围。进行旧油的回收、处理。

（2）开关滤油机系统放油。考虑变压器油热膨胀导致的压力，滤油机系统需要放油（放油量由厂家计算确定）。滤油机的电源和阀门需要现场确认关闭。

（3）箱盖清理及防护。对箱盖进行清理，清理范围包括以开关顶盖外径为中心外延 500mm 内所有部位。首先使用吸尘器将浮灰及表面杂物去除后，再使用无纺布蘸取无水乙醇进行仔细清擦，确保箱盖及开关顶盖法兰密封面清洁无异物。

（4）拆除开关压力释放阀二次电缆。解开开关压力释放阀二次线，拆除开关的注放油管、水平操作杆，压力释放阀二次电缆接头用塑料布包裹，注放油管管口用拉伸膜或临时盖板密封。

（5）调整干涉联管位置。松开开关顶盖上部联管的紧固螺栓，将联管内的变压器油排出，至无油放出为止；拆除联管的螺栓，管口放置干燥剂，然后使用拉伸膜包裹严实，将干涉的联管调整至合适位置。

（6）拆除压力继电器。解开压力继电器二次线，并拆除压力继电器。

（7）拆除开关顶盖。拆除开关顶盖，并使用塑料布包好；用油管继续将油室内的油排出约 300mm 高，并拆除挡位显示牌。

（8）开关油室排油。开关油室排油，从拆除的顶盖口处将油管放入油室内，启动油泵将油室内排出，离头盖下方大约 300mm。

（9）同步器、位置指示器等附件拆除。拔出轴端上开口挡圈，拆除位置指示器刻度盘。拆除同步器，从支架上取下开关动作监控装置插头接线器，拆除底板上的螺母和锁紧元件，将动作监控装置连同底板和驱动轴一起拆除。采用吊车加手拉葫芦的方式吊出。

（10）清洗吊装工具。手动葫芦等吊装工具进行擦拭清洁，并用干净的变压器油冲洗、拉伸膜包裹，防止磨损产生的异物掉入芯体。

（11）开关芯子吊出。手动操作手拉葫芦，吊出期间轻微晃动切换开关，确保切换开关驱动连杆的端部或其连接处不碰到法兰的内部边。对开关芯子吊出的全过程进行目视监测。切换开关吊出后，采用塑料薄膜对芯体进行包裹防护，同时使用塑料薄膜做好分接开关油室的防护。

（12）开关芯子的吊出防护。放置于干净的托盘上，用收紧带固定，做好运输固定减震防护。将开关连同托盘放置在叉车或其他转运工具上并转运至指定位置。

（13）开关芯子的转运。表面无污迹、金属磨损、修理痕迹。

5. 开关油室检查

（1）检查油室内是否有脏污异物。检查油室内是否有脏污异物，否则用无纺布擦拭清理干净，不得用海绵吸油。

（2）检查油室内各触头。检查油室内各触头有无发黑等异常现象。

（3）检查油室底部的排油螺钉。检查油室底部的排油螺钉是否有松动，重新紧固，确保紧固可靠。

（4）开关油室防护。用塑料布（尺寸比开关油室法兰口大至少 300mm）覆盖防护开关油室，保证全部覆盖油室法兰口。

6. 开关芯子机械检查

（1）开关芯体整体检查。检查芯体表面是否有脏污、异物，并擦拭清理干净。检查芯体是否完整、有无损伤、各组部件有无松动等。

（2）主、辅真空泡检查。支撑板螺栓无松动，编织线无断股、无部分连接，锁止轮无损伤，滚轮无明显磨损，弹簧无损伤，连接部件无松动，通过敲击试验验证无泄漏。检查真空泡有无松动，使用塞尺检查是否符合标准（新开关真空泡磨损 $A = 3 \pm 0.1$mm，新开关真空泡装配间隙 B 最小 3.5mm）。

（3）检查触头及支撑架。检查主动、定开关触头间的间隙（要求 0.5～2mm）。检查主动、定开关触头及过渡触头间应牢靠接触。主动触头无明显磨损、连接紧固，驱动轮无损坏，动触头驱动杆支座无损伤，支撑架上的触头扣无明显磨损。

（4）检查弹性连接。确定所有弹性连接都处于良好状态，测量接触电阻。

（5）检查过渡电阻。分段测试各过渡电阻，过渡电阻测试后需要根据具体开关型号及分段状态乘以相应倍数，需要乘以 4 才可得到铭牌数据，要求不超过正负 10%。检查过渡电阻连接的所有螺丝的紧固状态，过渡电阻紧固螺丝都在开关芯体的外侧，可以触及的，是梅花形的，梅花工具规格 T20。

（6）驱动轴检查。绝缘驱动轴表面无裂纹、无严重污迹，屏蔽环表面无裂纹，各处连接螺栓无松动。

（7）主、辅转换开关检查。主转换开关触头无明显磨损或放电痕迹，辅助转换开关触头无明显磨损痕迹。

（8）储能机构检查。储能机构检查无异常。

（9）检查紧固件。检查各处的紧固件是否松动，否则重新紧固。

7. 开关芯子异物检查

（1）对分接开关油室进行排油时，仔细检查排出的油内有无异物。对排油管出口滤网进行检查，是否存在异物。

（2）检查分接开关油室内部及油室触头有无异物。检查切换开关油室内底部和筒壁是否存在异物，油室内静触头是否有烧蚀及熔化痕迹。

8. 开关芯子复装

（1）油室清洗。清理开关油室内的残油。利用干净、合格的新变压器油对开关油室进行冲洗。将冲洗后的脏油彻底抽出（油泵抽出）。检查确保无异物

（工具等）留在油室内。

（2）开关芯子转运。使用新油冲洗切换开关后固定在油盘上。采用叉车或其他转运工具运输至换流变起吊位置。

（3）开关起吊。采用吊车将开关起吊至换流变分接开关顶部。

（4）落放开关芯子。采用手动操作手动葫芦，将分接开关缓慢放下。开关安装过程中做好防护，确保无异物进入。缓慢落放开关芯子，调整芯体的角度，使芯体底部传动销与开关油室底部传动销凹槽对齐，同时月牙形导向槽与排油管对齐；专人监视确保插入式触头与油室内的触头对齐，注意不得晃动开关芯子，以免损伤。开关芯子装回油室内需用手摇晃芯体以检查芯体是否安装到位。

（5）开关芯子到位检查。为确保切换开关销与耦合盘啮合，应朝同一方向至少执行三次分接变换操作，当切换开关工作时，听到清晰的响声，表示切换开关的传动销已连接。切换开关工作时，会听到清晰的响声，表示切换开关的传动销被连接。如果没有听到响声，原因可能是传动销被直接固定到槽内，或可能在操作电动机构过程中应按下切换开关，切换开关位置要进行调整。按下切换开关过程中，再向同一的方向执行三次操作。当降至最终位置时，切换开关吊环的顶部应位于顶盖法兰机械水平面以下，仅盖板的弹簧可高于该水平面。分接开关机构箱内挡位应检查切换开关内部挡位一致。

（6）开关油室的防护。切换开关安装完毕后，采用塑料薄膜盖上开关油室头部，避免物体掉落到开关油室。

9. 开关头盖复装

（1）擦拭开关头盖。擦拭清理开关头盖的内外部，确保清洁。用蘸酒精的白布擦拭清理密封槽，确保清洁无异物。

（2）安装密封垫。安装新的密封垫圈，确保在密封槽内。

（3）安装开关头盖。安装开关头盖，并转动头盖，使油室内的定位销朝向头盖内的导向孔；并按下头盖，以便抵消将切换开关保持在适当位置的弹簧弹力。

（4）紧固螺栓打力矩。在伸出头盖的螺栓上先放一个垫片，再拧紧螺母，并点锁紧液，盖板 M12 螺栓的紧固力矩为 84N·m±10%。

（5）安装压力释放阀二次电缆及压力继电器连接联管。依次安装压力释放阀二次电缆及压力继电器.连接联管等，紧固时确保密封垫圈在密封槽内。按照标号连接压力继电器的二次电缆。

10. 开关注油及操作试验

（1）开关注油。常压下通过现场的小型滤油机对开关油室进行注油，并静置 24h。

（2）注油结束后的操作检查。所有更换完成后，需要以 1 个挡位为基数分别上升和下降摇动切换开关确定正反切换圈数差在 1 圈之内，用手柄摇动开关的每个挡位，每一挡位手摇确定后才允许电动操作开关，电动完成后红色位置指示器指在"position"，刹车盘上的红线位于两根刹车弹簧中间，开关到达正挡位注完油即可以进行操作检查［手摇和电动的操作次数、次序（上升—下降单循环还是双循环）］。

（3）两次全范围的纯电动操作试验"。采用纯电动机构操作，发调档指令，进行两次全范围的电动操作试验记录每次挡位上升或下降时的动作时刻（调节到位消失、调节中出现、调节中消失、调节到位出现等）综合 6 台的每档动作时间，对比分析分接开关调档同步性。

11. 分接开关动作特性试验

首先分接开关操作检查已合格。阀侧 a、b 套管短接并接地，网侧 A、B 套管需解引。过渡电阻的实测值与铭牌值的偏差≤±10%。正反向切换时间符合产品技术文件要求。开展额定挡位升 1 档和降 1 档的动作特性测试。

12. 分接开关网侧各挡位直流电阻测量

网侧各挡位直流电阻测量。阀侧地刀需断开、网侧 A、B 套管需解引。测试电流≤20A，实测值与同温度下的出厂值比较，偏差≤±2%。

13. 换流变消磁试验

开关更换后全部试验已完成，且合格。阀侧地刀需断开、网侧 A、B 套管需解引。消磁电流宜为 5A，剩磁率≤2%。

14. 分接开关绝缘油油样评估（静置 24h 后）

静置 24h 后油样分析。目测没有渗漏油情况，并进行排气。开展油样的油色谱试验（各组分要求值）、油耐压试验（＞50kV/2.5mm）、微水试验（＜15ppm）、油颗粒度试验，试验结果应满足并满足 GB/T 2536 标准要求（补充颗粒度数值）。

15. 分接开关绝缘油样评估（变压器运行24h后）

投运 24h 后油样分析。开展油样的油色谱试验（各组分要求值）、油耐压试验（＞50kV/2.5mm）、微水试验（＜15ppm）、油颗粒度试验，试验结果应满足并满足 GB/T 2536 标准要求（补充颗粒度数值）。

四、换流变风机更换

（一）工具及耗材

进行换流变风机更换所需要的工具及耗材包括：吊装吊车、带斗吊车、叉车、对讲机、螺丝刀、活动扳手、安全带、吊带 2T、备用风机、密封胶等。

（二）作业步骤

1. 风机拆卸

拆卸换流变风机。更换风扇前，必须切断风扇的电源，在拆装电机期间严禁送电，停送电必须有专人负责。两人通过登高车或其他登高作业设备，移动至需要更换的风机位置附近。先打开接线盒，测试接线端子确无电压后，将电源连接线拆开，松开风机内部接线，拆线格兰头，将电缆线从接线盒中抽出。拆卸过程中注意防止叶轮碰撞变形。将固定电缆的钢扎带打开，使电缆和风机脱离。先拆除风机防护网罩，接着拆除风机叶片。叶片拆卸后，松开电机固定螺栓，拆除电机。当所有螺栓都已拆卸完毕，两人一起将电机抬起并脱离导风筒。

2. 风机安装

两人通过登高车或其他登高作业设备，移动至需要安装风机位置附近。将电机放在风机导风筒上，微调电机角度，使电机安装孔与导风筒上的螺纹孔对齐，用螺栓固定。将叶片固定在电机上，叶片固定后要测量各叶片到导风筒间隙大小，调整风机基座螺栓，使各间隙保持一致，叶片安装后要检查叶片上的平衡块（若有）是否脱落，若有脱落及时恢复。打开新风机接线盒盖，拧下接线盒的格兰头，将旧风机的格兰头和电缆连接至新风机，恢复接线。对风机进行绝缘测试，用 500V 的绝缘摇表进行绝缘测试，绝缘值不低于 0.5MΩ。接通电源，测试风机转向，检查是否有异常。确认风机运行良好后，关闭电源，合上接线盒盖，将接线盒密封，以防接线盒渗漏造成短路烧毁电机。拨动叶轮转动灵活后，通入 380V 交流电源，运行 5min 以上。试运转风扇转动平稳，转向正确，无异声，三相电流平衡。用扎带将风机电缆固定在风机网罩上。

五、换流变冷却器进出油口阀门更换

（一）工具及耗材

进行换流变冷却器进出油口阀门更换所需要的工具及耗材包括：吊装吊车、带斗吊车、叉车、对讲机、螺丝刀、活动扳手、安全带、吊带 2T、备用风机、密封胶等。

（二）作业步骤

1. 隔离冷却回路

（1）隔离冷却回路。关闭冷却器与本体油箱相连的近油箱侧上下蝶阀来隔离冷却回路。

（2）排油。打开冷却器回油管路中的闸阀进行排油。待油全部排出后关闭闸阀。

2. 拆除并更换进出油口阀门

（1）备品检查。安装前检查是否有因运输或搬运造成的损坏。

（2）拆除阀门。拆除时用盖板将接头法兰密封，防止异物进入油路。保持上、下汇流管内部应清洁。做好零部件位置记录。

（3）更换阀门。检查蝶阀和连管的法兰密封面应平整无划痕，无锈蚀，无漆膜。连接法兰的密封面应平行和同心，密封垫均匀压缩三分之一。按规定打相应力矩并划线。

3. 调试

（1）排气。排气塞透气性、密封性应良好。调试时先打开下蝶阀至三分之一或二分之一位置，待顶部排气塞冒油后旋紧，再打开上蝶阀，排气完成。除大组冷却器顶部排气塞需要排气外，应对冷却器进出油主管路（横向布置）所有排气塞进行排气；静置 24h 后再次排气。

（2）检查。确认上、下蝶阀均处于开启位置且限位良好。检查各封口应封闭良好，无渗漏点。检查更换阀门后本体储油柜油位满足要求。检查波纹管无损伤、无形变。

六、换流变潜油泵更换

（一）工具及耗材

进行换流变潜油泵更换.所需要的工具及耗材包括：吊带、链条葫芦、绝缘人字梯、绝缘单梯、套筒扳手、活动扳手、力矩扳手、2 磅榔头、温、湿度计、应急灯、电源盘、万用表、取油针筒、油桶、安全带、吸油纸、酒精、密封圈、防水布和塑料布等。

（二）作业步骤

1. 潜油泵拆除

（1）拆除潜油泵接线。将冷却器控制柜中该组冷却器控制方式打至手动，油泵状态打至停止，潜油泵、风机电机电源空开已打开，检查该组冷却器油流指示继电器状态指示为停止。拆除潜油泵外部接线，拆除前测量二次接线无电压，记录三相电源线接线次序及编号。

（2）排油。关闭冷却器联管至该台潜油泵之间的阀门，关闭该组冷却器底部至联管阀门，打开潜油泵放气塞。在冷却器底部放油阀处放置油桶，打开底部放油阀、换流变本体进出油管路下方泄空阀、阀门堵头进行排油，排油约 50L 关闭放油阀更换阀门堵头密封垫。

（3）拆除潜油泵。将吊环与吊带挂在潜油泵吊耳处，使用吊车使吊带处于受力临界状态。清理潜油泵两端法兰面，对角拆除潜油泵两端法兰螺栓，使用塑料薄膜封住打开的法兰面和潜油泵法兰面，将潜油泵转移至地面。

2. 潜油泵安装

（1）安装潜油泵备品。将吊环及吊带固定在备品潜油泵吊耳处，指挥吊车将潜油泵提升至安装位置。根据潜油泵转向指示调整潜油泵位置，拆除法兰口塑料薄膜，更换法兰面密封垫，对角安装螺栓并紧固，过程中保持吊带轻微受力。若与波纹管连接，应检查波纹管变形情况，若未发生严重形变，拆除吊环，回收吊车。

（2）管路注油。缓慢并且少许打开冷却器联管至冷却器底部阀门，对管道及冷却器进行注油，过程保持潜油泵排气塞为打开状态。待潜油泵排气塞处有油冒出，更换排气塞处密封垫并关闭排气塞，静置 10min 后，再次打开排气塞，若有均匀油流冒出，关闭排气塞，完全打开冷却器联管至冷却器底部阀门和冷却器联管至潜油泵处阀门。

（3）恢复潜油泵接线。根据记录恢复潜油泵外部接线，恢复潜油泵及风扇电机空开，将冷却器控制柜中该组油泵状态由停止打至开启，检查油流指示继电器应为开启状态。

（4）测量绝缘。用500V或1000V绝缘电阻表检查电机绝缘电阻应≥2MΩ。

（5）静置及排气。保持油泵运转30分钟后，将油泵状态由开启打至关闭，静置12h后，对本体充分排气。

3. 油泵试运行

在上述工作完成后，恢复第一组冷却器潜油泵电源。手动启动第一组冷却器潜油泵，检查油泵运行正常，检查电机转向正确，无异响，管道及法兰面无渗漏；查看油流指示器指示正常，指针稳定无晃动。运行一段时间后，再次打开冷却器上部联管及冷却器顶部排气塞进行排气，排气至油溢出，拧紧放气塞；观察换流变主瓦斯处有无集气，并通过瓦斯排气阀进行排气，排气至油溢出，关闭排气阀。

4. 油枕油位检查调整

更换完毕确认油泵运行正常后，通过连通管测试实际油位并对照换流变油温曲线确认油位是否正常；若需补油，并对油进行试验，满足如下表要求后，方可对换流变进行补油。

5. 运行后取油样

投运24h后油样分析。待设备运行24h后，安排人员对换流变本体取油样进行色谱分析，与带电前数据进行对比，发现异常情况及时汇报。

七、换流变温度计更换

（一）工具及耗材

进行换流变温度计更换所需要的工具及耗材包括：试验装置、移动电源盘、全棉工业抹布、无水酒精、无毛纸、双钩安全带等。

（二）作业步骤

1. 温度计及附件拆除

（1）拆除。断开二次连接线。拆、装时应做好防护措施。做好零部件位置、接线编号记录。拆除温度传感器。清洁测温座内外做好防护措施防止异物进入。

打开槽盒拆除金属毛细管。

（2）检查处理。检查温度计、温度传感器、金属毛细管有无损伤、变形，分析故障原因。

2. 温度计及附件安装

（1）备品检查。安装前检查是否有运输或搬运造成的损坏。温度传感器探头使用酒精擦拭干净后保持清洁干燥。测温座无变形，锈蚀，螺纹口完好。金属毛细管完好无变形。温度计表盘、指针、接线座完好。二次线缆无损伤、绝缘电阻测试合格。温度计校验合格、并检查校验报告。

（2）安装。将温度计固定在减震条上，垂直安装在变压器上。安装时注意金属毛细管不得有较大弯曲，最小弯曲半径为 25mm。安装探头前应检查测温座内无杂物，无积水。安装探头时应先在测温座内注入少量变压器油，预留 15% 的热膨胀空间。注意金属毛细管在槽盒内的走线和固定。安装时不得随意拨动表盘指针。做好设备防雨、防水措施，安装防雨罩。设置核对定值。

（3）检查。检查二次线缆无损伤、连接正确。温度计安装位置正确、固定牢固。金属毛细管在槽盒内走线正确、无较大形变弯曲、妥善固定。温度传感器探头安装牢固。

3. 试验

（1）温度校验。使用恒温炉对温度计探头进行油浴加热，观察表盘指针指示情况。核对后台信息无误。如遇偏差情况，由技术人员重新检查安装情况并调试。

（2）绝缘电阻。使用 1000V 的数字型绝缘电阻测试仪（绝缘电阻摇表）测量，对地绝缘均大于 550MΩ。

八、换流变油流指示器更换

（一）工具及耗材

进行换流变油流指示器更换所需要的工具及耗材包括：吊带、链条葫芦、绝缘人字梯、绝缘单梯、套筒扳手、活动扳手、力矩扳手、2 磅榔头、温、湿度计、应急灯、电源盘、万用表、取油针筒、油桶、安全带、吸油纸、酒精、密封圈、防水布和塑料布等。

（二）作业步骤

1. 拆除油流指示器

拆除油流指示器，拆卸前断开油流指示器电源及信号连接线。关闭对应散热器上下两侧隔离阀门，打开排气塞，充分排油；挡板应铆接牢固，无松动、开裂。返回弹簧应安装牢固，弹力适当；指针及表盘应清洁，无灰尘、水雾，转动灵活无卡滞；转动挡板，主动磁铁与从动磁铁应同步转动，观察指针应同步转动，无卡滞现象。

2. 油流指示器安装

用手转动挡板，在原位转动85°时，用万用表测量接线端子，微动开关应动作正确；波纹管连接应保证平行和同心，并使密封垫位置准确，压缩量为三分之一（胶棒压缩二分之一）。检查法兰密封面应平整无划痕、锈蚀、漆膜；更换油流指示器后打开两侧隔离阀门，注意充分排气后，关闭排气塞；拆装前后应确认蝶阀位置正确。

3. 静置排气（24h）

安装排气完毕后，换流变开始静置，静置24h后再次对瓦斯继电器、冷却器顶部进行排气。

4. 油泵试运行

在上述工作完成后，上报运行值长，经值长同意后，恢复第一组冷却器油流指示器电源。手动启动第一组冷却器油流指示器，检查油泵运行正常，检查电机转向正确，无异响，管道及法兰面无渗漏；查看油流指示器指示正常，指针稳定无晃动。运行一段时间后，再次打开冷却器上部联管及冷却器顶部排气塞进行排气，排气至油溢出，拧紧放气塞；观察换流变主瓦斯处有无集气，并通过瓦斯排气阀进行排气，排气至油溢出，关闭排气阀。

5. 油枕油位检查调整

更换完毕确认油泵运行正常后，通过连通管测试实际油位并对照换流变油温曲线确认油位是否正常；若需补油，并对油进行试验，满足如下表要求后，方可对换流变进行补油。

6. 运行后取油样

投运24h后油样分析。待设备运行24h后，安排人员对换流变本体取油样进行色谱分析，与带电前数据进行对比，发现异常情况及时汇报。

174

九、换流变储油柜更换

（一）工具及耗材

进行换流变储油柜更换所需要的工具及耗材包括：万用表、绝缘电阻表、汽车式起重机、滤油机、真空泵、干燥空气发生器、油罐、力矩扳手、套筒加长杆、套筒、开口扳手、活动扳手、水平尺寸、吊带、对讲机、卸扣、电源盘、油桶、油管、油管子抱箍、氮气及胶囊注气专用工装、揽风绳、塑料桶、白色纯棉手套、无水酒精99.99%、无毛纸、百洁布、150目砂纸、记号笔、备用油、安全帽、安全带、安全围栏、安全接地线、安全警示牌、个人安保线、灭火器等。

（二）作业步骤

1. 油枕排油

（1）关闭阀门。关闭本体与储油柜之间的连接阀门，记录改变状态的排油阀门，工作结束后恢复运行状态，使用铅封进行限位的阀门，工作结束后恢复铅封。

（2）连接管路。打开油枕顶部排气阀，打开胶囊与储油柜连接三通，通过储油柜排油管放油，当油降至储油柜底部时，关闭排油阀门。

（3）油枕排油。打开本体储油柜排油阀进行排油，排油结束后对油罐车进出油阀门连接滤油机，对油罐车内绝缘油过滤。排油完成后拆除管路。

2. 油枕拆除。

（1）拆除油枕附件连管。拆除油枕顶部呼吸器连管、油枕排油连管，油枕与本体连接管、油位计二次接线。

（2）拆除油枕与支架连接处。拆除油枕与油枕支架的固定螺栓。

（3）起吊油枕。使用规定规格的吊带固定油枕。将油枕起吊至地面平整处，油枕移走后对管口进行临时封堵。

3. 新胶囊及油位计安装

（1）检测新油枕是否正常。将新油枕的盖板拆除，与平铺在塑料布上的胶囊工字形法兰对接并用螺栓紧固。

（2）连接胶囊与盖板。使用吊车将盖板吊起，将新胶囊通过油枕侧部盖板口顺入油枕内部。

（3）吊装胶囊进入油枕。检测油枕内部含氧量合格后，工作人员穿戴防护服进入。油枕内部人员将胶囊放入油枕并沿长轴方向展平放置，再将胶囊上的两个吊攀分别挂在油枕内壁吊钩上，确保颈口没有扭转后，最后再重新盖上端盖。安装油位计浮杆，注意浮杆正反方向，由正向沿储油柜中间插入储油柜底部。安装油位计防雨罩。

（4）胶囊平铺并将吊攀挂好。人员离开油枕内部，清点工器具，复装人孔和侧部盖板。

4. 复装油枕

（1）封闭人孔。将油枕吊装至换流变支架处，使用螺栓紧固油枕。

（2）封闭盖板。恢复油枕与呼吸器管路连接。

5. 油枕密封性检查

（1）连接充气装置。拆除呼吸器，连接呼吸器管路安装充气装置。

（2）检查油枕密封性。检查油枕放气塞关闭，对胶囊充入 10kPa 氮气，保压 2h 后使用泡沫液涂抹油枕各接缝处，检查密封性是否良好。

（3）检查胶囊密封性。随后打开放气塞，继续充入氮气至 30kPa，保压 24h，观察压力，判断胶囊密封性是否良好。

（4）拆除充气装置。密封性无异常后，拆除充气装置，使用盖板密封呼吸器口。

6. 复装管路及附件

（1）复装管路。复装排油管路、本体与油枕之间的管路等相关管路。安装油位计表头，紧固螺栓后，按照图纸连接二次接线。

（2）复装油位计二次接线。检查后台和现场油位指示是否一致，根据情况进行调整。

7. 储油柜补油

储油柜抽真空注油。胶囊安装时，胶囊底部整理平整，避免进入浮杆两侧圆钢梁内；检查确认储油柜内无其他工具、异物。将氮气瓶经氮气减压阀连接于储油柜呼吸口，略微充气使胶囊舒展开后，封闭人孔门。打开旁通阀，从储油柜呼吸管处抽真空至 100Pa 以下，且需在 1h 完成，否则应立即查找漏点。开展油样的油色谱试验、油耐压试验、微水试验、含气量、介损、油颗粒度等试验合格后方可注入。从储油柜注放油阀将合格变压器油注入储油柜，根据油温油位曲线，待达到指定油位后，停止抽真空，停止注油。关闭胶囊与储油柜柜体联通阀门，打开呼吸口，气体进入胶囊，缓慢破空。打开气体继电器两侧蝶阀，调整储油柜油位至正常油位。关闭本体压力释放阀阀门，将氮气瓶经氮气减压器连接于储油柜呼吸口，充气压力 30kPa，使胶囊充分展开。观察 24h检查有无压力降低。静放静置 24h，静置期间每隔 12h 对升高座、油枕、联管、片散、气体继电器等各处放气塞进行排气处理，至无气体溢出为止。

十、换流变储油柜胶囊更换

（一）工具及耗材

进行换流变储油柜胶囊更换所需要的工具及耗材包括：万用表、绝缘电阻表、汽车式起重机、滤油机、干燥空气发生器、油罐、力矩扳手、套筒加长杆、套筒、开口扳手、活动扳手、水平尺寸、吊带、对讲机、卸扣、电源盘、油桶、油管、油管子抱箍、氮气及胶囊注气专用工装、揽风绳、塑料桶、白色纯棉手套、无水酒精 99.99%、无毛纸、百洁布、150 目砂纸、记号笔、备用油、安全帽、安全带、安全围栏、安全接地线、安全警示牌、个人安保线、灭火器等。

（二）作业步骤

1. 换流变油样（旧油）评估

进行储油柜内旧绝缘油油样评估。开展油样的油色谱试验、油耐压试验、微水试验、介损试验、油颗粒度试验并记录数值作为参考。

2. 绝缘油油样评估（新变压器油）

进行油罐内新绝缘油油样评估。开展油样的油色谱试验、油耐压试验（＞60kV/2.5mm）、微水试验（＜15ppm）、油颗粒度试验（100ml 油中＞5μm的颗粒小于 1000 个，试验结果应满足并满足 DL/T 1798 标准要求。

3. 油枕排油

（1）关闭阀门。关闭本体与储油柜之间的连接阀门，记录改变状态的排油阀门，工作结束后恢复运行状态，使用铅封进行限位的阀门，工作结束后恢复铅封。

（2）连接管路。打开油枕顶部排气阀，打开胶囊与储油柜连接三通，通过储油柜排油管放油，当油降至储油柜底部时，关闭排油阀门。

（3）油枕排油。打开本体储油柜排油阀进行排油，排油结束后对油罐车进出油阀门连接滤油机，对油罐车内绝缘油过滤。排油完成后拆除管路。

4. 胶囊拆除

（1）油枕人孔盖板拆除。作业人员在换流变 BOX – IN 上使用绝缘木梯登高至油枕人孔处，绝缘梯与地面夹角为 60°，并有专人扶梯子，拆除人孔盖板。作业人员穿好无尘防护服，油枕内含氧量合格后，通过人孔进入油枕。

（2）胶囊拆除。作业人员进入后，辅助吊车将胶囊吊出，注意防止踩踏油位计浮杆。胶囊吊出后，使用吸油纸清理油枕底部油污和杂质。拆除胶囊的工字形法兰与油枕盖板的连接。

5. 新胶囊安装

（1）连接胶囊与盖板。使用吊车将盖板吊起，将新胶囊通过油枕侧部盖板口顺入油枕内部。

（2）吊装胶囊进入油枕。检测油枕内部含氧量合格后，工作人员穿戴防护服进入。油枕内部人员将胶囊放入油枕并沿长轴方向展平放置，再将胶囊上的两个吊攀分别挂在油枕内壁吊钩上，确保颈口没有扭转后，最后再重新盖上端盖。检查浮球连杆状态完好。

（3）胶囊平铺并将吊攀挂好。人员离开油枕内部，清点工器具，复装人孔和侧部盖板。

6. 油枕密封性检查

（1）连接充气装置。拆除呼吸器，连接呼吸器管路安装充气装置。

（2）检查油枕密封性。检查油枕放气塞关闭，对胶囊充入 10kPa 氮气，保压 2h 后使用泡沫液涂抹油枕各接缝处，检查密封性是否良好。

（3）检查胶囊密封性。随后打开放气塞，继续充入氮气至 30kPa，保压 24h，观察压力，判断胶囊密封性是否良好。

（4）拆除充气装置。密封性无异常后，拆除充气装置，使用盖板密封呼吸器口。

7. 储油柜补油

进行储油柜抽真空注油。胶囊安装时，胶囊底部整理平整，避免进入浮杆两侧圆钢梁内；检查确认储油柜内无其他工具、异物。将氮气瓶经氮气减压阀连接于储油柜呼吸口，略微充气使胶囊舒展开后，封闭人孔门。打开旁通阀，从储油柜呼吸管处抽真空至 100Pa 以下，且需在 1h 完成，否则应立即查找漏点。从储油柜注放油阀将合格变压器油注入储油柜，根据油温油位曲线，待达到指定油位后，停止抽真空，停止注油。关闭胶囊与储油柜柜体联通阀门，打开呼吸口，气体进入胶囊，缓慢破空。打开气体继电器两侧蝶阀，调整储油柜油位至正常油位。关闭本体压力释放阀阀门，将氮气瓶经氮气减压器连接于储油柜呼吸口，充气压力 30kPa，使胶囊充分展开。观察 24h 检查有无压力降低。静放静置 24h，静置期间每隔 12h 对升高座、油枕、联管、片散、气体继电器等各处放气塞进行排气处理，至无气体溢出为止。

十一、换流变网侧升高座加装瓦斯继电器（西门子技术路线）

（一）工具及耗材

进行换流变网侧升高座加装瓦斯继电器（西门子技术路线）所需要的工具及耗材包括：滤油机、油罐、接油桶、油桶、接油软管、扳手等工具、塑料薄膜、钢扎带、无毛纸、无水乙醇、温、湿度计、放线架、万用表、绝缘电阻表、有机防火堵料、防火涂料、接地线、蛇皮管、绝缘梯、对讲机、电缆标牌机、电缆号码管打印机、有害气体检测仪、打气筒、瓦斯继电器等。

（二）作业步骤

1. 电缆敷设

电缆敷设时，应执行先放长电缆，后放短电缆的原则；电缆敷设时，不应损坏电缆沟、隧道、电缆井和电缆沟盖板；电缆敷设时应排列整齐，不宜交叉。高低压电力电缆，强电、弱电控制电缆应按顺序分层配置，一般情况宜由上而下配置；电缆敷设余度控制应符合下列要求：

（1）屏、柜侧电缆敷设余度应控制在屏高＋屏厚。

（2）端子箱、机构箱侧电缆敷设余度应控制在箱高＋箱厚；电缆在支架上的敷设应符合下列要求：

1）控制电缆在普通支架上，不宜超过 1 层；桥架上不宜超过 3 层。

2）电缆敷设时，电缆沟转弯、电缆层井口处的电缆弯曲弧度一致、过渡自然，直线电缆沟的电缆必须拉直，不允许直线沟内支架上有电缆弯曲或下垂现象。

电缆防火与封堵应符合下列要求：

1）防火涂料应按一定浓度稀释，搅拌均匀，并应顺电缆长度方向进行涂刷，涂刷厚度或次数、间隔时间应复合材料使用要求。

2）封堵应严实可靠，不应有明显的裂缝和可见的孔隙。

3）阻火墙两侧的电缆周围利用有机堵料进行密实的分隔包裹，其两侧厚度大于阻火墙表层的 20mm，电缆周围的有机堵料宽度不得小于 30mm，呈几何图形，面层平整。

4）阻火墙两侧不小于 2m 范围内电缆应涂刷防火涂料，其厚度应不小于 1mm。

2. 瓦斯继电器及附件安装

（1）关闭阀门。关闭油箱至储油柜连接阀门，工作负责人、监护人复核阀门状态，避免阀门关闭不到位，导致排油过量。

（2）排油、拆除联管。打开网侧套管升高座放气塞、本体底部取油阀进行排油，控制阀门开口程度，防止流速过高油外泄污染环境；放油前安装液位管用于观测变压器本体实际油位，直至油位降至升高座分支联管以下；拆除升高座、主油管之间的联管，联管及各法兰面用干净的塑料布遮盖防止异物通过法兰口进入本体。

（3）安装新联管、阀门、支撑、瓦斯继电器。按照施工图纸，确认瓦斯继电器安装位置及方向，瓦斯继电器箭头朝向背离升高座方向；安装前使用无水酒精、干净无纺布将阀门、联管、瓦斯继电器两端法兰面用蘸酒精的白布擦拭清理干净，擦拭后再次检查确认法兰面无异物、凸起、划痕等，瓦斯继电器外观检查无异常，联管内部检查无异物；安装联管、阀门前使用干净绝缘油对管道冲洗，均匀对角紧固螺栓，确保法兰面连接可靠，安装时确保密封垫在法兰盘密封槽内，检查密封圈压缩量，要求对称均匀紧固，密封垫均匀压缩三分之一。

（4）支撑调整及固定。检查法兰间缝隙，安装螺栓应紧固可靠；观察瓦斯继电器法兰面有无渗油，如果缝隙过大或存在持续渗油，应对支撑进行调整。

（5）附件安装。铜管对接部位要求无渗油，取气装置应检查完好，观察窗无破损，打开瓦斯至取气装置排气阀；取气装置应检查完好，观察窗无破损；防雨罩装置间增加橡胶垫，减缓摩擦。

3. 二次接线及回路检查

（1）二次接线。按照图纸进行二次接线，保证接线牢固，无虚连，无漏电，接线柱与信号线之间的对应关系正确，恢复完成后拍照留存；电缆芯线和所配导线的端部均用号头标明其回路编号，编号正确字迹清晰且不易脱色；汇控柜内的导线不应有接头，导线芯线无损伤；进线孔处可用中性密封胶封堵或者电缆表面缠绕绝缘胶带再用防火泥封堵。进行直流控保软件修改。

（2）二次回路绝缘检查。二次回路完善后，使用万用表检查是否存在接线端子虚接、短路、接地等异常情况。使用 1000V 绝缘摇表在换流变冷控柜内相应端子进行回路绝缘测试，绝缘电阻值应不小于 10MΩ；绝缘测量需将控制系统隔离；绝缘测量结束后，恢复直流信号电源开关，以便之后新瓦斯继电器的传动试验进行。

4. 信号传动及调试

瓦斯继电器现场传动功能检测。逐台开展轻瓦斯、重瓦斯绝缘及信号测试，逐一核对跳闸信号正确；轻瓦斯使 EMB 专用气筒打入 200~300mL 气体，验证轻瓦斯是否动作；重瓦斯完全按下功能测试按钮，验证重瓦斯是否动作；轻瓦斯校验应使用 EMB 专用气筒，传动测试完成后应充分多次排气。重瓦斯校验完成后恢复测试按钮封帽。

5. 油箱与储油柜间阀门恢复、补油

（1）恢复阀门。缓慢打开油箱至储油柜连接阀门，新加装的网侧套管升高座 DN25 阀门；打开瓦斯继电器取气装置排气阀，使本体瓦斯继电器、升高座瓦斯继电器内充满油，并初步排气。负责人、监护人复核阀门状态。

（2）油位调整。安装液位管用于观测变压器本体实际油位，若油位过低时需严格按照温度－油位曲线补油；补油前确认绝缘油试验合格，用滤油机连接本体油枕注放油管阀门，拆除呼吸器。参考温度－油位曲线，补油至储油柜标准油面；新油应提前完成试验，满足 DL/T 274—2012《±800kV 高压直流设备交接试验》要求；滤油机出口油样检验合格后注入；经储油柜注油管注入，严禁从下部油箱阀门注入，注油时应使油流缓慢注入换流变压器至规定的油面为止。

6. 静置排气

静置排气。注油后静放 24h，打开升高座与瓦斯继电器间阀门，排除安装过程中残存的气体；每间隔 12h 开展一次排气，打开升高座与瓦斯继电器间阀门，从变压器的套管、升高座、冷却装置、气体继电器及压力释放装置等有关部位放气塞进行多次放气，当排气阀门有油流出来时关闭排气阀门，直至残余气体排尽；开展排气工作，需做好记录。期间必须保证汇控柜内的冷却器和油泵的电机电源及控制电源关闭；油泵和冷却器启动时，油路管道内部形成负压，会吸入大量气体，因此必须关闭冷却器、油泵的电机电源和控制电源。

7. 油样校验

本体油室取油并校验。本体油室内的油再次取油样按照表中要求进行化验，确保品质合格；注油后，应从底部和顶部取样阀各取一份油样；校验结果应满足 DL/T 274—2012《±800kV 高压直流设备交接试验》要求。

8. 密封试验

密封试验。拆除呼吸器，连接加压工装。打开旁通阀，向储油柜充气 15kPa，保持 30min。记录加压压力和持续时间，压力检查和联管表面检查，检查联管、瓦斯继电器是否存在渗漏油；试验过程中应避免压力太大导致压力释放阀动作，试验前打开旁通阀，避免胶囊破损，试验结束后恢复旁通阀，避免油直接接触空气。

十二、换流变油位计更换

（一）工具及耗材

进行换流变油位计更换所需要的工具及耗材包括：万用表、绝缘电阻表、汽车式起重机、滤油机、油罐、抽真空机、力矩扳手、套筒加长杆、套筒、开口扳手、活动扳手、水平尺寸、吊带、对讲机、卸扣、电源盘、油桶、油管、油管子抱箍、揽风绳、油位计、塑料桶、白色纯棉手套、无水酒精 99.99%、无毛纸、百洁布、150 目砂纸、记号笔、备用油、安全帽、安全带、安全围栏、安全接地线、安全警示牌、个人安保线、灭火器等。

（二）作业步骤

1. 换流变油样（旧油）评估

进行储油柜内旧绝缘油油样评估。开展油样的油色谱试验、油耐压试验、微水试验、介损试验、油颗粒度试验并记录数值作为参考。

2. 绝缘油油样评估（新变压器油）

进行油罐内新绝缘油油样评估。开展油样的油色谱试验、油耐压试验（＞50kV/2.5mm）、微水试验（＜15ppm）、油颗粒度试验，试验结果应满足并满足 GB/T 2536 标准要求。

3. 旧储油柜油位计拆除

（1）油枕排油。关闭本体与储油柜之间的连接阀门，记录改变状态的排油阀门，工作结束后恢复运行状态，使用铅封进行限位的阀门，工作结束后恢复铅封。打开油枕顶部排气阀，打开胶囊与储油柜连接三通，通过储油柜排油管放油，当油降至储油柜底部时，关闭排油阀门。打开本体储油柜排油阀进行排油，排油结束后对油罐车进出油阀门连接滤油机，对油罐车内绝缘油过滤。

（2）油位表浮杆及传感器拆除。拆除油位计表头防雨罩。拆除油位计表头接线、螺丝，拆除表头。拆除油位计浮杆测备板并缓慢抽出浮杆，防止浮球损坏在油枕内部，防止浮杆划破胶囊。抽出浮杆后，检查浮球是否损坏。使用吸油纸清擦油枕底部杂质与油迹。

4. 新储油柜油位计安装

（1）新油位计检验。检验油位计节点传输是否正常，转动浮杆带动指针触发节点，使用万用表测量节点是否导通，检验油位计可正常使用。安装油位计浮杆，注意浮杆正反方向，由正向沿储油柜中间插入储油柜底部。

（2）新油位计安装。安装油位计表头，紧固螺栓后，按照图纸连接二次接线。倾斜方向将油位计浮杆送入油枕，逐个安装密封圈、法兰，依次紧固液压传感器安装螺丝。毛细管应尽可能夹持或绑扎到可用的梁或特殊钢带上，以使其受到保护。固定点之间的距离，不得超过 300mm。最小弯折半径 50mm。管子超长部分，以不小于 100mm 的半径，卷到传感器附近。安装油位计防雨罩。

（3）新油位计非电量保护传动检验。检查后台和现场油位指示是否一致，根据情况进行调整，误差小于±5%。使用短接片短接油位计非电量传输信号节点，观察主控室后台是否有报文产生。

（4）油枕注油。将氮气瓶经氮气减压阀连接于储油柜呼吸口，略微充气使胶囊舒展开后，封闭人孔门。打开旁通阀，从储油柜呼吸管处抽真空至 100Pa 以下，且需在 1h 完成，否则应立即查找漏点。从储油柜注放油阀将合格变压器油注入储油柜，根据油温油位曲线，待达到指定油位后，停止抽真空，停止注油。关闭胶囊与储油柜柜体联通阀门，打开呼吸口，气体进入胶囊，缓慢破空。打开气体继电器两侧蝶阀，调整储油柜油位至正常油位。关闭本体压力释放阀阀门，将氮气瓶经氮气减压器连接于储油柜呼吸口，充气压力 30kPa，使胶囊充分展开。观察 24h 检查有无压力降低。静放静置 24h，静置期间每隔 12h

对升高座、油枕、联管、片散、气体继电器等各处放气塞进行排气处理，至无气体溢出为止。

第五节　精益化检修技术

2020 年以来国网公司持续推进换流站精益化检修工作，各省公司积极探索实践，逐步形成了一系列设备检修技术提升措施。为了进一步固化精益化检修技术成果，实现推广运用，国网直流中心组织了浙江、四川、江苏、新疆、河南、山西、青海等省公司开展专题总结，形成了 10 项换流变类检修技术提升措施，其中例行试验技术优化 3 项，有效性检测诊断措施 4 项，创新应用新型装备 3 项。经实践证明，这些方法的应用一方面可大幅减少了换流变试验断复引工作量，降低了作业期间人身伤害和设备金具反复拆解而损坏的风险。另一方面可有效提高换流变长期运行后油纸绝缘套管受潮、出线装置沉降、分接开关传动部件或切换芯子轻微卡涩、阀侧套管末屏虚接等疑难问题的诊断手段。

一、阀侧套管连同绕组电容量、介损测试方法改进

（一）传统试验方法

传统试验方法采用反接法测试，原理如图 3-1-16 所示，其中阀侧套管 a、b 短路加 10kV 电压，网侧绕组短路接地；分别测量阀对网及地，网对阀及地，网、阀对地电容量及介损。

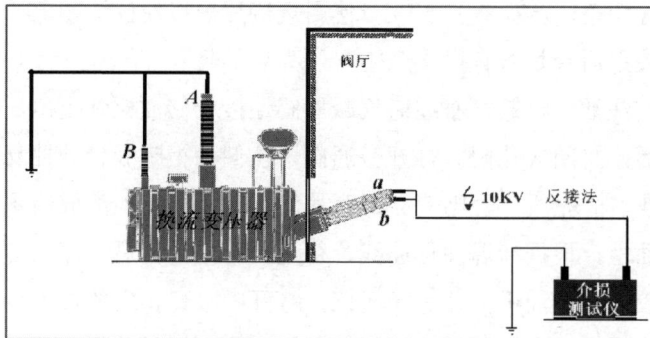

图 3-1-16　反接法测试原理图

缺点 1：难度高，人身设备安全风险大。一个阀厅共计需拆除 11 个电气连

接点，连接部分设计有球形屏蔽罩，导流部分连接为硬管母形式，内部带滑动支撑，因此拆除、恢复工作量大且作业难度高，多个换流站出现过拆装屏蔽罩造成损坏的情况。

缺点 2：耗时长，反接法抗干扰能力弱。断复引的工作量非常大，耗时长，是制约换流变工期的关键，如按照全解方式进行相关试验，高端阀组一组施工人员解引需工作 18h，复引需 30h，低端阀组一组施工人员解引需工作 12h，复引需 24h。同时反接法在测试过程中受外界干扰大，测得电容量误差相对较大。

（二）改进后试验方法

改进方法：

1. 换流变网侧 A、B 套管断引。

2. 阀侧可不断引（若阀塔开展工作，但为便于交叉作业管控，可将与 6 座阀塔的软连接线断开）。

3. 通过附加试验线将三相换流变阀侧 a、b 套管全部短接，阀厅地刀在分位。

4. 介损测试仪阀侧加压 10kV，逐台测阀对网、阀对铁心夹件、阀对网及铁心夹件电容量及介损。

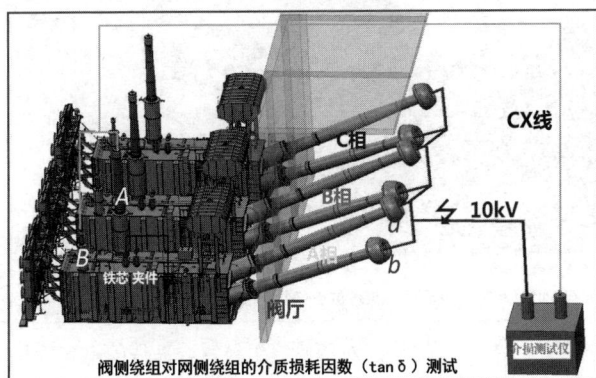

图 3-1-17　阀侧绕组对网侧绕组的电容量和介质损耗因数（tanδ）测试原理图

阀侧绕组对网侧绕组的电容量和介质损耗因数（tanδ）测试原理图如图 3-1-17 所示。试验接线采用正接法。变压器的外壳、铁心、夹件、高压介损电桥的外壳的 E 端接地，在三相换流变阀侧 a、b 套管全部短接后加压 10kV，网侧绕组取信号。

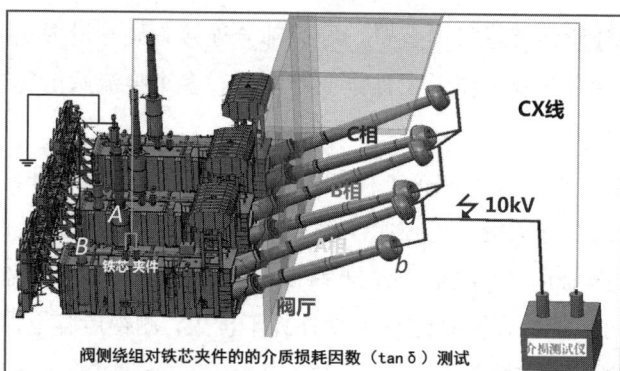

图 3-1-18　阀侧绕组对铁心夹件的电容量和介质损耗因数（tanδ）测试原理图

阀侧绕组对铁心夹件的电容量和介质损耗因数（tanδ）测试原理图如图 3-1-18 所示。试验接线采用正接法。变压器的外壳、高压介损电桥的外壳的 E 端接地，网侧绕组短接接地，在三相换流变阀侧 a、b 套管全部短接后加压 10kV，铁心夹件断开接地后短接取信号。

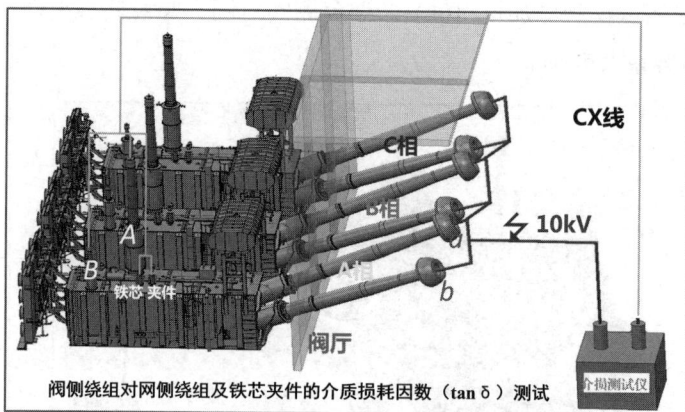

图 3-1-19　阀侧绕组对网侧绕组及铁心夹件的电容量和
介质损耗因数（tanδ）测试原理图

阀侧绕组对网侧绕组及铁心夹件的电容量和介质损耗因数（tanδ）测试原理图如图 3-1-19 所示。试试验接线采用正接法。变压器的外壳、高压介损电桥的外壳的 E 端接地，在三相换流变阀侧 a、b 套管全部短接后加压 10kV，网侧绕组和铁心夹件（断开接地）短接取信号。

优点 1：断复引量减少，若与阀塔无交叉作业，可不断引。

优点 2：耗时大幅下降，效率提高了 70%，并降低了人身设备安全风险。

优点 3：试验数据可靠，正接法抗干扰能力强，试验结果误差较小。

二、阀侧绕组直流电阻测量方法改进

（一）传统试验方法

传统的换流变压器阀侧绕组直流电阻测试需拆除换流变阀侧引线，网侧悬空，拉开阀厅地刀，试验接线如下图所示。传统的方法需要耗费大量的时间拆除大量的引线。

（二）改进后试验方法

改进方法一：Y 接不断引、D 接断开一个点。

对于 Y 接换流变：由于换流阀内二极管反向不导通，因此可以在阀厅地刀分位状态下直接在 2.1 套管和 2.2 套管端部接线测直阻，无需断开与阀塔和其他相换流变的电气连接。现场实施时可按照下图所示接线部位对换流变阀侧绕组进行直阻测试。

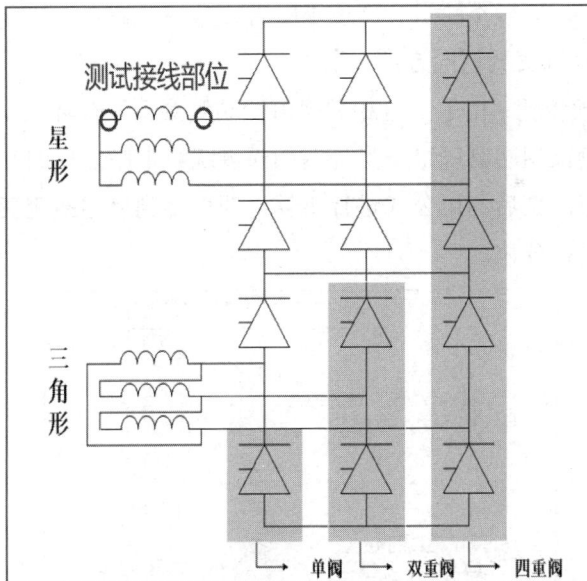

图 3-1-20 阀 Y 接换流变阀侧不解引测直阻示意图

对于 D 接换流变：由于三台相邻换流变阀侧绕组存在环流，因此测单相换流变阀侧直阻，需在阀厅地刀分位状态下，打开 D 型回路的一个接头，无需断开与阀塔电气连接。现场实施时，可按照下图所示测试接线部位对各相换流变阀侧绕组进行直阻测试。

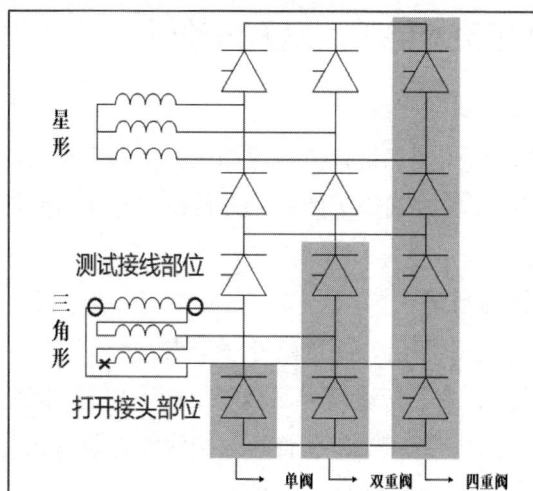

图 3-1-21 D 接换流变阀侧少解引测直阻示意图

改进方法二：Y 接不断引、D 接不断引。

对于 Y 接换流变测试同方法一所述。

对于 D 接换流变：由于三台相邻换流变阀侧套管存在环流，按照右图所测电阻值，等于测试相阀侧绕组与另外两相阀侧绕组串联之后的并联电阻值，逐相开展阀侧直阻测试后利用公式进行折算，即可得到单相换流变阀侧直阻值，测量时阀厅地刀在分位。

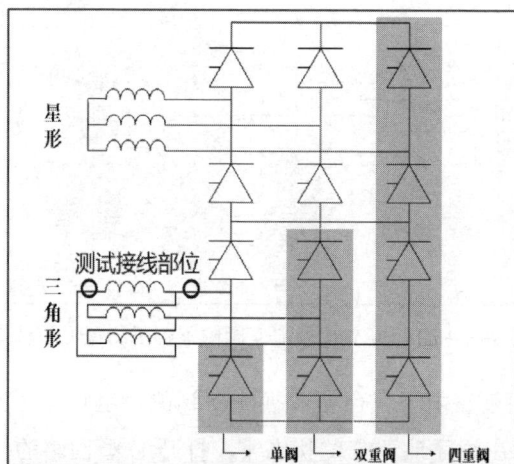

图 3-1-22 D 接换流变阀侧不解引直阻测量示意图（一）

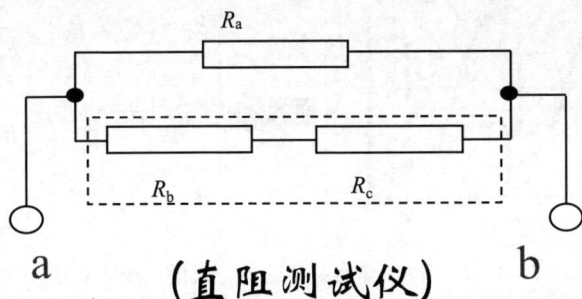

图 3-1-22　D 接换流变阀侧不解引直阻测量示意图（二）

注意事项：

1. 测量前被试绕组应充分放电，使用试验线夹连接阀侧套管，试验时需注意电流线在外侧，电压线在内测，电压引线和电流引线要分开，且越短越好。

2. 对 D 接不解引试验方法，测试电流 20A，在 10 min 后会出现缓慢变化的迷惑值，至少对绕组充电 35 min 后直阻测试仪才能读数稳定。

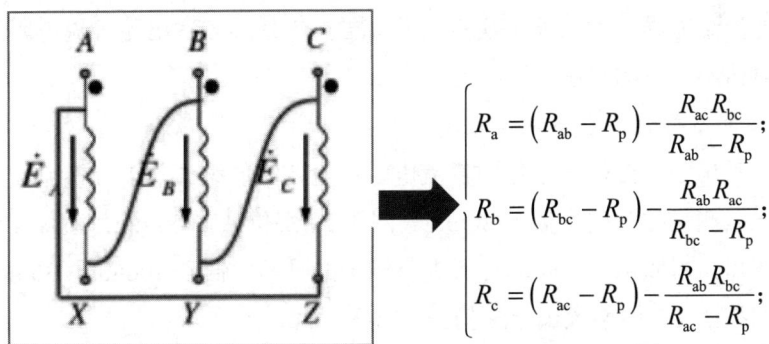

$$R_a = (R_{ab} - R_p) - \frac{R_{ac}R_{bc}}{R_{ab} - R_p};$$

$$R_b = (R_{bc} - R_p) - \frac{R_{ab}R_{ac}}{R_{bc} - R_p};$$

$$R_c = (R_{ac} - R_p) - \frac{R_{ab}R_{bc}}{R_{ac} - R_p};$$

图 3-1-23　阀侧角接绕组联接方式图（顺序联接）

R_a、R_b、R_c—一相电阻；

R_{ab}、R_{bc}、R_{ac}—仪器所测电阻；

R_p—解方程所引入的中间变量。

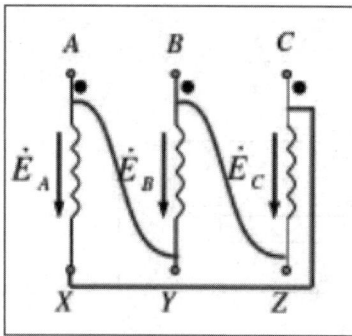

$$\begin{cases} R_{\rm a} = \left(R_{\rm ac} - R_{\rm p}\right) - \dfrac{R_{\rm ab}R_{\rm bc}}{R_{\rm ac} - R_{\rm p}}; \\[3mm] R_{\rm b} = \left(R_{\rm ab} - R_{\rm p}\right) - \dfrac{R_{\rm bc}R_{\rm ca}}{R_{ab} - R_{\rm p}}; \\[3mm] R_{\rm c} = \left(R_{\rm bc} - R_{\rm p}\right) - \dfrac{R_{\rm ca}R_{\rm ab}}{R_{\rm bc} - R_{\rm p}}; \end{cases}$$

图 3-1-24　阀侧角接绕组联接方式图（逆序联接）

$R_{\rm a}$、$R_{\rm b}$、$R_{\rm c}$—相电阻；

$R_{\rm ab}$、$R_{\rm bc}$、$R_{\rm ac}$—仪器所测电阻；

$R_{\rm p}$—解方程所引入的中间变量。

改进方法三：阀侧 Y 接不断引、D 接断开一个点，换流变网侧、阀侧直流电阻同步测量（助磁法）。

换流变直阻测量过程中存在的实际问题。

1. 温变程度大，绕温与环温度不一致

换流变压器充油量达到了 105t，JB/T 501 及 GB/T 1094.1 中提到："直流电阻测量过程中，环境温度变化幅度不宜大于 3.0K，实际测试过程中变压器顶层和底层油温差异较大。天山换流站及昌吉换流站，多次出现直流电阻测试结果与归算值不一致的情况。

2. 时间常数大，整体试验时间长。

经过对历年综合检修过程中直流电阻测量耗时的统计，单台换流变压器网侧直流电阻测量的时间不低于 80min（网侧 29 挡位共计 58min，阀侧 22min），三台变压器角形联结下，阀侧直流电阻测量的时间不低于 100min（35min/台）。年检期间按照 1/3 周期预试全站仍需要 2 天时间。

为解决上述两种问题，可使用串联助磁方式，对网阀绕组直流电阻的同步测量，缩短变压器铁心非饱和时间，对网阀绕组电阻比的实时测量，合理避免温度折算引起的相间超差。

串联助磁原理：根据一阶零状态响应电路原理，充电过程由一个稳态分量和一个暂态分量叠加，当暂态分量衰减到 0 时，电流达到稳定，时测量出的电压电流值可计算出电阻。

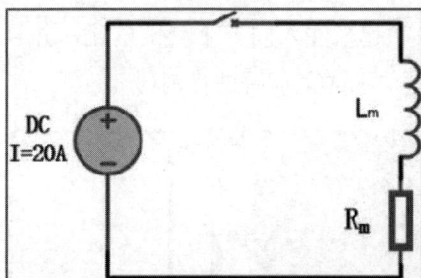

图 3-1-25　直流电阻测量电路图

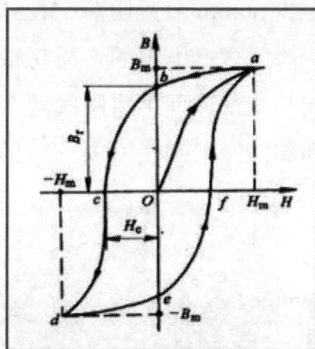

图 3-1-26　铁心磁滞回线

$$I = \frac{U}{R}(1 - e^{-\frac{t}{\tau}});$$

公式 1:　$\tau \downarrow = \dfrac{L \downarrow}{R}$;

公式 2:　$L \downarrow = \dfrac{\mathrm{d}\phi \downarrow}{\mathrm{d}i}$;

公式 3:　$NI \uparrow = \phi \uparrow \dfrac{l}{\mu S}$

　　电流稳定时间取决于回路时间常数，若缩短暂态分量衰减时间，可减小电感值，而充电过程中电感值又由磁通的变化率决定，故只有在铁心的测饱和度达到图 10 所示的 a 点时，只有在磁饱和时磁通变化率才接近 0，最终若缩短整个直阻测量时间，只需缩短达到磁饱和的时间。

　　当变压器制造好后，线圈匝数 N、闭合回路长度 l、铁心截面积 S 均固定，只有在励增大磁电流时，才能快速磁饱和，助磁法正是应用了此原理。

　　接线方法：利用多通道直阻测试仪，将网侧绕组和阀侧绕组串联，同时在仪器上与阀侧测量通道的正负电流接线柱短接。例如在天山站测试时将网侧 B 套管与阀侧 b 用试验线串联，分别对网侧和阀侧取电压信号即可测量。

　　注意事项：① 测量前被试绕组应充分放电，使用试验线夹连接阀侧套管，试验时需注意电流线在外侧，电压线在内测，电压引线和电流引线要分开，且越短越好；② 对 Y 接和 D 接少解引方法设置测试电流 20A，5min 后待直阻测试仪读数稳定，读取直流电阻值；③ 对 D 接不解引试验方法，测试电流 20A，在 5min 后会出现缓慢变化的迷惑值，此时切勿停止试验。经实践验证，试验时间至少 30min 后直阻测试仪才能读数稳定。④ 对采用串联助磁原理同步测量网侧、阀侧直流电阻的，需将试验仪器上接阀侧通道的正电流端子和负电流端子短接；测试过程中将网阀两个绕组串联起来注入同一个测试电流，并且网侧绕组和阀侧绕组产生方向一致的磁通。⑤ 测试完毕后进行消磁。

图 3-1-27　串联助磁原理测量直流电阻

三、换流变网侧三相并联消磁方法

（一）传统试验方法

传统的换流变压器消磁需拆除换流变网侧引线，试验接线如图 3-1-28 所示。传统的方法需要耗费大量的时间进行逐台断引并消磁。

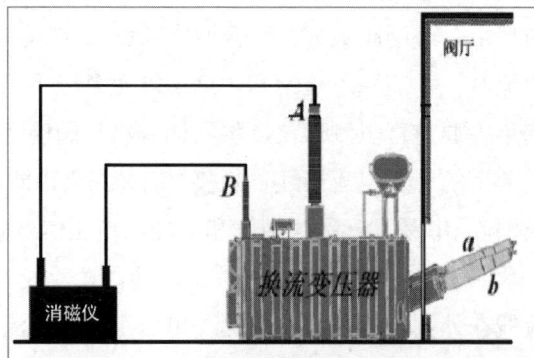

图 3-1-28　传统消磁试验方法

（二）改进后试验方法

改进方法：利用反接法三相并联消磁，如图 3-1-29 所示。

（1）断开换流变中性点 CT 两端接线，换流变交流侧进线地刀保持合位。

（2）仪器试验线分别接中性点断引处（不含 CT）及大地（利用大地回路间接与三相网侧高压套管连接）。

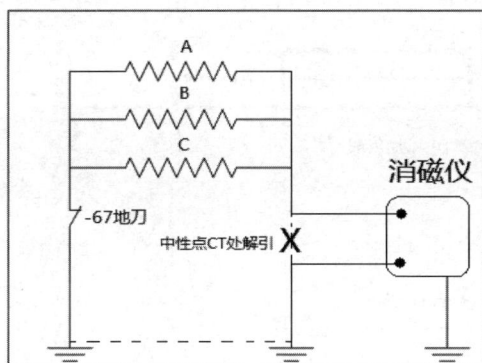

图 3-1-29　换流变三相网侧少解引消磁示意图

四、换流变阀侧套管末屏加压试验

（一）试验目的

换流变阀侧套管施加交流高压电，利用控保系统查看二次电压模拟量，验证换流变阀侧套管末屏测量回路接线正确、完好，精度符合标准，可有效避免末屏虚接、末屏内部故障导致无法阀组解锁情况。

（二）试验方法

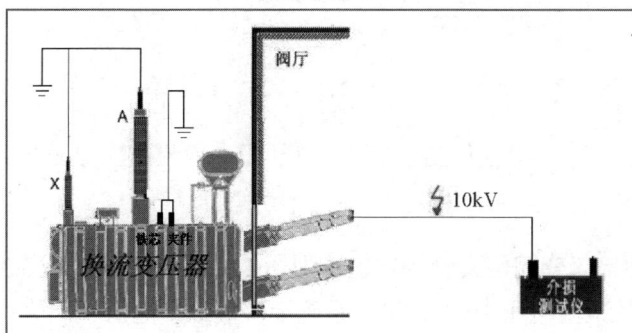

图 3-1-30　阀侧套管末屏加压方法

（1）网侧恢复正常接线，换流变进线地刀合位，阀厅内地刀分位。

（2）使用 AI－6000H 型介质损耗测试仪，对任意相套管加压 10kV，CX 接线柱悬空即可。

（3）控保系统通过录波查看电压波形。

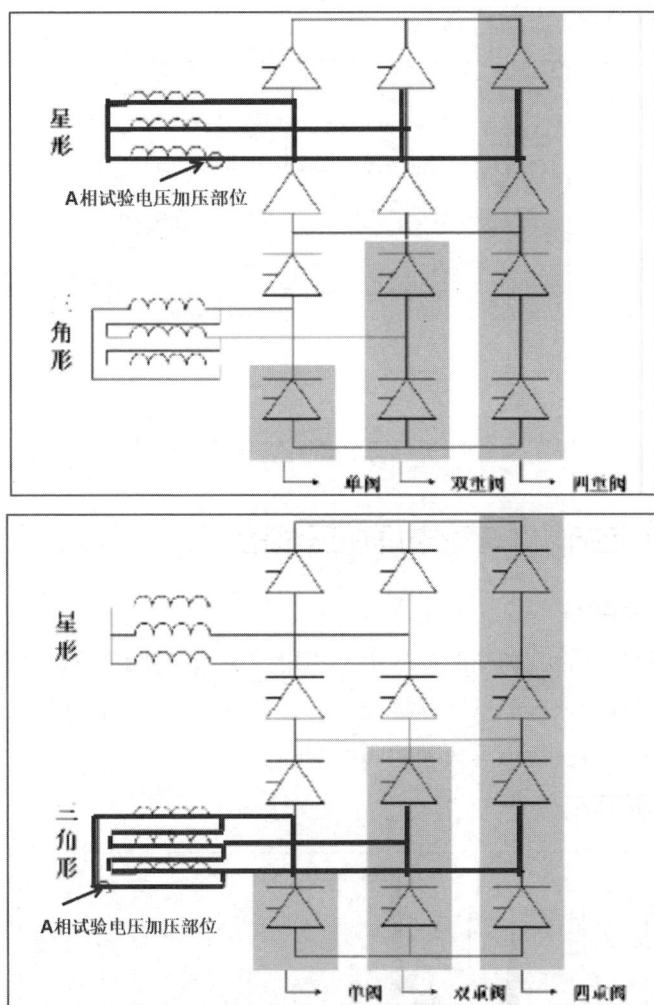

图 3－1－31　录波数据分析（1）

柴达木站换流变阀侧套管额定电压为 166.39kV（角接）/166.39/$\sqrt{3}$ kV（星接），一次设备试验电压 10kV，控保系统录取模拟量电压一次值为 9.04kV，满足在标准值±10%范围，检查试验数据合格。

194

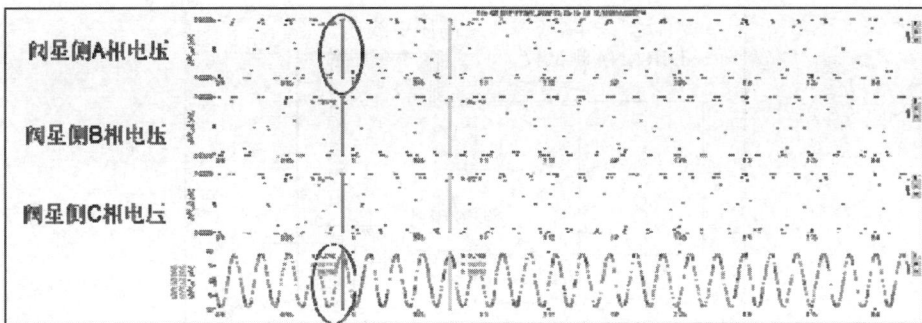

图 3 – 1 – 32 录波数据分析（2）

注意事项

（1）防止发生人员触电：试验开展前，需通知运维人员收回本极换流变、阀塔区域所有检修和验收工作票，确认无人员作业。

（2）防止电压窜至直流场和进线断路器设备区域发生人员触电：试验开展前，应检查直流隔离开关及进线断路器隔离开关均在分位。

（3）为保证试验电压顺利升压：试验开展前，应检查换流变及阀厅内接地刀闸在分位，接地线已拆除。

五、油纸绝缘套管频域介电响应试验

（一）应用目的

油纸绝缘套管常规试验对设备健康状态评估存在以下困难：

（1）油样检测可发现套管"放电/过热"缺陷，但是套管作为少油设备，不宜频繁取油。

（2）工频下的介损区分度小、单频点介损反映信息有限，难以全面评估"受潮/老化"情况。

近年来频域介电响应（FDS）为油纸绝缘设备的现场有效评估提供了一种新的手段，目前已应用在江苏、河南、新疆等多家公司。频域介电谱法是将常规工频电容量及介损的测量扩展到 10mHz～1kHz 的频域范围，利用电介质在不同频率的交变电压下所体现出的电导和极化特性差异来诊断介质的绝缘状态。

（3）低频域（0.01～0.1Hz）和高频域（10～1kHz）曲线反应绝缘纸含水量和老化程度。

（4）中频域（0.1～10Hz）反应绝缘油老化程度。

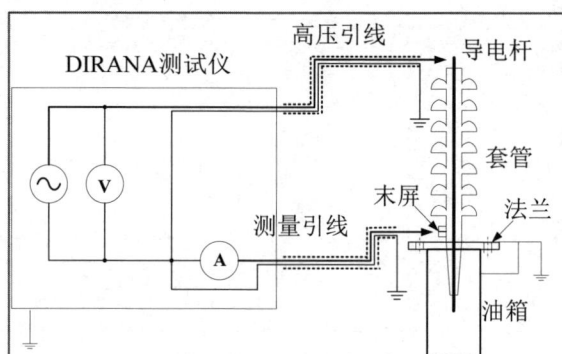

图 3-1-33　套管单相试验接线图

（二）判别依据

（1）使用介电响应曲线与标准曲线的拟合程度，采用横向、纵向比对方式进行分析判断。

（2）使用介损偏差平均值 $E[\Delta lg(\tan\delta)]$ 和实部电容比值 KC' 两类缺陷判断特征值进行含水量的快速判断。

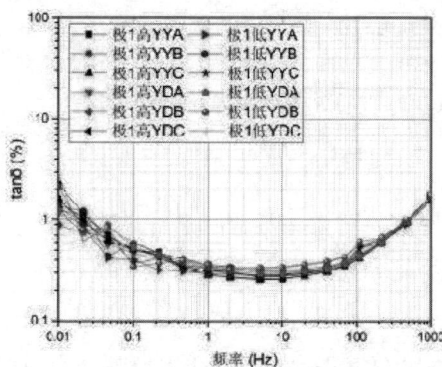

图 3-1-34　介电响应曲线

六、换流变出线装置 C 波扫描

（一）应用目的

针对出线装置下沉问题，常规例行试验尚无评估手段。超声 C 扫检测技术可对检测区域形成物体的位置图像，实现不拆解条件下评估出线装置内部结构状态。

（二）试验方法

针对出线装置下沉问题，常规例行试验尚无评估手段。超声 C 扫检测技术可对检测区域形成物体的位置图像，实现不拆解条件下评估出线装置内部结构状态。该技术的核心是在换流变内建立坐标系，控制不同声学晶片的发射延迟，并测量工件上每一点到超声传感器的距离和角度，依托轨道移动探头，从而叠加形成阀侧套管出线装置内绝缘纸板和固定装置位置图像，对出线装置位移情况进行判断。

扫描完成后，提取 C 扫三维数据包中关键位置的 B 扫图像，在软件中使用测量工具测量 B 扫图像中绝缘垫块、绝缘纸板的平面坐标，确定起始和中止位置到外壁的距离及相互位置关系，与图纸标注的位置进行比对，若一致则代表出线装置结构正常，未发生沉降、偏移和破损等问题。

图 3-1-35　出线装置超声 C 扫检测结果

七、换流变分接开关机械特性测试优化

（一）存在问题

分接开关常规试验对其健康状态评估存在以下困难：

（1）分接开关每年测量分接开关切换时间，该试验过程受外界干扰大，对分接开关传动机构或切换芯子轻微卡涩评估手段不足。

（2）分接开关吊芯检查虽能发现异常，但工艺繁琐且耗时较长，不具备每年吊芯的可行性。

（二）检测方法

利用振动声学原理，测量分接开关切换过程由触头、凸轮、转换开关等碰撞产生的振动信号，综合电机电流信号，对分接开关的运行状态进行联合检测和分析，可发现传动系统卡涩、弹簧疲劳、触头松动等机械类缺陷。通过测试分接开关切换过程的振动信号，建立该分接开关的振动指纹库，可持续跟踪其机械性能变化趋势。

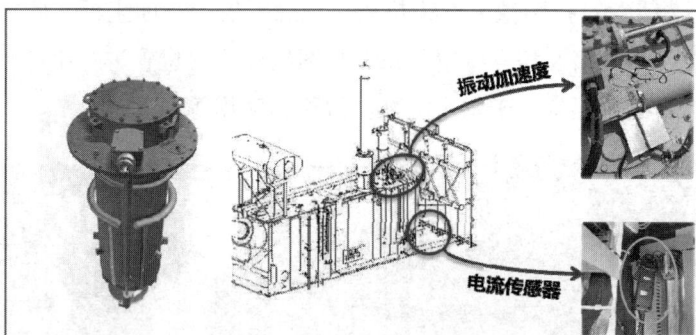

图3-1-36　振动加速度和电机电流传感器安装示意图

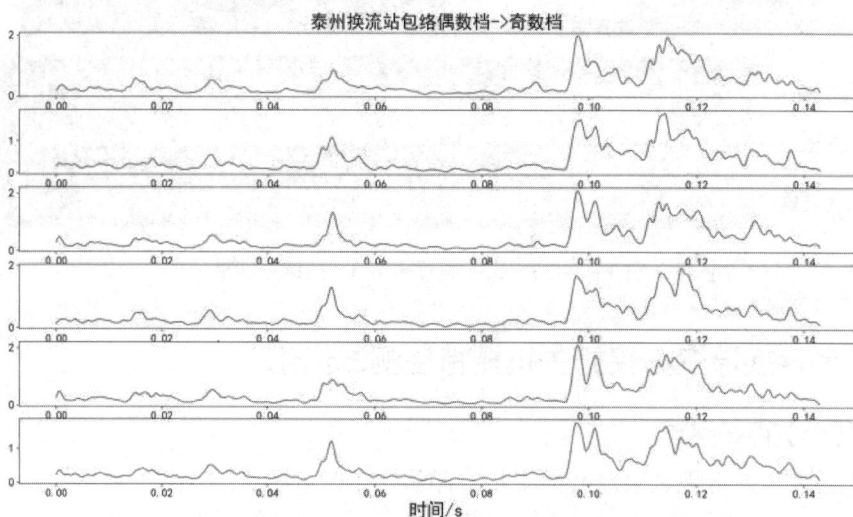

图3-1-37　分接开关动作特性振动指纹数据

八、移动式油气实验方舱

引入移动式油气实验方舱。

传统检测方式是在现场取油气样品后，运输至省电科院专业检测机构进行油化实验或气体检测，送检量大、次数多，运输过程耗时长且存在样品破坏的风险。

在换流站现场引入移动式实验方舱，具备油样、气样等多种样品多组分检测能力，实现了现场"取样—送样—检测—反馈"的全流程业务，即时出具诊断结果，为换流变、套管等重大设备问题诊断和处理争取了时间。同时避免了样品运输途中因震动、密闭性等因素造成的检测结果偏差，同时大大提高了样品的检测效率和准确性。

图3-1-38 移动式油气实验方舱实物图

九、瓦斯继电器现场校验设备

在变压器拆下瓦斯继电器后，运输至专业单位基地进行校验，一般距离换流站上百公里。传统的方法在运输过程耗时长，且在运输过程中可能造成继电器损坏的风险较大。检测标准体系、检测仪器、检测方法、定值调整、资质认证等方面均容易出现问题。

为应对检修工期紧张、检修期间阴雨天气、运输瓦斯可能造成损坏等带来的挑战，改变以往拆除在运换流变瓦斯继电器送至基地校验的工作模式，采取现场工厂化换流变瓦斯继电器校验。

现场校验采取"拆除—校验—复装"流水化作业，减少运输往返时间、沟通协调环节，检修效率明显提高。瓦斯继电器干簧管在运输途中较容易破碎，省去运输环节，有效提高检修设备安全。因全部校验工作在现场开展，可根据天气、湿度灵活开展涉油工作，更具有灵活性、可控性。

图 3-1-39　现场工厂化瓦斯继电器校验实物图

十、换流变一体式智能综合试验仪

为减少换流变试验过程中反复拆接试验线的情况，缩短试验时间，研发了换流变一体式智能综合试验仪并成功应用，一机集成 10 大模块，灵活适应绝缘电阻测量、介质损耗测量、直流电阻测量、铁心去磁测试、电压比测量、短路阻抗测量、有载分接开关测量等 7 大类试验项目需求，复杂试验流程一键式程控操作。智能分线单元将阀侧总线、网侧总线、末屏总线及测试分线串联、汇总的阀侧及网侧绕组及末屏 4 个接线盒，根据试验信号，自动切换接线状态，有效减少线缆数量。具有一次接线、一键操作、智能试验等优点，优化试验流程，避免作业人员反复攀爬，降低人员高空坠落风险，极大减轻基层班组人员工作量，保障作业规范。

数据链路通过 VPN 专网通道与五通服务器建立数据交互，实现变压器台账信息获取，试验历史数据的获取和最新试验数据的回传。

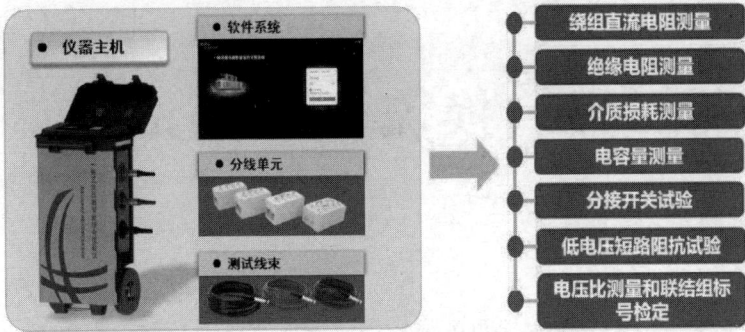

图 3-1-40　换流变一体式智能综合试验仪

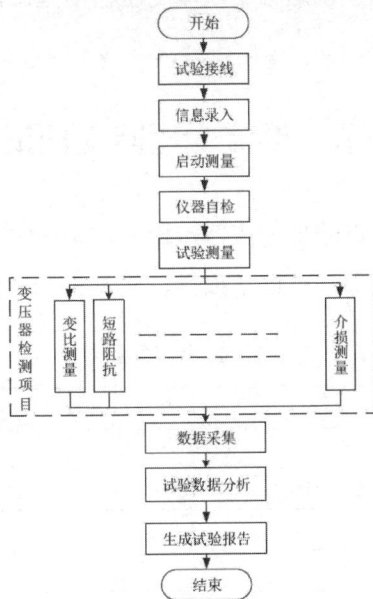

图 3-1-41　换流变一体式智能综合试验试验流程

第二章　换流变压器试验

换流变压器相关交接和预防试验是指对换流变压器按规定的试验条件（如规定的试验设备、环境条件、试验方法和试验电压等）、试验项目、试验周期所进行的检查或试验，以发现运行中换流变压器的隐患，预防发生事故或设备损坏。

第一节　换流变压器交接试验

交接试验的目的主要是验证变压器运输、存储及安装质量；是变压器能否带电的主要依据，交接试验包括以下项目，见表 3-2-1。

表 3-2-1　　　　　　　　　交 接 试 验 项 目

序号	交接试验项目	序号	交接试验项目
1	整体密封试验	13	气体继电器校验
2	油中溶解气体色谱分析	14	套管式电流互感器试验
3	绝缘油试验	15	空载试验
4	油中颗粒度测试	16	短路阻抗试验
5	套管试验	17	阀侧绕组的外施交流电压耐受试验
6	有载调压装置的试验和检查	18	网侧中性点交流耐压试验
7	绕组连同套管的直流电阻测量	19	绕组连同套管的长时感应电压试验及局部放电测量
8	电压比试验	20	绕组频率响应特性测量
9	引出线极性检查	21	额定电压下的冲击合闸试验
10	铁心及夹件绝缘电阻测量	22	声级测定
11	绕组连同套管的绝缘电阻、吸收比和极化指数测量	23	温度表计校验，油位计校验
12	绕组连同套管的介质损耗因数（tanδ）和电容量测量		

一、整体密封试验

为了确保变压器的密封性能能够满足要求，在变压器制造、检修和运行过程中，必须进行相应的密封试验。

试验在完全组装好的换流变压器（含储油柜和冷却器）上进行。竣工验收及大修后，若无厂家特殊要求，整台换流变压器应能承受储油柜顶部施加 0.035MPa 静压力（必要时应锁死压力释放阀）持续 24h，无渗漏及损伤。试验过程中检查所有密封面是否有漏油，如发生渗漏，要及时处理，试漏期间要有专人监视，每小时检查压力表读数，当压力低于要求数值时，补充压力至规定值。

二、油中溶解气体色谱分析

当换流变内部出现故障时，主要原因是绝缘油和固体绝缘材料中的热性故障和电性故障，油中的 CO_2、CO、H_2 和低分子烃气体会显著地增加。不过，在故障初期，这些气体增长还不足以引起气体继电器动作。这时，通过分析油中溶解的这些气体，经过正确判断就能及早确定换流变压器的内部故障。

对于绝缘油中溶解气体的分析，在一些规程里都有具体的要求和方法，如 DL/T 722—2014《变压器油中溶解气体分析和判断导则》，在试验中要严格按照规定要求进行。

换流站常用油色谱分析仪采用模块化设计，由色谱分析模块、气路控制模块、电路控制模块、色谱柱盒等组成。各模块间有专用接口可直接连通。

（一）色谱仪设备开关机操作步骤

（1）开机操作步骤。

1）拧下进样口压帽，更换进样垫。

2）按顺序打开三路气源，通气 10min 左右（如长时间没开机应通气 20min 以上）。通气期间，检查三路气源输出压力是否正常。

氮气：0.4MPa　　氢气：0.3MPa　　空气：0.4MPa。

3）打开主机电源，启动电脑双击运行色谱工作站主程序，通过工作站控制面板，查看各路温度、压力、流量显示值是否正常。（如异常，工作站状态灯会显示红色"异常状态"，并在状态栏中进行提示）

4）工作站默认为"智能控制"模式，会自动控制进行升温、FID 点火、TCD 加桥流操作，直至仪器进入"分析状态"。

5）等基线稳定后，即可进针。

（2）关机操作步骤。

1）关闭工作站。

2）关闭氢气钢瓶总阀或氢气发生器开关。

3）关闭空气钢瓶或空气发生器开关。

4）关闭色谱仪电源开关。

5）约 30min 后，关闭载气。

（二）色谱仪参数设置

色谱仪参数可通过配套色谱工作站进行查看与设定（参照工作站操作使用说明书），也可以通过触摸屏界面进行查看与设定。点击"设置"按钮，进入"参数设定"界面进行修改设定。

参数设置界面，可以分为控制键、功能键、数字和修改键。通过这些键的相互配合，可以完成仪器所有参数的设定。点击显示屏上端功能显示条两端的方向按钮，可以循环显示参数，然后输入更改值，点保存后即可完成设定值的保存。

（三）检测器操作

从触摸屏的菜单界面，点击"检测器"，进入检测器界面，在此界面下可以增加桥流挡位、点火等操作。

该界面显示的是氢焰一检测器，氢焰二检测器和热导检测器的工作状态。热导温度和氢焰温度显示的是当前三个检测器的工作温度，上部设定值的显示框内显示为当前三个检测器的温度设定值。FID1 基流和 FID2 基流显示的是当前两个氢焰检测器的输出基流值。（注：在智能控制状态下，加桥流、点火等操作是自动完成的，无需手动进行操作）

1. 加桥流操作

将"桥流开关"按钮由灰色点变为绿色可以实现加桥流的操作。桥流显示框内显示的为当前选定的桥流值。将桥流高档按钮由灰色点变为绿色，可以将桥流设定值提高一个挡位，10mA 为一个单位级。

注意：当仪器因为气路问题导致气路堵塞或者漏气，引起进入色谱柱的气体流量发生变化并且超过一定范围（通常是载气流量小于 10ml/min 大于 120ml/min）时，仪器微机系统为了保护热导检测器的安全，会自动切断桥电流。

2．点火操作

分别点两个氢焰点火按钮则可以实现对两个氢焰检测器分别点火的操作。如果点火后的实际信号值＞点火基流设定值，则按钮会变亮，表示点火成功。

3．智能控制状态设定

从菜单界面，点击"智能"按钮，进入"智能"控制设定界面，在智能控制界面下，可以调整显示屏背景光的亮度及选择界面语言，调整后参数自动保存。

当语言控制按钮被选中，可实现操作界面中英文自动切换。

当智能控制按钮被选中显示绿色时，说明程序自动控制已经启动，仪器自动自检并开始自动升温，当温度升至设定值并稳定时，仪器判断各项工作状况均符合要求后，会自动点火、自动加桥流完成整个开机操作。仪器自检判断各项指标均符合设定指标时，在温控界面的状态灯就会变成绿色，此状态下就可以进针操作了。

如果无须仪器自动控制，需要手动控制操作，请将自动控制按钮点变成灰色。程序自动保存设置。

三、绝缘油试验

绝缘油试验是指对绝缘油进行一系列的检测和分析，以评估其电气和机械性能。这项试验是电力设备制造和维护中必不可少的环节，它能够帮助工程师和技术人员了解绝缘油的特性，以保证设备的可靠性和安全性。绝缘油试验的主要目的是评估绝缘油的电气性能和机械性能，特别是其绝缘强度和耐热性能。

（一）绝缘油击穿电压实验

绝缘油的电气强度或击穿电压，是衡量它在电气设备内部能耐受电压的能力而不被破坏的尺度，是检验绝缘油好坏的主要手段之一。

影响绝缘油电气强度的主要因素是水分和杂质，它们在电场作用下会构成电桥，从而降低油的击穿电压值。所以对电气强度不合格的绝缘油是不允许注入电气设备的。

对于绝缘油击穿电压试验的方法，概括起来就是：向置于规定设备中的被测试样上施加一定速率连续升压的交流电场，直到试样被击穿。对这些，国内相关规程都有介绍，一般用到的仪器是绝缘油介电强度测试仪，而仪器选用的电极有平板电极、球形电极及球盖电极，在试验操作上，基本没有什么差别。试验步骤如下：

1. 取样

一般用 1000mL 的具有磨口塞的玻璃瓶取样，玻璃瓶最好是棕色的。取样前对取样瓶进行清洗并干燥。应当在良好天气环境下取样，取样时对放油阀进行擦拭并放油冲洗，对取样瓶也要用油冲洗 2～3 次，严格防止试样污染。

2. 装样

取回来的试样，一般要在试验室放置一段时间，使油样接近试验环境温度。试验前，将电极和油杯用汽油或苯等洗净并烘干，若电极和油杯经常使用且用清洁干燥的油充满，那么使用时只需用试样冲洗两次即可。装样时，将油样瓶缓慢颠倒几次使油充分混匀，再将油样沿杯壁徐徐注入油杯，然后盖上玻璃盖静置 10min。

3. 加压试验

试验在室温 15～35℃、温度不高于 75% 的条件下进行。从零开始缓慢加压，速率 2.0kV/s（也有 3.0kV/s），直到试样击穿，击穿电压为电路自动断开时的最大电压值。记录试验结果，待击穿并静置 5min 后，开始等二次试验，重复试验 6 次，计算 6 次击穿电压的平均值。试验时，注意电极间不要有气泡。

在操作中需注意以下事项：

（1）试验在湿度不高于 75% 的条件下进行。

（2）避免将本仪器暴露于潮湿环境中。

（3）电源接通后，严禁操作人员触及油杯箱外壳，以免发生危险。

（4）仪器使用过程中如发现异常，应立即切段电源。

仪器保养需注意以下规则：

（1）避免将仪器暴露于潮湿的环境中。

（2）油杯和电极需保持清洁，在停用期间，应盛有新变压器油保护，经常检查电极距离有无变化，电极头与电极杆丝扣是否松动，如有松动应及时旋紧。

（3）设备专人负责，每周定期擦拭一次。

（4）设备不使用时，用防尘布罩上。

（二）绝缘油介质损耗因数试验

介质损耗因数主要反映油中泄漏电流引起的功率损失，介质损耗因数的大小对判断绝缘油的劣化与污染程度非常敏感，是绝缘油电气性能的一个基本测试项目。

试验时采用高压西林电桥配以专用的油杯在工频电压下进行绝缘油的介质损耗因数 $\tan\delta$ 测量。现场，一般有专用的成套仪器——绝缘油介质损耗测试仪，用起来更方便。

现在绝缘油介质损耗测试仪常用到的油杯是单圆筒式，它包括外电极（高压电极）、内电极（测量电极）和屏蔽电极三部分。试验步骤如下：

1. 清洗油杯

试验前，将油杯先用石油醚或四氯化碳清洗干净，并在烘干箱烘干，温度设为 105～110℃，时间为 2h。

2. 空杯试验

将空杯升温至 90℃，介质损耗角正切值应小于 0.0001，电容量应符合仪器制造厂要求，即确认干净。

3. 装取油样

空杯先用被试油样冲洗两次以上，然后将油样沿内壁注入油杯中（不得有气泡），静置 10min 后试验。

4. 介质损耗角正切值测量

对被试油样升温至 90℃，进行介质损耗角正切值测量。

在操作中需注意以下事项：

（1）仪器要有 220V 交流电源，有可靠接地线。

（2）油杯长期不用，或者怀疑油杯脏污造成介损偏大或电阻率偏小，需要清洗油杯。

仪器保养需注意以下规则：

（1）设备专人负责，每周定期擦拭一次。

（2）设备不使用时，要用防尘布盖好。

四、油中颗粒度测试

颗粒数检测仪依据遮光原理来测定油的颗粒污染度。当油样通过传感器时，油中颗粒会产生遮光，不同尺寸颗粒产生的遮光不同，转换器将所产生的遮光信号转换为电脉冲信号，再划分到按标准设置好的颗粒度尺寸范围内并计数。检测步骤如下：

（1）用 250mL 专用取样瓶，采集被试设备中的油样 250mL。油样应密封保存，测量时再启封。

（2）按仪器操作说明书，启动仪器，用合适的清洁液冲洗系统，冲洗至每100mL 液体中粒径大于 5μm 的颗粒数，不应超过 100 粒为合格。

（3）充分摇动油样使颗粒分布均匀，将其置于超声浴中振荡（约 10min）脱气，取出取样瓶并擦干外部，将其置于仪器压力舱中，并开动搅拌器，使油样中颗粒均匀分散。注意控制搅拌速度，不应产生气泡。

（4）启动仪器进行测量，调节压力使通过传感器的油样达到额定流量，每个油样至少重复计数 3 次。

（5）测试完毕，取下试瓶，倒掉残液，用合适的清洁液冲洗仪器管道及传感器通道。冲洗完毕后，打开系统，避免 O 形圈等长时间暴露在有机蒸汽中。

（6）测量结果按 3-2-1 式计算，即

$$c = \frac{\overline{c}(V_A + V_B) - c_B V_B}{V_A} \qquad (3-2-1)$$

式中　c——被测油样中某尺寸范围的颗粒数量，个/100mL；

　　$\overline{c}$——某尺寸范围的粒径若干次平行测量结果的平均值，个/100mL；

　　c_B——稀释液中某尺寸范围的颗粒数量，个/100mL；

V_A——油样体积，mL；

V_B——稀释液体积，mL。

（7）精密度：3 次平行测量中，大于 5μm 颗粒总数的最大相对误差为±6%。

（8）试验结果：以 3 次测量结果的平均值作为结果值。

在操作中需注意以下事项：

（1）避免将仪器暴露于通风，脏乱的环境中。

（2）电源接通后，严禁操作人员触及测试样瓶，以免结果出现误差。

（3）仪器使用过程中如发现异常，应立即停止测试，及时处理。

仪器保养需注意以下规则：

（1）避免将仪器暴露于通风，脏乱的环境中。

（2）进出管需保持清洁，在停用期间，应装入干净的袋里保护，经常检查管口是否松动，无异物，有异常现象要及时处理。

（3）设备要由专人负责，每周定期擦拭一次，不得自行开启密封箱体。

（4）设备不使用时，要盖上盒盖，保持清洁。

五、套管试验

套管试验包括电容式套管主绝缘及末屏对地绝缘电阻测量、电容式套管介质损耗因数和电容值测量、套管中 SF_6 气体试验。

绝缘介质损耗的大小，实际上是绝缘性能优劣的一种表现。同一台设备，绝缘良好，则介质损耗就小；若绝缘受潮劣化，则介质损耗就大。通过测量介质损耗因数 $\tan\delta$ 可以发现一系列绝缘缺陷，如绝缘整体受潮、老化、绝缘气隙放电等。

测量介质损耗因数 $\tan\delta$ 的方法有很多，如 QSI、QS3 等西林电桥，M 型介损测试仪等不平衡电桥，还有一些数字式自动介损测试仪等数字电桥。现在现场常用到的是数字式自动介损测试仪。现场工作中，数字式自动介损测试仪常用到的是正接法测试（试品不接地）与反接法测试（试品接地）。两种方法不同的是，正接法测试，试品低压端接信号线直接引入测试仪，ix 信号是从试品低压端取得；而反接法测试，试品低压端是直接接地的，ix 信号是从试品高压端获得的。

SF_6 气体的微水含量（μL/L）要求：交接时 ＜250；交接时 SF_6 气体纯度 ＞99.9%。

（一）仪器仪表选择

AI－6000B 介质损耗测量仪、电压范围 0～10000V、精度等级±5%。使用仪器仪表应有鉴定合格证或校验合格证并在有效期内。仪器自带有升压装置，应注意高压引线的绝缘距离及人员安全，仪器应可靠接地，接地不好可能引起机器保护或造成危险。仪器启动后，除特殊情况外，不允许突然关断电源，以免引起过压损坏设备。仪器搬运时应轻拿轻放防止出现仪器剧烈震动。

（二）试验前准备及仪器使用

绕组温度应在 10~40℃之间，空气相对湿度应小于 85%。试验时应记录好温度及湿度。介损电桥使用 220V 电源，介损电桥接地端子必须可靠接地。

（三）安全操作规程

仪器外壳接地端子应接地良好，试品也应可靠接地，使用测量导线应绝缘良好。测量导线应悬挂好对周围保持足够的安全距离。试品周围应设置警示围栏或设监护人。试验前核对试验电压。试验中如听到放电声立即断开高压输出。升压前操作人员应大声呼唱通知周围有关人员注音安全。

（四）试验过程与分析判断

换流变压器电容式换流变压器套管介损测量电桥采用正接线，接线方式在电桥屏幕显示中使用光标选择。加压线应绝缘良好，并悬起支撑好，使引线不影响测量结果。

试验过程为：电容式套管试验施加 10kV 电压。试验电压在电桥屏幕显示中使用光标选择。试验前仪器接通电源预热 1min 后，再进行操作。试验结束时将试验结果打印并记录。

试验时电桥输出电压 10kV，应注意人员与设备和接线的安全距离。遇有紧急情况时应立即停电。套管试验时还应注意，套管电容量测量值与出厂试验值进行比较。电容量变化不应大于规范要求。

六、有载调压装置的试验和检查

有载分接开关能在带负载时操作，切换开关起关键作用，切换开关装在一个密封的油室内，包括触头系统、快速动作机构和传动系统。密封的油室使被电弧污染的油与变压器本体内清洁油隔离，使带电部分与油箱间绝缘。分接选择器的触头与变压器绕组的分接头相连，转换选择器是使变压器的调压线圈与主线圈可以正反链接货粗调联接。驱动装置也就是操作机构，是整个开关系统工作的执行机构，它根据指令来驱动有载分接开关转动到指定的位置，可由自动信号控制，也可由人工操作。

（一）仪器选择

有载调压装置试验采用换流变压器有载开关测试仪。使用前，仪器的接地端子必须接好地线，测试过程中，不允许拆除测试线，带绕组测试时，变压器

的非测试端应三相短路接地

（二）试验内容及判断

（1）变压器带电前应进行有载调压切换装置切换过程试验，检查切换开关切换触头的全部动作顺序，测量切换时间和过渡电阻阻值，过渡电阻与铭牌值比较≤±10%。

（2）在换流变压器不带电、操作电源电压为额定电压的85%及以上时，操作 10 个循环，在全部切换过程中应无开路和异常，电气和机械限位动作正确且符合产品要求。

（3）切换过程中，切换触头的全部动作顺序应符合产品技术条件的规定。

（4）注入切换装置的油应符合相关规定。

（5）进行切换装置油箱的泄漏试验。

（6）制造商安装及开展使用说明书中规定的其他试验，应符合产品说明书的规定。

七、绕组连同套管的直流电阻测量

直流电阻测量，主要是检查绕组有无匝间短路，绕组内部导线及引线的焊接有无问题，分接开关各个位置的接触是否良好，套管与下部引线连接是否良好，绕组是否有断股等。试验接线如图 3-2-1 所示。

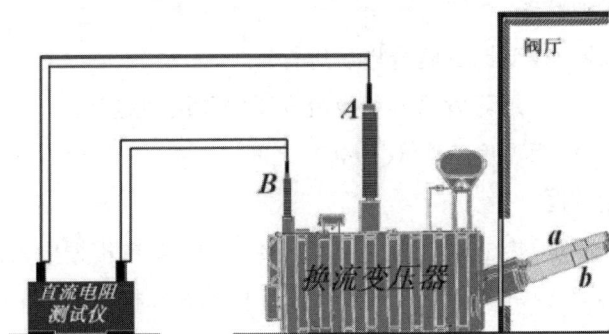

图 3-2-1 直流电阻测量试验接线图

现场实验，对时间总是有一个快捷性的要求，而换流变压器绕组的充电时间是有电感与电阻的比值 L/R 决定的。正常情况下，换流变压器的电感量比较大，电阻量较小。所以，用一般的方法，测量换流变压器直流电阻需要的时间会很长，缩短充电时间对试验非常有意义。

测量直流电阻一般有这几种方法：压降法、电桥法、计算机辅助方法。缩短充电时间的方法主要有这几种：电路突变法、消磁法、恒压恒流法等。

现场试验时，测量直流电阻常用到的方法是采用恒压恒流源的计算机辅助法，也就是用数字式直流电阻测试仪来进行测量。数字式直流电阻测试仪接线非常简单，绕组连同套管的直流电阻测量，把测试线夹在与绕组相连的套管接线端即可（套管上部引线应解除）。

（一）仪器选择

直流电阻测量采用换流变压器直流电阻测试仪。试验时需确认被测设备已断电，并与其他带电设备断开，试验时机壳必须可靠接地。

（二）安全操作规程

（1）仪器外壳接地端子应接地良好，使用导线应绝缘良好。

（2）直阻测量过程中禁止断开电源，否则换流变压器产生高电压反击测试仪器，造成仪器损坏。

（3）仪器完成测试过后，仪器必须完成充分自放电过后才可关机断电。

（4）试验接线拆除时应注意，在确定试验仪器放电完成后，仪器断开电源后方可拆除试验接线。拆线时应用手握住线夹把手，禁止用手接触套管接线排。防止拆线人员拆线时线夹口处产生感应电压发生触电。

（三）测量前准备

（1）本试验应在变比试验合格后进行。

（2）试验前应记录环境温度和换流变压器顶层油温度。

（3）试验时绕组温度应在 $10 \sim 40℃$ 之间。

（四）测量过程

仪器接通电源预热 1min，首先按"选择打印"菜单根据电阻值大小选择电流挡。按"测量"键进行测量。测量完成后按"选择打印"菜单进行打印试验结果。

有载分接开关应采用电动操作下进行直流电阻测量。常见问题：有载调压换流变压器出厂试验时经常遇到直流电阻不平衡，多数是由于有载开关触头产生氧化膜造成的，一般处理方法是有载开关反复操作 500 次左右一般能够好转，有时操作 1000 次左右才能好转，如果反复操作不能好转时，需放油进行处理，将开关触头进行人工处理。

（五）绕组直流电阻温度换算公式

绕组直流电阻温度换算公式如下：

$$R_\theta = R_m \times (235 + \theta)/(235 + t) \qquad (3-2-2)$$

式中 R_θ——温度为 θ℃时直流电阻值，Ω；

R_m——温度为 t℃时直流电阻测量值，Ω；

t——测量时温度。

八、电压比试验

电力变压器变比的目的是：保证绕组各抽头的电压比在技术允许范围内、检查绕组匝数的正确性、判断绕组各抽头与分接开关的引线是否连接正确。要求如下：

（1）应在所有分接头所有位置进行测量。

（2）实测电压比与制造厂铭牌数据相比应无明显差别，且应符合电压比的规律。

（3）变压比的允许误差在额定分接头位置时为±0.5%。

（一）仪器选择

电压比试验采用变压器变比测试仪。测试线要接触良好，仪器应良好接地。仪器的工作场所应远离强电场、强磁场、主频设备。供电电源干扰越小越好，宜选用照明线，如果电源干扰还是较大可以由交流净化电源给仪器供电。交流净化电源的容量大于 200VA 即可。

（二）安全操作规程

（1）变比试验时仪器外壳接地端子应接地良好，使用导线应绝缘良好，无绝缘破皮，接线更换时应仪器必须停电。

（2）高低压接线不得接反，否则会有高压电压进入测试仪器，危及测试设备和人员安全。

（3）器身试验时接线人员离开后，方可送电测试，送电前仪器操作人员大声呼唱通知周围人员。

（三）测量前准备

将试品的网侧 1.1 和 1.2，对应的连接电桥 A、O 端子，将试品的阀侧 2.1

和 2.2，对应的连接电桥 a、o 端子。接线应接触良好，试验接线绝缘应良好，并检查接线无误后方可开始试验。

仪器使用 220V 电源，仪器电源必须连接良好防止试验过程中电源突然中断。检查打印机工作应正常。

（四）测量过程

（1）仪器接通电源预热 1min，打开仪器屏幕标定值菜单，按照换流变压器名牌或技术数据输入换流变压器高、低压电压和联结组标号参数，标定完成后按菜单保存键。

（2）打开测量菜单选择连续测量或单次测量对换流变压器进行测量。

（3）变比测量完成后将测量结果打印记录。

（4）试验中如果出现仪器告警，应立即断开电源检查试验接线和参数标定值是否正确。查找出报警原因后，方可重新送电进行测量。

九、引出线的极性检查

当某一绕组中有磁通变化，绕组中就会产生感应电动势，感应电动势为正的一端称为正极性端；感应电动势为负的一端为负极性端。如果磁通的变化方向改变，则感应电动势的方向和端子的极性都随之改变。因此交流电路中，正极性端和负极性端不是固定的，只是对某一时刻，某一参照而言。

电力变压器或互感器均存在多个绕组，多个引出端子，为了说明绕在同一铁心上的两个绕组的感应电动势的相对关系采用了"极性"这一概念。同一铁心上的电力变压器绕组有同一磁通流过，两绕组若以同侧线端为起始端，电力变压器绕组向相同，则感应电动都方向相同；绕向相反，则感应电动势方向相反。所以电力变压器绕组的绕向和端子标号一经确定，就可以用"加极性"和"减极性"来表示两个绕组之间的感应电动势的关系。

换流变压器的三相结线组别和单相换流变压器引出线的极性，必须与设计要求及铭牌上的标记和外壳上的符号相符。极性检查与电压比试验同步进行，接线方式操作方法无异。

十、铁心及夹件绝缘电阻测量

用 2500V（老旧变压器，铁心对夹件采用 1000V）的绝缘电阻表，分别测量铁心对地、夹件对地、铁心对夹件的绝缘电阻。通过测量，可以检查铁心与夹件是否多点接地，铁心与夹件间的绝缘是否良好。试验接线如图 3-2-42 所示。试验的周期为：投运后 1 年，以后周期 3 年。

（一）试验标准

（1）铁心对地绝缘电阻，与前次测试结果相比无显著降低。

（2）铁心与夹件的绝缘电阻，一般不小于 500MΩ。

2. 试验要求

（1）采用 2500V 绝缘电阻表。

（2）连接片不能拆开者可不进行。

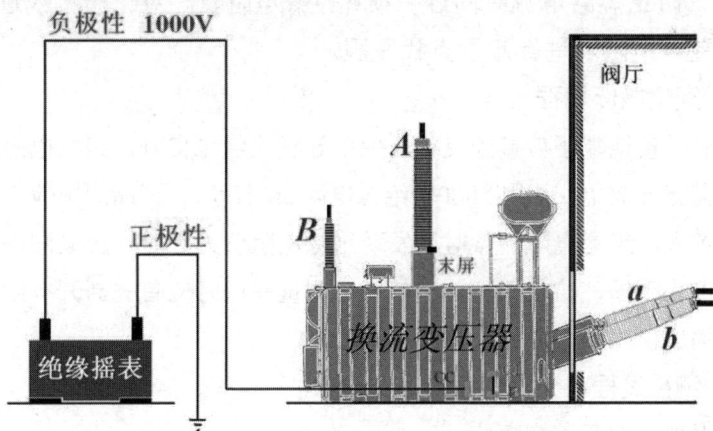

图 3-2-42　铁心及夹件的绝缘电阻试验接线图

（二）仪器仪表选择

DM50C 绝缘电阻表、电压范围 500～5000V、精度等级±5%；

MI3200 绝缘电阻表、电压范围 500～5000V、精度等级±5%。

使用仪器仪表应有鉴定合格证或校验合格证并在有效期内。每 6 个月用 100MΩ 电阻进行自校一次，并做校验记录。使用仪器外观保持清洁，并有专人负责仪器的日常维护。

（三）试验前准备及仪器使用

绕组温度应在 10～40℃之间，空气相对湿度应小于 85%。试验时应记录好温度及湿度。

试验前将各套管及升高座放气塞打开放气，直到流油为止。瓦斯继电器中的气体也应全部排出。

非被试相各端子（套管）短路接地。

将被试相各端子（套管）用导线短接。接绝缘电阻表火线（L）。

火线端（L）使用良好的绝缘线，并悬吊好，使引线不影响的测量结果。测量前被试绕组接地放电应不少于 2min，消除残余电荷的影响。每次测试完毕后，应首先断开火线，以避免停电后被测绕组向绝缘电阻表放电而反向冲击仪表。绝缘电阻表设有保护功能可不断开火线直接停电。同时绝缘电阻表设有存储和打印功能，应将每次试验结果存储和打印。使用绝缘电阻表测量时应特别注意。当绝缘电阻为零时或非常低时，绝缘电阻表应立即停止测量并停电，防止短路电流时间过长损坏绝缘电阻表。对试验接线进行检查，改用手摇绝缘电阻表进行测量查找原因。

（四）安全操作规程

仪器外壳接地端子应接地良好，使用导线应绝缘良好。绝缘电阻测量前后被试品均需充分放电。使用 5000V 绝缘电阻表测量时，试品周围应设置警示围栏或设监护人。绝缘电阻测量时如发现绝缘电阻值为零时，应立即停止测量断开电源或停止手摇，防止损坏测量仪表。测量完成时应首先断开火线，防止试品反充电损坏仪表。

（五）测量过程与分析判断

试验时严格按照下列顺序：

顺序号	加压侧	接仪器地位侧
1	铁心	所有绕组、夹件、油箱
2	夹件	所有绕组、铁心、油箱

夹件接地通过套管引出的，夹件绝缘电阻一般不应小于 500MΩ。

十一、绕组连同套管的绝缘电阻、吸收比或极化指数测量

测量绕组连同套管的绝缘电阻、吸收比或极化指数，可以有效地检查出换流变压器绝缘整体受潮，部件表面受潮，以及瓷件破裂、引线接壳、器身内有金属接地等贯穿性缺陷。特高压换流变压器一般为双绕组结构，测量绝缘电阻

时，分别对网侧及阀侧进行。测量时，被测绕组通过套管两端短接，非试验绕组短接并接地。将高压试验线接于被试绕组，低压线接地。试验接线如图 3 – 2 – 43 所示。

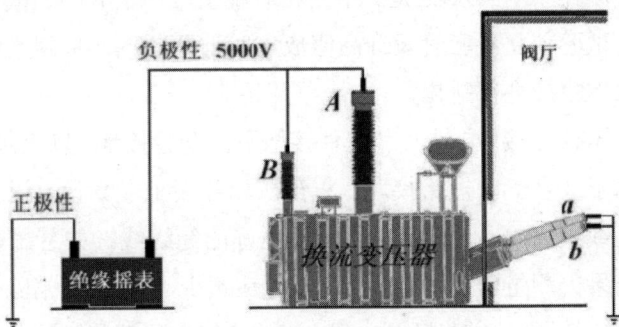

图 3 – 2 – 43　绕组连同套管的绝缘电阻、极化指数接线图

对特高压换流变压器，要用 5000V 绝缘电阻表，现在现场用到的绝缘电阻测试仪一般可以同时测量绝缘电阻、吸收比、极化指数，很方便。试验标准如下：

（1）用 5000V 绝缘电阻表测量每一个绕组的绝缘电阻，测量时非被试绕组接地。

（2）实测绝缘电阻值与出厂试验值相比，同温下一般情况下不应小于出厂值的 70%。

（3）当现场测量温度与出厂试验时的温度不相同时，可换算到同一温度的数值进行比较。

（4）极化指数不进行温度换算，其实测值与出厂试验值相比，应无明显差别。

（5）吸收比≥1.3 或极化指数≥1.5。

（一）仪器仪表选择

DM50C 绝缘电阻表、电压范围 500～5000V、精度等级±5%；

MI3200 绝缘电阻表、电压范围 500～5000V、精度等级±5%。

使用仪器仪表应有鉴定合格证或校验合格证并在有效期内。每 6 个月用 100MΩ 电阻进行自校一次，并做校验记录。使用仪器外观保持清洁，并有专人负责仪器的日常维护。绝缘电阻只要求：一分钟绝缘电阻值不小于 2000MΩ，吸收比不小于 1.3，极化指数不小于 1.5。当一分钟绝缘电阻值大于 10000 MΩ 时，吸收比和极化指数可不做考核。

（二）试验前准备及仪器使用

绕组温度应在 10～40℃ 之间，空气相对湿度应小于 85%。试验时应记录好温度及湿度。试验前将各套管及升高座放气塞打开放气，直到流油为止。瓦斯继电器中的气体也应全部排出。

换流变压器外壳接地，铁心和夹件接地引出套管接地，以上接地必须良好。非被试相各端子（套管）短路接地。将被试相各端子（套管）用导线短接。接绝缘电阻表火线（L）。火线端（L）使用良好的绝缘线，并悬吊好，使引线不影响的测量结果。测量前被试绕组接地放电应不少于 2min，消除残余电荷的影响。每次测试完毕后，应首先断开火线，以避免停电后被测绕组向绝缘电阻表放电而反向冲击仪表。绝缘电阻表设有保护功能可不断开火线直接停电。同时绝缘电阻表设有存储和打印功能，应将每次试验结果存储和打印。使用绝缘电阻表测量时应特别注意。当绝缘电阻为零时或非常低时，绝缘电阻表应立即停止测量并停电，防止短路电流时间过长损坏绝缘电阻表。对试验接线进行检查，改用手摇绝缘电阻表进行测量查找原因。

（三）安全操作规程

仪器外壳接地端子应接地良好，使用导线应绝缘良好。绝缘电阻测量前后被试品均需充分放电。使用 5000V 绝缘电阻表测量时，试品周围应设置警示围栏或设监护人。绝缘电阻测量时如发现绝缘电阻值为零时，应立即停止测量断开电源或停止手摇，防止损坏测量仪表。测量完成时应首先断开火线，防止试品反充电损坏仪表。

（四）测量过程与分析判断

试验时严格按照下列顺序：

顺序号	加压侧	接仪器地位侧	注意事项
1	网侧	阀侧	测量线圈均短路接施压侧，非被测线圈均短路接地
2	网侧	阀侧＋接地部件	
3	阀侧	网侧＋接地部件	
4	网侧＋阀侧	接地部件	

判断绝缘电阻是否合格，可由下分析：一分钟绝缘电阻值不小于2000MΩ，吸收比不小于 1.3，极化指数不小于 1.5。当一分钟绝缘电阻值大于 10000MΩ 时，吸收比和极化指数可不做考核。

对测量吸收比、极化指数换流变压器，绝缘电阻值不宜换算到20℃时绝缘电阻值。主要有两个原因：

（1）因为吸收比和极化指数是随温度变化而变化的，然而换算到20℃后，绝缘绝对值发生变化，吸收比和极化指数却不变化。

（2）现在使用的绝缘温度换算公式通过实践证明差异比较大。绝缘温度系数不够准确。

夏季换流变压器绝缘电阻往往不是很高，这还与瓷瓶（套管）表面受潮有关，测量绝缘时在瓷瓶表面进行屏蔽，屏蔽环与摇表屏蔽端子连接，可消除表面受潮的影响。

十二、绕组连同套管的介质损耗因数（tanδ）测量

测量换流变压器绕组连同套管的介质损耗因数 tanδ，可以检查换流变压器是否受潮、绝缘老化、绝缘油质劣化及其他严重局部缺陷等。对于双绕组的换流变压器，主要有这几个测量部位：高压绕组对低压绕组及地、低压绕组对高压绕组及地、高压绕组与低压绕组对地。测量时铁心及夹件接地。试验接线如图3－2－44所示。

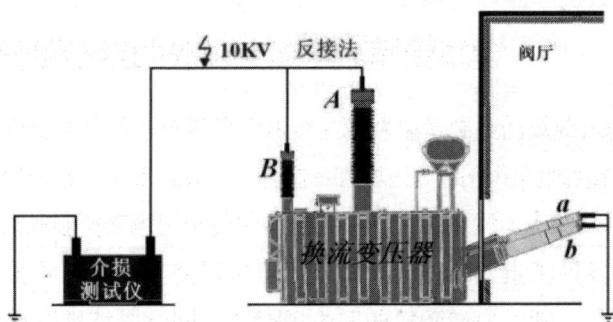

图3－2－44 套管介质损耗试验接线图

由于换流变压器外壳本身接地，所以测量时一般用反接法。在现场试验中，基本用数字式全自动介损测试仪，简单方便。试验输出电压为交流 10kV，高

压接被试部分，低压信号线可不接。试验要求如下：

（1）交接试验。

被试绕组的 $\tan\delta$ 与同温度下出厂试验数据相比应无显著差别，最大不应大于出厂试验值的 130%。

（2）预防性试验。

1）20℃时 $\tan\delta$ 不大于 0.006。

2）与前次试验值比较，变化一般不大于 30%。

（一）仪器仪表选择

AI-6000B 介质损耗测量仪、电压范围 0～10000V、精度等级±5%。使用仪器仪表应有鉴定合格证或校验合格证并在有效期内。仪器自带有升压装置，应注意高压引线的绝缘距离及人员安全，仪器应可靠接地，接地不好可能引起机器保护或造成危险。仪器启动后，除特殊情况外，不允许突然关断电源，以免引起过压损坏设备。仪器搬运时应轻拿轻放防止出现仪器剧烈震动。

（二）试验前准备及仪器使用

绕组温度应在 10～40℃之间，空气相对湿度应小于 85%。试验时应记录好温度及湿度。试验接线同绝缘电阻测量。试验顺序同绝缘电阻表 1 要求。介损电桥使用 220V 电源，介损电桥接地端子必须可靠接地。仪器操作详见说明。

（三）安全操作规程

仪器外壳接地端子应接地良好，试品也应可靠接地，使用测量导线应绝缘良好。测量导线应悬挂好对周围保持足够的安全距离。试品周围应设置警示围栏或设监护人。试验前核对试验电压。试验中如听到放电声立即断开高压输出。升压前操作人员应大声呼唱通知周围有关人员注意安全。

（四）试验过程与分析判断

严格按下表顺序：

顺序号	加压侧	接仪器地位侧	注意事项
1	网侧	阀侧	测量线圈均短路接施压，非被试线圈均短路接地。
2	网侧	阀侧+接地部件	
3	阀侧	网侧+接地部件	
4	网侧+阀侧	接地部件	

换流变压器绕组额定电压大于 10kV，试验时施加 10kV 电压测量介损。

试验电压在电桥屏幕显示中使用光标选择。

试验前仪器接通电源预热 1min 后，再进行操作。

试验结束时将试验结果打印并记录。

试验时电桥输出电压 10kV，应注意人员与设备和接线的安全距离。遇有紧急情况时应立即停电。

当换流变压器绕组介损值超过国家标准的，应首先排除测量影响，检查接线和接地线，如果接线不好也会使测量介损值增大。接线影响排除后应注意环境影响，当相对湿度超过 85%时，由于套管表面有潮气也会使介损值增大，应采取措施使套管表面保持干燥。或采取屏蔽法：将套管表面用导线缠绕一周接入电桥的屏蔽端。有较少的换流变压器试验结果可能超过协议值（技术协议中有特别要求的，要求值为≤0.5%），一般换流变压器经过滤油处理后都能达到协议的要求。

当换流变压器绝缘强度试验时出现击穿故障、局放试验出现数万以上的放电量和油中出现乙炔气体时，可进行介质损耗复测，与故障前测量结果进行比较。有利于对问题的分析判断。

换流变压器介质损耗测量还应记录好电容量测量结果，根据该试验结果可以计算出外施交流耐压时电容电流，和感应耐压及局部放电测量时电抗器补偿容量。

十三、气体继电器校验

每三年检查一次气体继电器的整定值，应符合运行规程和设备技术文件要求，动作正确。

十四、套管式电流互感器校验

套管式电流互感器时一种常用的电力测量装置，广泛应用于电力系统中，它的工作原理是利用霍尔效应或互感原理，将高电流转换为低电流，以便进行电力测量和保护控制。其结构包括外套管、铁心、绕组和绝缘材料等组成，其中铁心起到传导磁场的作用，绕组则是将高电流转换为低电流的关键部位，绝缘材料则用于隔离和保护作用。

通过对电流互感器进行绝缘电阻测量、变比、极性、绕组电阻、绕组伏安特性（励磁特性）以及绕组对地的耐压试验和误差（准确度）试验，验证互感器是否存在缺陷，是否与设计参数一致，以判断互感器是否具备正常的进行电力测量和保护控制的功能。

（一）仪器选择

试验仪器选择 CT 伏安特性测试仪，仪器的工作电源为 AC220V 或 AC380V，精度等级 0.5 级。

（二）试验过程与分析判断

（1）绝缘电阻测量：采用 2500V 绝缘电阻表，对各绕组间及其对外壳和末屏对地的绝缘电阻进行测量，绝缘电阻值不小于 1000MΩ。

（2）变比测量与设计值一致，与出厂比较无明显差别。

（3）极性检查与设计及铭牌一致（一般为负极性）。

（4）绕组直流电阻测量，折算至相同温度下，与出厂值无明显差异。

（5）保护绕组的伏安特性（励磁特性）测量，以二次额定电流的倍数为准，并选取几个等分的电流点，读取各点试验电流的电压值（不能超过 2kV），观察电压与电流的变化趋势，其曲线与出厂比较无明显差异。当有多个保护绕组时，每个绕组均应进行励磁曲线试验。

（6）二次绕组间及其对外壳的工频耐压试验，试验电压 2kV，持续时间 1min，电压无突然下降。

（7）误差（准确度）试验，仅适用于准确级为 0.2S 的绕组。作关口计量或特殊保护用时，必须进行误差（准确度）试验；做其他用时，宜进行该试验。应与制造厂试验值比较应无明显变化，并符合等级规定。

十五、空载试验

空载试验包括了换流变试验项目中的空载损耗和空载电流测量、空载励磁特性测量、空载电流谐波测量、1h 励磁测量和长时空载试验及局部放电测量，以上试验项目均需要精确测量换流变压器空载损耗和空载电流。

空载试验的目的是为了测量变压器的空载损耗和空载电流；验证变压器铁心的设计计算、工艺制造是否满足技术条件和标准的要求；检查变压器铁心是否存在缺陷，如局部过热、局部绝缘不良等。

（一）仪器选择

空载试验时使用测量仪器主要有功率分析仪、电压互感器和电流互感器，由于换流变压器容量一般很大，其空载试验时的功率因数较之普通电力变压器还要低，因此其所用的功率分析仪的精度不应低于 0.2 级，而电压、电流互感器的精度则不应低于 0.1 级，同时电压挡和电流档根据施加的电压和估算的空载电流进行选择设置，为了测量准确，一般调整仪表倍率及互感器变比，使仪表指针指示尽可能地在仪表刻度盘的 1/4～3/4 范围内。

空载试验的电源为工频发电机组，通常由拖动电机、同步电动机和同步发电机组成，由于空载试验时电流是非正弦的，因此影响发电机的输出电压波形也发生畸变，为防止此现象，通常我们在选择发电机组的容量上通常要求大于0.05 倍的试品容量，同时，调整中间变压器的变比，使发电机输出电压尽可能接近其额定电压。

（二）试验接线及要求

阀侧施加励磁电压，网侧开路，中性点接地。铁心、夹件应可靠接地，CT可靠接地，套管末屏封好，在 90%、95%、100%、105%、110%和115%额定电压下进行测量。

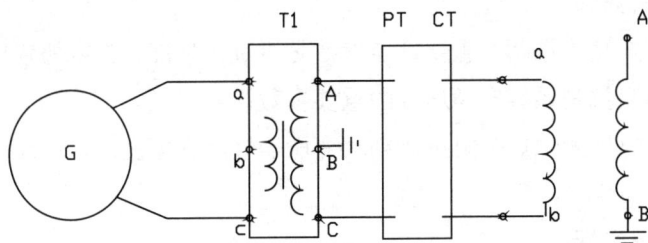

图 3-2-45　接线原理图

G—发电机组；T—中间变压器；PT/CT—变压器损耗测量系统。

利用平均值电压表对波形进行校正。校正公式为：

$$P_0 = P_m(1 + d)$$

式中：

$$d = (U_1 - U_2)/U_1;$$

U_1 为平均值；

U_2 为有效值。

（三）试验判据

（1）空载电流与前次试验值相比无明显变化。

（2）交接时进行现场空载试验，试验数值与出厂值应无明显差异（注试验时变压器应充分退磁）

（3）若现场无条件进行空载试验可进行低电压空载试验 380V 电压测量空载电流、空载损耗并与出厂值进行比较。

十六、短路阻抗试验

短路阻抗试验是鉴定运行中变压器受到短路电流的冲击，或在运输和安装时受到机械力撞击后，检查其绕组是否变形的最直接方法，它对于判断变压器能否投入运行具有重要的意义，也是判断变压器是否进行解体检查的依据之一。

负载及短路阻抗试验是换流变压器的例行试验，同普通电力变压器一样，换流变压器的负载试验也是一侧绕组接电源，另一侧绕组短路，从零开始升压，直至两侧绕组同时达到或接近额定电流，此时所施加的电压，称为阻抗电压，一般以额定电压的百分数表示；由于一侧短路，因此其并没有向外输出有功功率，此时加压侧输入的有功功率即为负载损耗。

试验目的包括：

（1）确定短路阻抗两个重要性能参数是否满足标准、技术协议的要求。

（2）短路阻抗是系统安全运行的重要参数。

（3）用低电压测试短路阻抗以判断变压器绕组有无变形，以减少变压器短路损坏事故的发生。

（一）仪器选择

负载试验时短路阻抗：使用测量仪器主要有功率分析仪、电压互感器和电流互感器，同空载试验一样，所用的功率分析仪的精度不应低于 0.2 级，而电压、电流互感器的精度则不应低于 0.1 级。

低电压阻抗时：使用电源系统：220V，50Hz 电源，低电压阻抗电抗测试仪，型号：DS2000D，精度等级 0.2%。

（二）试验接线及要求

负载短路阻抗：换流变压器的负载试验接线通常是网侧施加电压，阀侧短路，测量电压使用有效值电压表，铁心接地套管和油箱外壳应可靠接地，根据施加的电压和电流选择电压互感器电压挡和电流互感器电流档。

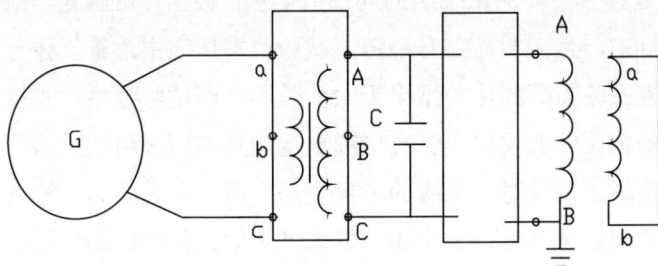

图 3-2-46　负载短路阻抗试验线路

发电机组；中间变压器；C—补偿电容器；变压器损耗测量系统。

低电压阻抗：分别在额定分接及最大、最小分接进行，网侧施加不大于 5A 电流，阀侧短路。测量电压和电流和功率值，计算短路阻抗百分数和阻抗欧姆值。

（三）试验判据

相同条件下测量值与历次试验数值偏差≤2%，现场一般进行低电流阻抗测试，施加电流为 5A 左右。试验时应注意：

（1）加压测施加电流为 5A 左右，电压测量位置位于加压端子处避免加压线压降造成测量偏差。

（2）短接侧所用短接线截面积应足够大，避免截面积过小造成压降过大使得测量值偏差较大。

十七、阀侧绕组的外施交流电压耐受试验

外施交流耐压试验是考核换流变压器主绝缘电气强度的重要试验之一，该试验可以考核换流变压器的主绝缘设计、制造工艺以及产品使用的绝缘材料，换流变压器如果不能通过外施交流耐压试验的考核，是不具备上网运行的基本条件的。

换流变压器的阀侧外施交流电压耐受试验和局部放电测量属于例行试验，目的是考核产品绕组对地和网、阀绕组之间的主绝缘电气强度，对于阀侧绕组来说，由于其首、尾绝缘强度一样，属于全绝缘结构，因此阀侧外施交流电压耐受试验完全能达到考核目的，另外，该试验对产品在运行中绝缘能否承受住大气过电压和操作过电压也有一定的参考意义。

阀侧绕组外施交流耐压试验时，施加电压等于阀侧绕组绝缘水平，持续时间 1h，试验过程中需要测量绕组的局部放电量，根据标准规定，测得的局部放电量小于 100pC，且无明显上升趋势，试验后本体油中溶解气体分析符合国家标准规定，且试验前后的化验结果无太大差异，则试验合格。阀侧外施交流耐压试验施加的电压一般要比"带有局部放电测量的感应耐压试验"施加的电压高，因此外施耐压试验对主绝缘的考核更加严格，但是外施交流耐压试验不能考核绕组的匝间绝缘强度，因此还需要通过其他试验对阀侧绕组的纵绝缘强度进行考核。

（一）仪器选择

阀侧往往高达几百千伏，试验电压一般采用升压试验变压器产生，也可用串联谐振或并联谐振回路产生，无论采用何种方式，试验回路的电压应足够稳定，不致受泄漏电流变化的影响。试品上非破坏性的放电不应使试验电压降低过多及维持时间过长以致明显影响试品上破坏性放电电压的测量值。

由于试验变压器自身结构上的限制，当需要产生较高试验电压时，一般采用两级或多级串联的方式，此种方式可以有效简化设备的绝缘结构，但是其带来的负面效应是效率明显降低，其利用率按公式 $\eta = 2/(N+1)$ 计算，其中 N 为级数，可见，随串级级数增加，设备效率显著降低，因此，在进行阀侧外施交流耐压试验时，采用串联谐振装置进行作业。

谐振时试验所消耗损耗仅为电阻上的有效功率，可以大大减小试验电源的容量，另外，利用串联谐振装置进行阀侧绕组外施交流耐压试验的好处还在于一旦试验过程中发生击穿现象，则整个回路的谐振状态立即中止，高电压消失，避免了拉弧现象，可以有效防止对试品的进一步破坏，保留了试品损坏的原始状态，有利于对试品的击穿原因进行精确分析。

试验电压的测量设备使用电容式分压器，同电阻式分压器一样，它也是由低压臂和高压臂组成，通过测量低压臂分得的电压值，然后以低压臂与整个回路的电容值的比值进行等比例相乘，即可得整个回路中交流电压的大小。

阀侧交流外施耐压试验时的局放测量设备与感应电压试验时使用的测量仪器是相同的，使用要求也没有任何差别。

（二）试验接线及要求

试验前，检查换流变压器铁心、夹件、外壳、套管型电流互感器及非被试端子确保可靠接地，油位必须高于升高座。网、阀侧升高座所有凸起部分均需放气，直到流油为止，阀侧如果是充六氟化硫气体的套管，要检查六氟化硫气体压力是否在规定范围之内。为了消除线路空气电晕以及尖端对局放量的干扰，阀侧与串谐之间以及阀侧两个套管之间的连接线要采用相应直径的波纹管进行屏蔽，阀侧接线端子需要用相应的金属屏蔽罩进行屏蔽，屏蔽罩要求表面光滑，无尖角毛刺。

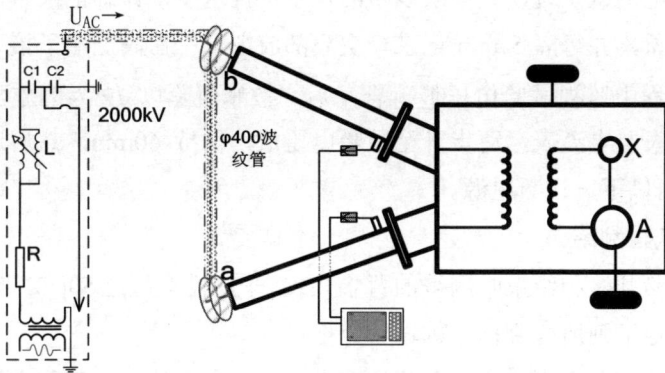

图 3-2-47　阀侧交流外施耐压及局部放电测量接线原理图（1）

在进行阀侧交流耐压试验，尤其是现场进行此项试验时，往往因为现场环境复杂、产品位置太偏僻等原因，阀头与阀尾端子短接比较困难，而且试品的一些附件与阀头及阀尾的距离较大，满足试验电压要求，但是距离短接线的垂直距离较近，会造成局放干扰。这时我们可以采用只给阀侧线圈的一端施加试验电压，另一端悬空的接线方法进行此项试验，其原理图如图 3-2-48 所示。

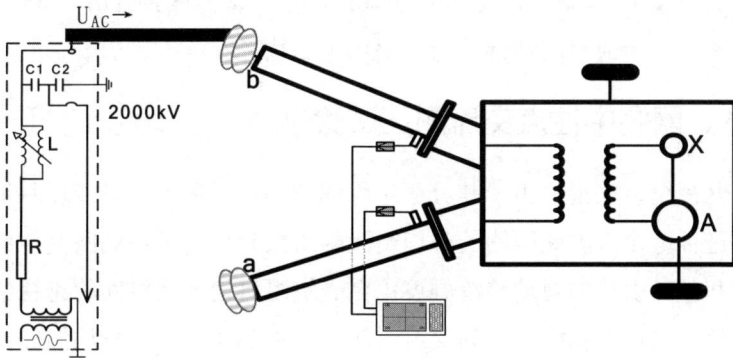

图 3-2-48　阀侧交流外施耐压及局部放电测量接线原理图（2）

试验电压一般应是频率为 45～55Hz 的交流电压，试验电压的波形应为近似正弦波，且正半峰值与负半峰值得幅值差应小于 2%，若正弦波的峰值与有效值之比在 $\sqrt{2}\pm5\%$ 以内，则认为高压试验结果不受波形畸变的影响，阀侧交流耐压试验电压持续时间 60min，在整个试验过程中试验电压测量值应保持在规定电压值得±3%以内。

阀侧交流外施耐压试验开始前，在阀侧绕组测量端子上注入 500pC 方波，校准局部放电测试系统，并记录线路的背景干扰水平，详细记录整个试验过程中的各种现象，并每隔 5 min 记录一次局部放电量；在阀侧端子接入分压器，整个试验过程中监视试验电压值，合闸后，按峰值除以 $\sqrt{2}$ 为准施加电压，监视峰值电压表及电流表，逐步升至试验电压值，保持 60min，然后迅速降低至 1/3 试验电压以下，切断电源。

（三）试验判据

如果试验开始和结束时测得的背景 PD 水平均没有超过 50pC，则试验有效。

如果满足下列所有判据，则试验合格：

（1）试验电压不产生突然下降，高电压指示和电流指示都稳定不变，并且在压器内没有异常响声。

（2）在 1h 局部放电试验期间，没有超过 500pC 的局部放电量记录。

（3）在 1h 局部放电试验期间，局部放电水平无上升的趋势。

（4）在最后 20min 局部放电水平无突然持续增加。

（5）在 1h 局部放电试验期间，局部放电水平的增加量不超过 50pC。

（6）如果（3）或（4）的判据不满足，则可以延长 1h 周期测量时间，如果在后续的连续 1h 周期内满足了上述条件，则可认为试验合格。

（7）耐压试验前后的油样分析，不出现乙炔。

十八、网侧中性点交流耐压试验

对于网侧绕组来说，由于其分级绝缘的结构，导致电压只能以网侧中性点绝缘水平进行考核，因此网侧的外施交流耐压试验只能考核到网侧绕组对铁轭的端绝缘和部分引线的对地绝缘强度；至于绕组对地和绕组间的绝缘强度则无法达到考核目的。网侧绕组外施交流耐压试验主要使用试验变压器作为交流高电压试验设备，该设备与普通电力变压器在原理上是一样的，只是运行条件的不同，变比较大，它的主要参数为电压和容量，当知道网侧绕组对地以及网侧绕组与阀侧绕组之间的电容量时，可以根据式（3-2-3）计算试验变压器的试验电流及容量：

$$I_s = \omega CU \times 10^{-9}\,\text{A}\,;\quad P_s = \omega CU^2 \times 10^{-9}\,\text{kVA} \qquad (3-2-3)$$

式中　U——所加试验电压，kV；

　　　C——网侧对地电容量与网侧对阀侧电容量之和，pF。

一般情况下，在试验变压器与试品间需要串联一个保护电阻，该电阻用来防止试品放电时产生的电压截波对试验变压器纵绝缘的损坏，同时也可以抑制因试品闪络产生的过电压和过电流。

（一）仪器、设备工装要求

网侧试验电压与阀侧比较要低得多，一般仅不到一百千伏，试验电压一般采用串联谐振或并联谐振回路产生也可用升压试验变压器产生，无论采用何种方式，试验回路的电压应足够稳定，不致受泄漏电流变化的影响。试品上非破坏性的放电不应使试验电压降低过多及维持时间过长以致明显影响试品上破坏性放电电压的测量值。网侧耐压试验通常不需要进行局放监测，因此不需要接线端子进行均匀防电晕处理。

（二）试验接线及要求

试验前，检查换流变压器铁心、夹件、外壳、套管型电流互感器及非被试端子确保可靠接地，油位必须高于升高座。网、阀侧升高座所有凸起部分均需放气，直到流油为止，网侧首尾短接施加电压，阀侧首尾短接接地。

网侧交流外施耐压试验与普通电力变压器试验顺序没有区别，接通试验回路时，试验电压初始值应低于 1/3 试验电压，以检查测量系统是否存在故障，监视峰值电压表及电流表，尽快升压，当电压达到试验电压的 75%时，要以每秒 2%U 的速率升至试验值，这样升压不仅能在仪表上准确的读数，还能避免试品在接近试验电压 U 时保持过长的时间。保持 60s 后，将电压迅速降低到 1/3以下试验电压后才能切断电源，避免在高电压下突然切断电源，导致因瞬变产生的过电压损坏试品或者仪器仪表。试验过程中如果电压不突然下降，电流指示不摆动，没有放电声，则认为试验合格，如果有轻微放电声，在重复试验中消失，也可视为试验合格。但如果有较大的放电声，在重复试验中消失，则需吊心检查，寻找放电部位，采取必要的措施，根据放电部位决定是否进行复试。试验接线原理图如图3-2-49所示。

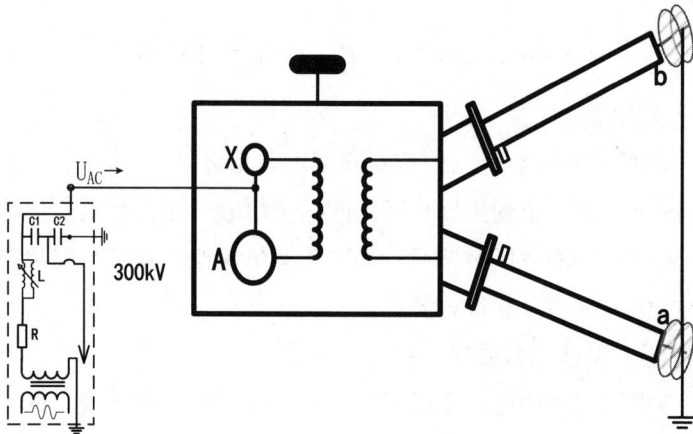

图3-2-49　网侧交流外施耐压试验接线原理图

（三）试验判据

（1）试验电压不产生突然下降，高电压指示和电流指示都稳定不变，并且在压器内没有异常响声。

（2）试验电压为出厂试验电压的80%，时间1min。

（3）耐压试验前后绝缘电阻与各组分气体含量一般应无明显变化。

十九、绕组连同套管的长时感应电压试验及局部放电量测量

换流变压器为分组绝缘变压器，中性点绝缘水平比交流进线端绝缘水平低，对换流变压器网侧的工频耐压试验是中性点耐压试验，无法满足网侧绕组各部分的绝缘检查。所以对换流变压器网侧的主绝缘、纵绝缘水平只能采用感应耐压试验来考核。

特高压换流站用到的换流变压器一般为单相双绕组，这里以单相双绕组的试验接线来介绍。

对于单相换流变压器，采用直接励磁方法最简单易行。网侧中性点直接接地，在阀侧加倍频电压（100Hz），直接进行试验。一般网侧装有分接开关，尽可能满足不同分接的试验要求。一般变压器感应耐压试验电源的频率为 100～

250Hz，一般由中频同步发电机作为试验电源。也有利用绕线式异步电动机反拖法得 100 Hz 的试验电源，或者利用三只单相变压器组成一次绕组星形接线，而二次绕组组成开口三角形而得到 150Hz 试验电源。换流变感应耐压试验电源的获得根据现场实际情况来定。

一般情况下，试验电源还要接一个中间变压器，当试验电源输出电压不满足要求时，可以将试验电源输出电压再转变成所需的电压，另外，中间变压器还可以改善电机输出波形。

感应耐压试验的同时，可作局部放电测量。将网侧交流进线套管作为耦合电容 CX，将测量阻抗 Zm 接到套管末屏端子上，与局放仪一起组成测量回路。试验标准如下：

（1）试验电压值及施加试验电压的时间顺序按 GB/T 1094.3 规定进行。

（2）测量电压在 $1.5U_m/\sqrt{3}$ 下，视在放电量应≤500pC；测量电压在 $1.3U_m/\sqrt{3}$ 下，视在放电量应≤300pC；而且在整个测量过程中，放电量应无增长趋势。

（一）试验原理

试验采用变频串联谐振方法进行，该方法是以串联谐振原理工作。采用固定的高压电抗器与试验回路电容串联，以调整施加到该回路电压频率的方式实现谐振，从而实现在试品上产生高压的目的。

该方法具有加压设备体积小、质量轻、所需电源容量小等诸多优点。并且，当试品击穿时，由于电路失去谐振条件，电源输出电流自动减少，试品两端的电压骤然下降，不会产生过电压，放电能量小，因此被试品受到的影响和损害很小。变频串联谐振原理如图 3-2-50 所示。

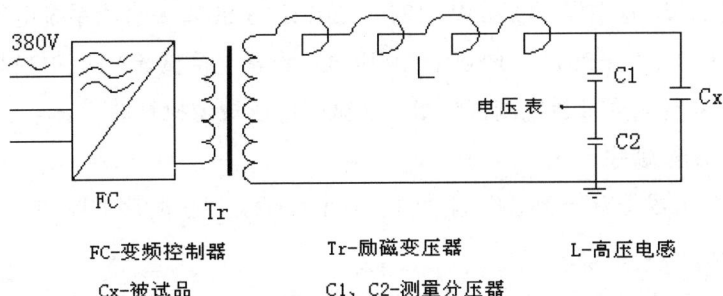

图 3-2-50　变频串联谐振试验结线原理图

（二）试验接线及要求

采用 380V 变频电源和励磁变压器作为升压电源，在励磁变压器高压侧并联补偿电抗器进行无功补偿，在被试换流变压器的阀侧并联电容分压器监测电压，在各侧套管末屏接检测阻抗及局部放电检测仪。将局部放电检测仪 500pC 标准信号接于各侧套管，分别检测其他套管的局放量，作为局部放电初步定位的依据。试验接线图如图 3-2-51 所示。

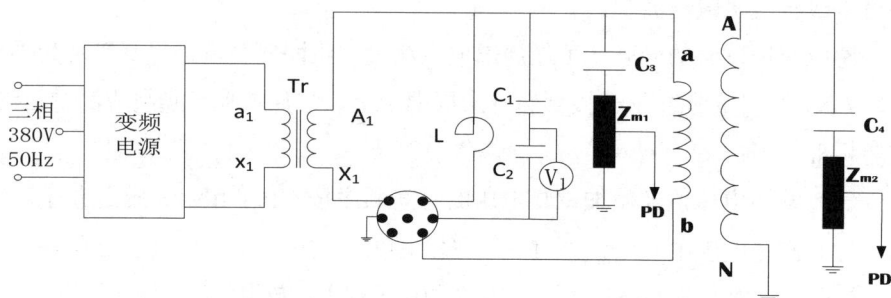

图 3-2-51　换流变绕组连同套管的感应电压试验带局部放电测量接线

图中，Tr 为励磁变压器；L 为补偿电抗器；C_1、C_2 为电容分压器电容；a、b 为阀侧绕组两端；A 为网侧绕组首端，N 为网侧绕组中性点；V_1 为测量用峰值电压表；Z_{m1}、Z_{m2} 为局部放电检测阻抗；C_3 为阀侧高压套管电容；C_4 为网侧套管电容；PD 为局放检测仪。

（三）试验电压

依据 GB/T 1094.3—2017《电力换流变压器　第 3 部分：绝缘水平、绝缘试验和外绝缘空气间隙》的试验程序规定以及 DL/T 1798—2018《换流变压器交接及预防性试验规程》Q/GDW 1275—2015《±800kV 直流系统电气设备交接试验》DL/T 274—2012《±800kV 高压直流设备交接试验》DL/T 1243—2013《换流变压器现场局部放电测试技术》的试验电压规定执行。

（四）试验顺序

换流变压器带有局部放电测量的感应电压试验加压时序如图 3-2-52 所示，具体时序为：

（1）在不大于 $0.4U_r/\sqrt{3}$ 的电压下接通电源。

（2）试验电压升高至 $0.4U_r/\sqrt{3}$，测量并记录背景 PD。

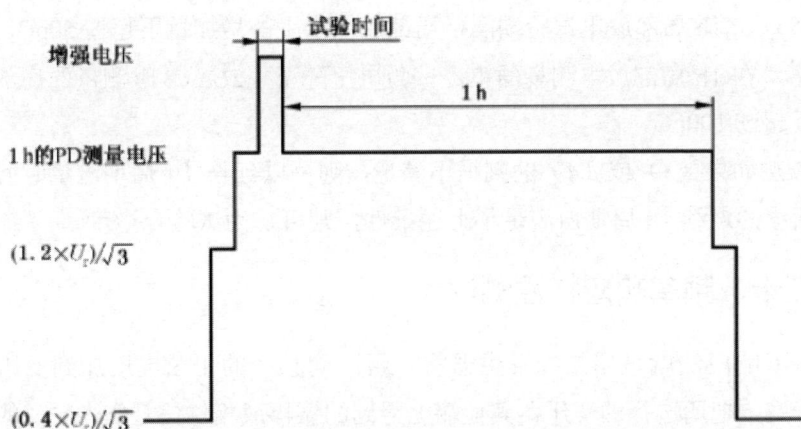

图 3-2-52 换流变压器带有局部放电测量的感应电压试验加压时序图

（3）试验电压升高至 $1.2U_r/\sqrt{3}$ ，保持至少 1min，测量并记录稳定的 PD。

（4）试验电压升高至 1h 的 PD 测量电压（$1.3U_m/\sqrt{3}$），保持至少 5min 以进行稳定的 PD 测量并记录。

（5）试验电压升高至增强电压（$1.5U_m/\sqrt{3}$），保持时间 $t = \dfrac{120 \times 额定频率}{试验频率}$ 秒。

（6）立即不间断地将试验电压降至 1h 的 PD 测量电压，保持至少 1h，每隔 5min 测量并记录 PD 水平。

（7）1h 的 PD 测量最后一次完毕后，降低电压至 $1.2U_r/\sqrt{3}$ ，保持至少 1min 测量并记录 PD 水平。

（8）试验电压降至 $0.4U_r/\sqrt{3}$ ，进行背景 PD 测量并记录。

（9）试验电压降至 $0.4U_r/\sqrt{3}$ 以下，切断电源。

（五）试验判据

如果试验开始和结束时测得的背景 PD 水平均没有超过 50pC，则试验有效。

如果满足下列所有判据，则试验合格：

（1）试验电压不产生突然下降。

（2）在 1h 局部放电试验期间，没有超过 300pC 的局部放电量记录。

（3）在 1h 局部放电试验期间，局部放电水平无上升的趋势。

（4）在最后 20min 局部放电水平无突然持续增加。

233

（5）在 1h 局部放电试验期间，局部放电水平的增加量不超过 50pC。

（6）在 1h 局部放电测量结束，试验电压降至 $1.2U_r/\sqrt{3}$ 时测量的局部放电水平不超过 100pC。

（7）如果（3）或（4）的判据不满足，则可以延长 1h 周期测量时间，如果在后续的连续 1h 周期内满足了上述条件，则可认为试验合格。

二十、频率响应特性测试

频率响应法就是用扫描发生器将一组不同频率的正弦电压加到变压器绕组的一端，把所选择的变压器其他端上得到的振幅或相位信号作为频率的函数关系（频响曲线）直接绘制出来。当变压器的结构固定后，变压器的（频响曲线）直接绘制出来。当变压器的结构固定后，变压器的频响曲线是一定的，当变压器绕组变形后，变压器的频响曲线来判断变压器是否发生变形。

（一）试验原理

频率响应法的基本原理是在换流变压器绕组的一端施加稳定的低压脉冲信号，此时，在较高频率的电压作用下，换流变的每个绕组均可视为一个由线性电阻、电感（互感）、电容等分布参数构成的无源线性双口网络，同时记录该端子及其他端子的电压波形，通过将时域中的激励与响应做比较，如果绕组发生变形，绕组内部的分布电感、电容等参数必然改变，导致其等效网络传递函数的零点和极点发生变化，使二端口网络的频率响应特性发生变化，根据比较幅频响应特性的差异，判断换流变可能发生的绕组变形。

绕组变形时，频响特征曲线的变化可以用相关系数 R 来表征。一台新的无损伤的变压器油一个频响特征，当绕组变形后，频响曲线上各点就可能偏离原来的坐标，于是会出现一条新的频响曲线。比较两条频谱曲线的相关性，就可以分析评估绕组的整体变形状况。

（二）试验方法

（1）频率响应分析仪由三部分组成：扫描发生单元、双通道分析单元、绘图仪。扫描发生单元提供正弦输出信号，双通道分析单元可同时测量两个接收信号之间用"分贝"表示的振幅比和用"kHz"表示的相位差，绘图仪则用于记录变压器的频响曲线。

（2）试验前，仪器、油箱接地端子应接地良好，记录环境温度和换流变压器顶层油温度，试验接线钳与试品接触一定要良好，使用信号线应绝缘良好，以网侧为例，黄色 SOURCE 信号线、红色 REFERENCE 信号线接换流变网侧 A 端子，蓝色 RESPONSE 信号线接换流变网侧 X 端子，如图 3-2-53 所示。

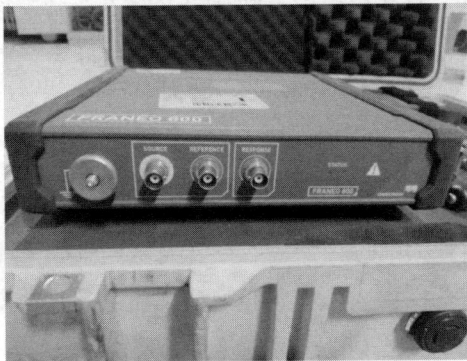

图 3-2-53　绕组变形仪示意图（以 FRANEO-800 型绕组变形仪为例）

（3）每次测试时，宜采用同一种仪器，接线方式应相同。

（三）试验标准

与初始结果相比，或三相之间结果相比无明显差别，无初始记录时可与同制造厂同型号对比。同一电压等级三相绕组频率响应特性曲线应能基本吻合；相绕组频响数据曲线纵向、横向以及综合比较的相关系数显示无明显变形（高频段不小于 0.6，中频段不小于 1，低频段不小于 2）。

二十一、额定电压下的冲击合闸试验

拉开空载变压器时，有可能产生操作过电压。在电力系统中性点不接地或经消弧线圈接地时，过电压幅值可达 4～4.5 倍相电压；在中性点直接接地时，可达 3 倍相电压。为了检查变压器绝缘强度能否承受全电压或操作过电压，需做冲击试验。

带电投入空载变压器时，会产生励磁涌流，其值可达 6～8 倍额定电流。励磁涌流开始衰减较快，一般经 0.5～1s 即减到 0.25～0.5 倍额定电流值，但全部衰减时间较长，大容量的变压器可达几十秒。由于励磁涌流产生很大的电动力，为了考核变压器的机械强度，同时考核励磁涌流衰减初期能否造成继电保护装置误动作，需做冲击试验。

（一）试验方法

（1）确认电源和负载状态。

在进行变压器送电合闸操作之前，首先需要确认电源和负载状态。确认电源开关是否已经打开，确认配电室内其他设备是否正常工作，以确保在合闸操作过程中没有电气事故发生。同时也需要确认负载状态，确定负载是否有空载或过载现象。

（2）检查变压器状态和运行参数。

在进行合闸操作前必须先检查变压器的状态和运行参数，以确保安全和可靠性。需要检查变压器的油位、油温、绝缘电阻、轻载电流、电压稳定情况等运行参数是否在正常范围内，如果有异常情况需要及时处理。

（3）确定合闸方式和手段。

变压器送电合闸操作主要有两种方式：手动合闸和远动合闸。手动合闸需要操作人员亲自到现场进行操作，远动合闸通过控制系统远程实现合闸。在选择合闸方式时需要根据实际情况进行选择，同时需要明确具体的合闸手段和步骤。

（4）操作合闸设备。

当确定了具体的合闸方式和手段后，就可以开始操作合闸设备。由换流变压器网侧绕组加压。对于手动合闸操作，需要将合闸电源控制开关打开，对合闸操作按钮进行按压，将合闸命令传给变压器。对于远动合闸操作，需要通过控制系统将合闸命令传给变压器。冲击合闸在换流变压器网侧绕组进行，中性点接地，施加额定电压下的冲击 5 次，每次间隔时间宜为 5min，应无异常现象，其中网侧绕组为 750kV 的换流变压器在额定电压下，第一次冲击合闸后的带电运行时间不应少于 30min，其后每次合闸后带电运行时间可逐次缩短，但不应少于 5min。

（二）试验标准

（1）交接试验时，空载合闸 5 次，每次间隔 5min。

（2）冲击合闸试验前后和耐压及局放试验前后各组分气体含量一般应无明显变化。

二十二、声级测定

变压器在运行时会产生一定的噪声，这主要是由于磁芯振动、风扇的噪声以及电流产生的声音等。虽然噪声值相对于其他设备较小，但是如果处于长期噪声环境下会对人造成一定的危害。因此，进行变压器声级测定对于发现问题并采取相应措施具有重要意义。

（一）试验原理

声级计的核心部件是声压电转换器，也称为麦克风或声压传感器。当声波通过声压电转换器时，声波的压力变化将导致传感器内部的薄膜振动。这些振动将转化为电信号，通过传感器的输出端口输出。传感器输出的电信号需要经过一系列的信号处理步骤，以便得到准确的声音强度测量结果。首先，电信号经过放大器进行放大，以增加信号的幅度。然后，信号经过滤波器，滤除噪声和杂散信号，使得测量结果更加准确。最后，信号经过模数转换器，将模拟信号转换为数字信号，以便进行数字信号处理和显示。为更好地反映人类听觉对不同频率声音的敏感度，还需要对声音的频率进行加权，通常以分贝（dB）为单位来表示声音的强度。用于比较两个声音强度的差异。

（二）试验方法

1. 测定仪器的选择

进行变压器声级测定时，为保证检测结果的准确性和可靠性。需要使用适当的仪器，一般可以采用声级计进行测量。在选择仪器时，需要注意其量程、准确度、频率响应等指标，然后根据实际情况设定检测参数。这些参数包括检测频率范围、声压级范围、时间加权等。

2. 测量点的选择

现场测量换流变压器噪声需要在 box-in 内进行测量位置需要选择在换流变本体附近，且远离其他噪声源，测量与基准发射面距离 2m，油箱高度 1/3 处和 2/3 处，轮廓线上相邻两点距离近似相等于 1m，测量点数不少于 10 点，如图 3-2-54 所示。

3. 测试结果

测量时保持检测仪器的稳定性，避免因为仪器误差而影响检测结果。最后，需要记录实际检测数据，以备后续分析和处理，在得到检测数据后，需要进行数据分析和处理。一般来说，可以采用频谱分析、平均声压级计算等方法，得到相应的数据指标。然后根据这些指标，进行数据分析和处理。

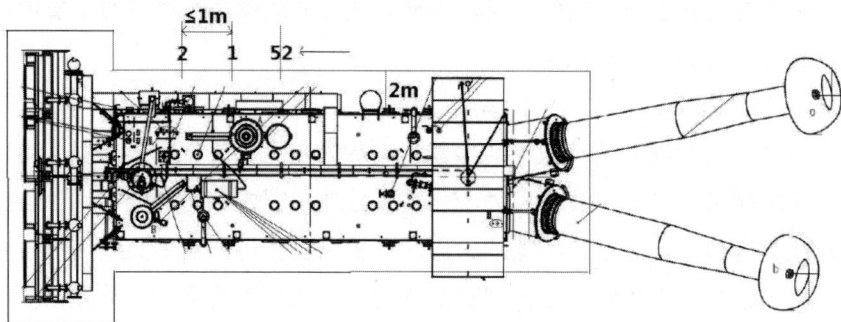

图 3-2-54 声级测点示意图

4. 试验标准

应在额定电压及额定频率下进行，各相间相互比较，判断有无异常。一般 ≤70dB（A）（或按合同要求或大容量变压器为 Box-in 设计时）。

第二节　换流变压器预防性试验

电气设备的预防性试验的目的在于检查电气设备在长期运行中是否保持良好状态，掌握电气设备的绝缘情况，以便发现缺陷及时处理。对防止电气设备在工作电压或过电压作用下击穿造成的停电及严重损坏设备的事故，起着预防作用。预防性试验项目大部分都包含在交接试验项目中，此处不做详细介绍。预防性试验项目见表 3-2-5。主要试验周期见图 3-2-55。

表 3-2-5　　　　预 防 性 试 验 项 目

序号	预防性试验项目	序号	预防性试验项目
1	红外测温	7	有载调压装置的试验和检查
2	绝缘油试验	8	网侧绕组连同套管的直流电阻测量
3	套管试验	9	气体继电器校验
4	铁心及夹件绝缘电阻测量	10	温度表计校验
5	绕组连同套管的绝缘电阻、吸收比和极化指数测量	11	油中溶解气体色谱分析
6	绕组连同套管的介质损耗因数（$\tan\alpha$）和电容量测量		

试验项目	周期
油中溶解气体色谱分析	3 个月
绝缘油试验	1 年
电容式套管介质损耗因数（$\tan\alpha$）和电容值	3 年
绕组连同套管的直流电阻测量	网侧绕组为 3 年，阀侧绕组必要时
铁芯及夹件绝缘电阻测量	3 年
绕组连同套管的绝缘电阻、吸收比和极化指数测量	3 年
绕组连同套管的介质损耗因数（$\tan\alpha$）和电容量测量	3 年
红外测温	1 个月

图 3-2-55 主要预防性试验周期

第三章 换流变压器事故处理

第一节 常见故障处理流程

一、换流变电气量保护动作处理

（一）现象

（1）事件记录出现相应换流变保护动作报警信号。

（2）对应换流阀闭锁。

（3）相应的交流开关跳闸并被闭锁。

（二）处理

（1）立即汇报调度及站领导。

（2）检查直流系统运行情况，在运阀组是否出现过负荷，必要时申请调度进行运行方式调整或降低直流负荷。

（3）现场检查一次设备是否动作正常。

（4）检查保护范围内的一次设备有无明显故障点。

（5）检查保护装置的动作情况，查看故障信息。

（6）整理故障录波、事件记录，并传真至相关调度和部门。

（7）若设备有明显故障，应及时进行隔离，做好安全措施。

（8）通知检修人员检查处理分析。

（9）若确认保护装置误动，待保护装置故障排除后，方可试充电。

（10）若保护装置误动且检查未发现故障时，经总工程师或主管生产的领导批准，申请调度，停用故障的保护后，方可试充电。

二、换流变电气量保护报警处理

（一）现象

事件记录发相应换流变保护报警信号。

（二）处理

（1）汇报调度及站领导。

（2）密切监视换流变运行情况，包括油温，绕温、电压、电流等参数。

（3）到现场检查变压器运行情况，必要时可采取启动备用冷却器、冲水辅助降温措施。

（4）通知检修检查处理分析。

（5）如报警持续未消除并伴随产生其他异常情况，经管理处主管生产领导批准可申请调度调整系统运行方式或降低运行负荷，必要时申请停运对应阀组。

三、换流变冷却器故障处理

（一）现象

事件记录发相应报警信号。

（二）处理

（1）现场检查冷却器是否停运，冷却器电源小开关是否跳闸。

（2）如是电源小开关跳闸，检查电源故障原因，尽快恢复电源。

（3）未发现异常情况，可以试合一次电源小开关，若合上后再次跳开或无法合上，联系检修处理。

（4）如电源正常，检查油流指示是否正常、风扇运行是否正常。

（5）如油流指示异常或风扇故障，则停运该组冷却器，通知检修处理，同时加强油温监视，必要时启动备用冷却器，采取辅助降温等措施。

四、换流变在大负荷时失去备用冷却器处理

（一）现象

事件记录发冷却器故障报警；

事件记录发冷却器失去冗余报警。

（二）处理

（1）现场检查剩余冷却器是否全部运行正常。

（2）若有冷却器未启动,则检查冷却器未启动的原因,并尽快恢复冷却器的运行。

（3）若无法启动冷却器启动失败,则做好安措通知检修人员处理。

（4）加强换流变绕组温度和油温监视。

（5）如果绕组温度或油温持续上升达到告警值,应采取辅助降温措施,必要时经总工程师或主管领导批准,申请调度降低直流负荷。

五、换流变辅助电源丢失处理

（一）现象

（1）事件记录发换流变压器辅助电源丢失报警。

（2）换流变辅助电源自动切换至备用电源。

（二）处理

（1）现场检查冷却器控制柜内电源切至另一路运行正常,冷却器风扇运行正常,油流指示正常。

（2）如果冷却器电源控制柜内退出运行的一路电源接触器烧糊,到 400V 配电室检查该路冷却器电源开关是否跳闸,如果未跳闸将该开关断开,如果已经跳闸,做好安措联系检修处理。

（3）如果冷却器电源控制柜内外观检查无异常,到 400V 配电室检查冷却器电源开关是否跳闸。如果未跳闸,而 400V 母线电压正常,则将该故障电源开关断开,联系检修处理;如果 400V 配电室该路冷却器电源开关已经跳开,将跳闸开关试合一次,试合不成功联系检修处理,在试合之前应将冷却器控制柜内电源切换把手切至备用电源。

（4）如果两路冷却器电源均不能恢复,应立即他能告知检修处理,同时密切监视换流变运行温度。换流变无冷却器运行状态下若油温达到 75℃,经主管生产领导批准,申请调度将换流变压器停运。

六、换流变油温高/绕组温度高处理

（一）现象

（1）事件记录发换流变油温高报警。

（2）事件记录发换流变绕组温高报警。

（二）处理

（1）汇报调度和站领导。

（2）现场检查换流变就地温度表读数，若就地温度表读数正常，未达到报警值，则通知检修人员检查监视和报警回路是否正常。

（3）若就地温度表读数达到报警值，检查冷却器是否全部投入运行，检查冷却器油回路阀门位置是否正常。

（4）若冷却器未全部投入运行，检查冷却器未启动的原因，并尽快恢复运行。

（5）若冷却器油回路阀门位置异常，应立即恢复至正常位置；若冷却器已全部投入运行且阀门位置正常，通知检修人员检查监视和报警回路是否正常。

（6）如果温度持续升高达到报警值，经总工程师或主管领导批准，申请调度降低直流负荷，必要时申请调度停运。

七、换流变压力释放阀动作处理

（一）现象

事件记录发换流变压力释放阀动作报警。

（二）处理

（1）汇报调度及站领导。

（2）立即派人到现场检查，确认换流变压力释放阀是否动作。

（3）联系检修人员取油样分析。

（4）若油样分析结果无异常，汇报站领导和调度，复归信号并加强观察。

（5）若油样分析结果显示换流变内部有故障，经管理处领导同意后，申请调度将该换流变停运。

八、换流变大量漏油处理

（一）现象

现场巡检发现换流变本体大量漏油；

事件记录发油枕油位低告警。

（二）处理

（1）立即派人到现场检查漏油的情况；将有关情况汇报站领导，通知检修人员分析，若不具备带电检修的条件，则申请调度将该换流变尽快停运。

（2）将换流变转检修，关闭本体油枕至本体油箱的阀门，关闭分接头油枕至分接头油箱的阀门。尽可能采取相应的隔离措施。

（3）加强现场的防火措施，通知检修检查处理。

九、换流变分接头不一致处理

（一）现象

事件记录发换流变分接头不一致报警信号。

（二）处理

（1）检查监视界面上与现场分接头各相挡位是否一致；检查触发角是否在正常范围内。

（2）检查故障分接头调节机构外观是否正常，分接头电机电源开关是否投入正常。

（3）若故障分接头调节机构外观出现明显变形、传动杆脱扣等现象，应断开分接头电机电源开关，并将同阀组其他换流变分接头控制方式打至"手动"，经主管生产领导批准，申请调度将换流变压器停运。

（4）若故障分接头电机电源投入正常，在监视界面上将分接头控制方式打致"手动"，手动调节故障分接头，与其他相保持一致。

（5）若故障分接头电机电源开关跳开，可试合一次，试合成功，应检查该相分接头自动与其他相调节一致。试合不成功，应现场手动将该相分接头摇至与其他相一致。

（6）若故障发生在功率升降过程中，则应监视触发角变化情况，在触发角快超出正常范围以前，申请调度将分接头故障的一极控制方式改为极功率控制模式，完成功率后，调整分接头故障的一极，使之一致，再重新改为双极功率控制。

（7）若无法在分接头不一致的情况下，完成功率升降，则应监视触发角变化情况，在触发角快超出正常范围以前，申请调度暂停功率升降，待调整一致后重新进行功率调整。

（8）通知检修检查处理分析。

十、换流变瓦斯保护动作处理

（一）现象

（1）事件记录发换流变轻/重瓦斯保护动作报警信号。

（2）相应换流阀 Z 闭锁。

（3）相应交流开关跳闸并被闭锁。

（二）处理

（1）立即汇报站领导及调度。

（2）若现场有浓烟或起火，同时有消防报警信号时按换流变火灾消防应急预案进行灭火。

（3）检查直流系统运行情况，在运阀组是否出现过负荷，必要时申请调度进行运行方式调整或降低直流负荷。

（4）现场检查故障换流变已停运，对应换流阀已被隔离。

（5）检查故障换流变外观有无喷油，损坏等明显故障。

（6）若外观检查有明显故障，应申请调度将故障换流变转检修。

（7）联系检修人员检查处理分析。

（8）整理故障录波、事件记录，并传真至相关调度和部门。

（9）如经检修人员确认重瓦斯保护误动，经主管生产领导批准，报调度同意后，停用重瓦斯保护（但差动及其他保护必须投入），按调度令对换流变充电恢复运行。

十一、换流变阀侧套管 SF_6 压力监视动作处理

（一）现象

事件记录发换流变阀侧套管 SF_6 压力低报警信号。

（二）处理

（1）通知检修人员检查报警回路是否正常，报警是否真实存在。

（2）若为误报警，则申请管理处领导批准，为防止保护误动作，可将跳闸回路解除，运行人员现场加强监视。

（3）若为等级 1 报警，则密切监视套管运行情况，发现压力持续降低至等级 2 报警，申请调度停电处理。

（4）若为等级 2 报警，则密切监视套管运行情况，发现压力有降低趋势，申请调度停电处理。

（5）若为等级 3 跳闸，而此时若相应换流变交流进线开关未跳开，则立即手动拉开开关，将换流变紧急停运，联系检修人员检查处理分析。

十二、换流变在线监测报警处理

（一）现象
事件记录发换流变在线监测报警。

（二）处理
（1）现场检查在线监测装置的测量值是否正常。

（2）检查在线监测装置运行是否正常，有无电源小开关跳开；如果跳开且小开关外观无异常，则试合一次。

（3）若现场检查未发现异常，通知检修人员处理分析。

（4）汇报站领导。

第二节　典型故障案例分析

一、换流变油枕胶囊故障

（一）监测手段
故障通过巡检观察呼吸器发现。

（二）故障特征
本体油枕呼吸器处持续漏油。

（三）发生案例
2011 年 4 月 29 日 11:00，复龙站运行人员例行巡检时发现极Ⅱ高端 Y/Y－C 相换流变（西门子）本体油枕呼吸器处持续漏油，达到 1～2L/min（见图 3－3－16），经现场处理后于 15:00 漏油停止。2011 年 5 月 2 日 4:44，极Ⅱ高端 Y/Y－C 相换流变本体轻瓦斯报警。4:54，极Ⅱ高端 Y/Y－C 相换流变本体重瓦斯保护动作跳闸，极Ⅱ高端阀组闭锁，双极功率 1000MW 转至其他三个换流器运行，直流系统输送功率未损失，500kV 交流系统运行正常。阀组闭锁后，现场检查发现该变压器油枕左侧胶囊爆裂。

（四）分析诊断

（1）通过触摸瓦斯继电器连接管道的温度判断，变压器本体油面大约低于瓦斯继电器 20cm 左右，但油位表的指示未降至报警油位，未发油位低报警信号如图 3-3-1 所示。

图 3-3-1　油枕油位

（2）打开油枕取出左侧胶囊，发现胶囊底部贯穿性爆裂。

（3）在取出左侧胶囊后发现油位表指示下降（如图 3-3-2 所示），并发出油位低报警信号。

图 3-3-2　油位下降

（五）处置方法

现场使用备用换流变油枕胶囊对故障胶囊进行了更换，并从油枕抽真空注油。于 5 月 3 日 1:53 向调度汇报故障处理工作完工，2:43 恢复正常运行。

图 3-3-3 呼吸器漏油

（六）预防措施

投运前对胶囊进行检查，保证胶囊干净无油，并保持微正压，防止褶皱。

年度检修期间对胶囊进行内窥镜检查，若发现有油，立即更换胶囊。若胶囊有褶皱，使用充气装置让胶囊保持微正压。

巡检期间注意观察呼吸器状态和现场油位高低，有问题及时汇报处理。

二、换流变套管故障

（一）检测手段

故障通过每日巡检抄录压力，分析比对后发现。

（二）故障特征

经泄漏检查确定极 I 高端 Y/Y B 相换流变 2.1 套管本体存在 SF_6 渗漏，12 小时内泄漏浓度约 240μL/L。

（三）发生案例

复龙换流站极 I 高端 Y/Y B 相换流变压器（型号：EFPH8557）由德国西门子公司供货，换流变阀侧套管为德国 HSP 公司生产的 SF_6 套管（型号：GSETF 2090/844-4100），于 2010 年 7 月正式投入运行。2011 年 9 月 8 日，经泄漏检查确定极 I 高端 Y/Y B 相换流变 2.1 套管本体存在 SF_6 渗漏，12 小时内泄漏浓度约 240μL/L。

（四）分析诊断

运行期间，现场每日巡视换流变运行状况并定期人工抄录换流变套管压力值进行比对分析。8月2日之前抄录换流变套管压力值对比分析无异常，极 I 高端 Y/Y B 相换流变 2.1 套管 SF_6 压力值为 3.4bar（额定值 3.2bar，报警值 2.4bar，跳闸值 1.0 bar）；8月12日抄录极 I 高端 Y/Y B 相换流变 2.1 套管 SF_6 压力值为 3.29bar，比对分析认为极 I 高端 Y/Y B 相换流变 2.1 套管可能存在泄漏，其他换流变套管压力值比对分析无异常。

利用9月8～10日极 I 直流分压器停电消缺期间，现场对极 I 高端 Y/Y B 相换流变 2.1 套管进行 SF_6 泄漏检查，使用手持式 SF_6 泄漏定性检测器检测到套管外绝缘硅橡胶中上部存在间歇性 SF_6 泄漏，后通知技术监督单位对此可能泄漏点进行定量分析并通知西门子厂家，西门子广州分公司技术人员到现场，9月8日 24:00 对可能泄漏点进行包扎（见图 3-3-59），9月9日 12:00 对包扎后可能收集的 SF_6 气体进行测量，测量到 SF_6 气体浓度为 240μL/L。经厂家和技术监督单位现场见证确定：极 I 高端 Y/Y B 相换流变 2.1 套管本体存在泄漏。

图 3-3-4　套管检漏

（五）处置方法

该故障套管在解体检查过程中，检查发现复合外套环氧树脂筒内壁有 1 个黑色针孔（见图 3-3-5），及 1 个疑似杂质点。厂家 HSP 技术人员初步分析认为黑色针孔，疑似漏点，需要更换复合外套。

图 3-3-5　黑色针孔

　　该套管在更换复合外套（见图 3-3-6），经过相关试验合格后，已经安装到换流变上（见图 3-3-7）。

图 3-3-6　套管复合外套

图 3-3-7　套管安装到位

（六）预防措施

建议各站加强巡检，加强对 SF$_6$ 压力的巡视。若 SF$_6$ 压力无一体化后台显示，建议接入一体化后台。

三、换流变分接开关故障

（一）检测手段

换流站由降压转全压过程中，换流变分接头电机电源发生 2 次跳开。一天后由降压转全压过程中，分接头电机电源开关再次跳开。

（二）故障特征

分接头电机电源开关跳开。

（三）发生案例

2019 年 2 月 13 日晚，锦苏直流由降压转为全压过程中，极 Ⅱ 高 YD – C 相换流变分接头电机电源开关发生 2 次跳开。2 月 14 日晚，锦苏直流由降压转为全压过程中，极 Ⅱ 高 YD – C 相换流变分接头电机电源开关再次跳开。

（四）分析诊断

首先是对分接头跳开的第一种情况进行处理。2019 年 2 月 13 日 18 时 22 分，OWS 后台 CCP21A/B 报"分接头未同步"，OWS 后台查看分接头挡位，极 Ⅱ 高 YD – C 相换流变分接头在 7 挡，同阀组其余换流变分接头挡位在 6 挡。对现场一二次设备进行检查，发现：① 分接头电机电源空开跳开；② 升挡接触器、降挡接触器、滑档保护时间继电器、步进继电器均未动作；③ 分接头挡位指针在接近 7 挡（尚未到达）位置；④ 刹车圆盘上红线与刹车片红线未对齐，如图 3 – 3 – 8 所示，其余一、二次设备未见异常。

由于现场检查未发现任何异常，首先将电机电源合上，合上后分接头未进行升降挡，然后现场进行手动降挡 2 次，一次手动升挡，均未发现异常。

其次是对分接头跳开的第二种情况进行处理。2019 年 2 月 13 日 20 时 01 分，OWS 后台 CCP21A/B 再次报"分接头未同步"，OWS 后台查看分接头挡位，极 Ⅱ 高换流变分接头均在 16 挡。对现场一二次设备进行检查，发现：① 分接头电机电源空开跳开；② 升挡接触器、滑档保护时间继电器、步进继电器均动作，降挡接触器未动作；③ 分接头挡位指针在接近 17 挡（尚未到达）位置，如图 3 – 3 – 9 所示，其余一、二次设备未见异常。2 月 14 日故障现象和处理方法和第二种情况一致。

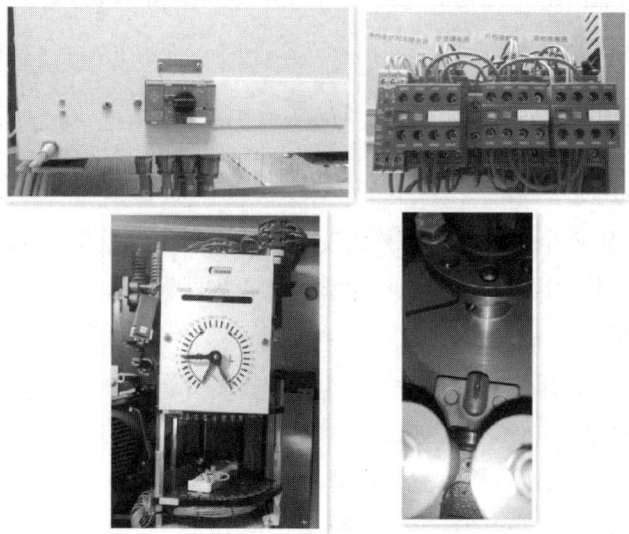

图 3-3-8　现场检查情况 1

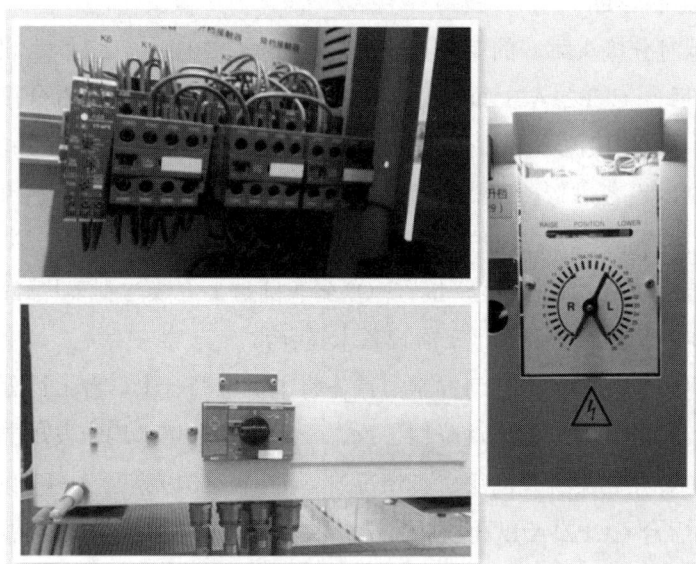

图 3-3-9　现场检查情况 2

第一种故障（仅发生一次），滑档时间保护继电器并未动作，但是分接开关电机电源开关跳开，故障原因可能为：① 分接开关电机电源开关使用时间较长，导致热偶保护不准，当开关电机电源开关中流过低于定值的电流时，热偶保护误动作，将开关跳开；② 分接开关连续升挡过程中，由于电机启动电流较大，导致热偶电阻发热，最终使开关跳开。

第二种故障，滑档时间保护继电器动作，滑档原因分析如下：从分接开关的升挡回路中可知，欲使分接开关不连续的升挡，升挡末期如图 3-3-10 中的红色和绿色回路必须同时断开，从分接开关的辅助接点时序图中可知，在 24 到 25 转中，S12 的 3、4 辅助接点和 S11 的 1、2 辅助接点同时断开的时间仅有 0.3 转（约 0.067s），在这 0.3 转里，若 S12 的 3、4 辅助接点推迟断开、S11 的 1、2 辅助接点提前闭合、K2 继电器的 33、34 辅助接点未及时断开都有可能造成分接头连续升挡。控制回路示意图如图 3-3-10 所示。

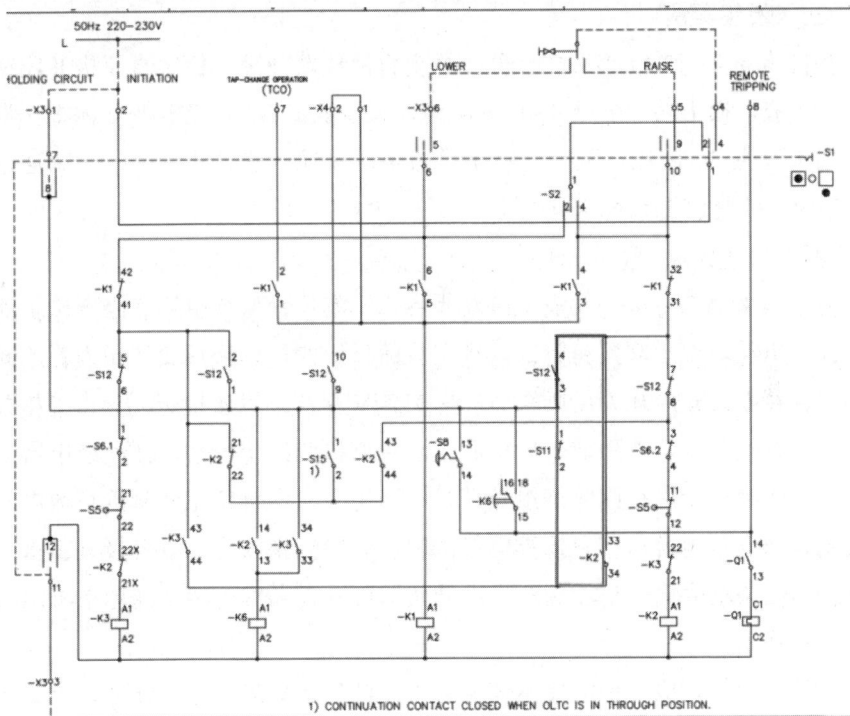

图 3-3-10　分接开关控制回路示意图

（五）处置方法

按照预案，将换流变将分接开关控制方式打至"手动"，就地对滑档时间保护继电器进行复位，就地升降挡无异常后，再将换流变将分接开关控制方式打至"远方"。

（六）预防措施

年检期间加强对分接开关回路的检查，检查控制回路、传动回路等，确认无误。

四、换流变瓦斯继电器故障

（一）检测手段

换流变本体重瓦斯动作。

（二）故障特征

换流站一台换流变本体重瓦斯动作。

（三）发生案例

2011 年 3 月 13 日 22 时 39 分，德宝直流线路故障，德宝直流极 II 闭锁。23 时 22 分，极 I 功率降至 1300MW 时，极 I Y/Y–C 相换流变本体重瓦斯动作，极 I 发生 Y 闭锁。故障前极 I 单极全压大地回线方式运行，宝鸡送德阳1500MW，控制保护系统运行正常。

（四）分析诊断

检查极 I Y/Y–C 相换流变外观无异常，本体瓦斯继电器上浮球位于观察窗上部，下浮球位于观察窗下部。极 I 直流场、阀厅、换流变（压力释放阀、网侧套管瓦斯、分接开关瓦斯未动）及 330kV 交流场设备检查无异常。相关二次设备检查无异常。故障前、后换流变油色谱检测结果正常，瓦斯继电器无气体。对故障换流变进行网侧绕组及套管绝缘电阻、网侧绕组及套管直流电阻、网侧绕组及套管电容量、介损等电气试验，试验结果与出厂、交接试验报告比对分析，结果均合格。初步判断本次动作原因为瓦斯继电器下浮球下沉造成跳闸接点动作。

经检查分析，极 I 换流变本体无异常，油色谱数据正常，瓦斯继电器无气体，排除换流变本体故障的可能。但瓦斯继电器机构处于动作状态，解体后发现下浮球存在微小缝隙，在长期运行过程中变压器油逐渐渗入下浮球内，导致浮球质量增大下沉，造成瓦斯继电器跳闸接点动作。瓦斯继电器上、下浮球质量对比情况如图 3–3–11 所示。

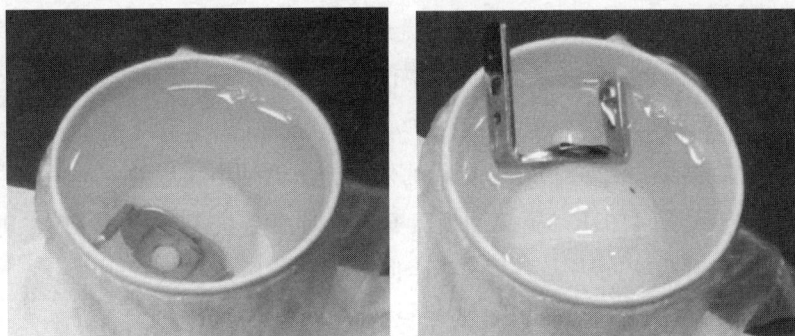

图3-3-11　上下浮球质量对比

综上所述，浮球质量问题是造成换流变本体重瓦斯动作、德宝直流极Ⅰ闭锁的原因。

（五）处置方法

对同批次 EMB 瓦斯继电器全部进行更换。

（六）预防措施

（1）在瓦斯继电器校验时，增加变压力循环项目，以避免发生同类问题。

（2）建议在瓦斯继电器浮球制造过程中，采用真空一次成型制造工艺，或采用新型材料制成实心球。

五、换流变压力释放阀故障

（一）检测手段

后台发现换流变压力释放阀动作。

（二）故障特征

换流变压力释放阀动作。

（三）发生案例

2010年5月4日13时44分，复龙换流站极Ⅰ低端Y/D-B相换流变在无油位报警情况下本体压力释放阀动作。故障前双极四换流器全压运行，极Ⅰ低端输送功率1600MW。

（四）分析诊断

1. 压力释放器开启静压力分析

压力释放阀所受静压力为储油柜至箱盖油面压力，由于储油柜最高油位至箱盖高度为 4.1m，因此压力释放阀所受静压力为 36kPa，远小于压力释放阀开启压力 83kPa±7kPa，因此换流变正常工作时，压力释放阀不会动作。

2. 储油柜注油量分析

根据检查结果，油温 30℃时实际油位已超出储油柜高度的一半位置，储油柜中的剩余油量为 4107L，折算到换流变运行时油温 63℃时为 6535L，可能导致储油柜上部呼吸空间裕度小，胶囊阻塞呼吸孔，压力释放器动作。

3. 估算压力释放器喷油时储油柜中的实际油量

实际油量＝压力释放阀喷出的油量（约 30L）＋压力释放阀喷油后变压器停运前放的油量（约 836L）＋剩余的油量（约 6535L，63℃时）＝7421L。

4. 油位计问题分析

对相关设计图纸进行检查，发现油位计浮杆长 1910mm，相应油位计最高油位报警时油位高度理论值为 1529mm，距储油柜顶部仅 71mm 距离，裕度非常小，导致油位计达不到最大油位报警位置。

储油柜总容积为 7840L，储油柜中实际油量约为 7421L，两者相差仅419L，储油柜上部空间较小；再者油位计浮杆设计过长，以致+20℃参考油位不准。由此确定注油过量是造成胶囊呼吸孔阻塞进而导致压力释放阀动作的根本原因。

（五）处置方法

1. 浮杆截短处理

极Ⅰ低端换流变停运后，检修人员对极Ⅰ低端 Y/D－A、B、C 三相本体油枕油位计的浮杆长度截短，浮杆长度由 1910mm 截短至 1500mm。

2. 核对油位计信号

浮杆及油位计回装后，检修人员进入油枕手动调节浮球位置，确认 OWS 上对应出现换流变油枕油位"高油位报警""油位 OK""低油位报警"信号。

3. 油枕真空注油

油枕浮杆截短工作结束后，对油枕各密封盖和油管道进行回装，并对油枕抽真空至 100Pa，在真空状态下对油枕进行注油。当油位计指向"+20℃"刻度时，停止抽真空并缓慢对油枕胶囊注空气。考虑到油枕破真空后油枕油位会降低，对油枕进行适当补油，调节油位到油位计"+20℃"刻度。

（六）预防措施

（1）要求厂家和施工单位在进行油枕安装的时测量浮杆的实际长度，并进行人工检验浮杆上下活动是否正常，同时油位表能否正确输出"高油位报警""油位 OK""低油位报警"的接点信号。

（2）要求厂家和施工单位对在运换流变油枕进行充放油试验，确保油枕油位表功能正常。

六、换流变温度类故障

（一）监测手段

非电量保护屏柜显示温度高报警。

（二）故障特征

极Ⅱ低端换流变非电量保护屏显示"Y/D－A 相交流侧绕组温度高启动"。

（三）发生案例

2011 年 11 月 3 日 05 时 35 分 09 秒，复龙换流站极Ⅱ低端 Y/D－A 相换流变网侧绕组温度高保护 B、C 套动作，因故障前双极四阀组在冷备用状态，进线开关 5142、5143 已断开，仅使极Ⅱ低端换流变进线开关 5142、5143 锁定。故障前复奉直流双极四阀组冷备用状态。现场检查情况现场检查极Ⅱ低端换流变非电量保护屏显示"Y/D－A 相交流侧绕组温度高启动"，如图 3－3－12 所示。

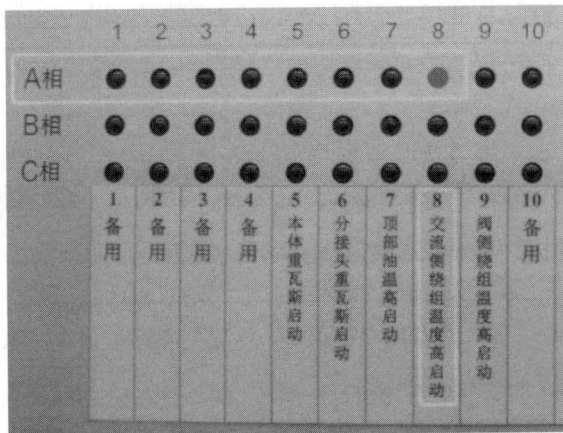

图 3－3－12　非电量保护屏显示

（四）分析诊断

现场检查极Ⅱ低端Y/D-A相换流变网侧绕组温度表，温度表内部干燥，无进水情况。现场对温度表跳闸节点进行测量，发现53、54跳闸接点（跳闸2）误导通，确认网侧绕组温度表损坏，如图3-3-13所示。

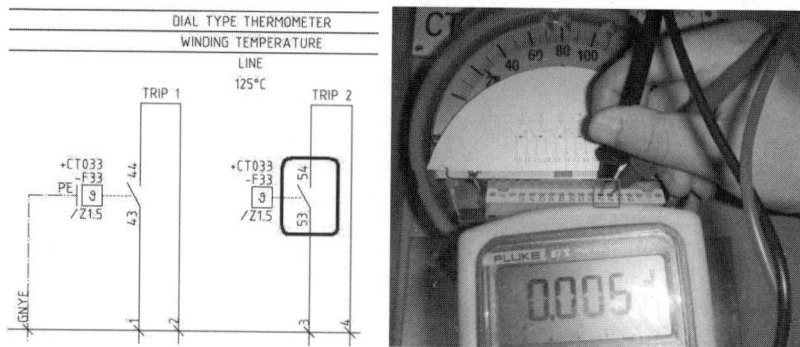

图3-3-13　温度表跳闸节点测量图

此次故障原因为网侧绕组温度表的53、54接点故障误导通，即Trip2（跳闸2）回路动作，使得换流变非电量保护B、C同时动作，而换流变温度表仅配置了2对跳闸接点，通过使用中间继电器来实现保护的三重化配置，任意跳闸接点动作即真正出口跳闸，最终导致保护出口跳闸。

（五）处置方法

拆除温度表侧、温度传感器侧接线，对线缆做好标记。检查备用温度表各接点电阻及绝缘结果正常，随即更换故障温度表并恢复接线，如图3-3-14所示。

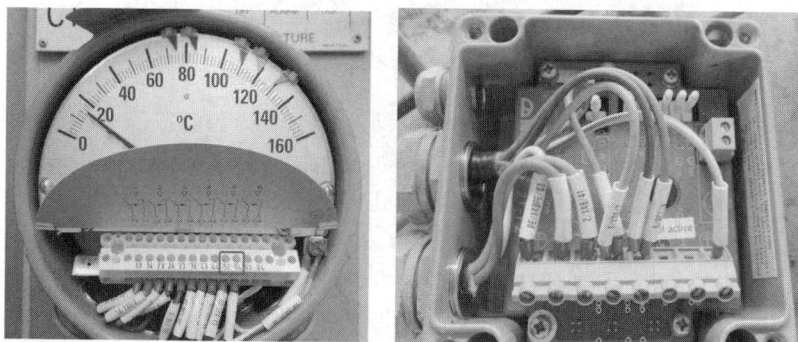

图3-3-14　温度表重新接线

（六）预防措施

（1）在非电量保护三取二改造完成之前，将换流变油温、网侧绕温、阀侧绕温动作由跳闸改为报警。

（2）在年度检修期间完成分接开关油流保护、阀侧套管六氟化硫压力保护、油温保护、网侧绕组温度保护、阀侧绕组温度保护等非电量保护三取二改造。

七、换流变漏油类故障

（一）监测手段

现场检查发现。

（二）故障特征

阀门开裂，大量漏油。

（三）发生案例

2015 年 6 月 27 日 15 时 20 分，金华换流站极Ⅱ高端 Y/Y−B 相换流变本体与冷却器连接部位阀门（编号：AA514）大量漏油。现场天气晴，气温 33℃，金华站极Ⅱ高端阀组处于检修状态，极Ⅰ双阀组、极Ⅱ低端阀组大地回线方式运行，输送功率 4849MW，现场正按计划开展极Ⅱ高端换流变本体截流阀改造工作，本体至油枕蝶阀关闭。

（四）分析诊断

检查发现阀门本体开裂，油位始终维持在 55%。如图 3−3−15 所示。

图 3−3−15 阀门漏油

故障阀门位于换流变本体底部至冷却器油回路，与散热器连接法兰高差为3mm，弯管与散热器连接采用波纹管过渡，两侧连管高差约为30mm，致使阀门长期承受外部应力，阀门薄弱部位开裂。

（五）处理方法

故障阀门用于冷却器与本体连接，无法隔离故障点，更换备用800kV换流变。

（六）预防措施

对所有换流变波纹管高差进行测量，对于高差超过10mm的波纹管进行调整，确保阀门不受较大应力。

八、换流变冷却器油流指示器故障

（一）监测手段

通过后台报文发现。

（二）故障特征

后台报“换流变TECB星接C相第三组冷却器故障信号出现”报文。

（三）发生案例

2022年7月20日15时54分，雅砻江换流站OWS后台报“换流变TECB星接C相第三组冷却器故障信号出现”，如图3－3－16所示。运行人员现场检查该组冷却器运行状态正常，油流指示器机械指针处于OFF状态，此时该换流变油温40.1℃，环境温度17℃。

3187	2022-07-20 15:50:43.884	S1P2CCP2	B	正常	换流变	TECB角接A相第三组冷却器 运行
3188	2022-07-20 15:51:57.419	S1P1CCP1	B	正常	换流变	极1高端换流变星接C相BOX-IN 1号风机运行 出现
3189	2022-07-20 15:51:57.423	S1P1CCP1	A	正常	换流变	极1高端换流变星接C相BOX-IN 1号风机运行 出现
3190	2022-07-20 15:53:20.368	S1P2CCP2	B	正常	换流变	TECB角接A相第一组冷却器 停运
3191	2022-07-20 15:53:20.402	S1P2CCP2	A	正常	换流变	TECA角接A相第一组冷却器 停运
3192	2022-07-20 15:53:20.402	S1P2CCP2	A	正常	换流变	TECB角接A相第一组冷却器 停运
3193	2022-07-20 15:53:20.416	S1P2CCP2	B	正常	换流变	TECA角接A相第一组冷却器 停运
3194	2022-07-20 15:54:05.008	S1P2CCP2	B	正常	换流变	TECA星接C相第三组冷却器 运行
3195	2022-07-20 15:54:05.042	S1P2CCP2	A	正常	换流变	TECA星接C相第三组冷却器 运行
3196	2022-07-20 15:54:05.042	S1P2CCP2	A	正常	换流变	TECB星接C相第三组冷却器 运行
3197	2022-07-20 15:54:05.056	S1P2CCP2	B	正常	换流变	TECB星接C相第三组冷却器 运行
3198	2022-07-20 15:54:29.969	S1P2CCP2	B	报警	换流变	TECB星接C相第三组冷却器故障信号 出现
3199	2022-07-20 15:54:30.003	S1P2CCP2	A	报警	换流变	TECB星接C相第三组冷却器故障信号 出现
3200	2022-07-20 15:54:37.252	S1P2CCP2	A	正常	换流变	TECA星接B相第二组冷却器 运行
3201	2022-07-20 15:54:37.252	S1P2CCP2	A	正常	换流变	TECB星接B相第二组冷却器 运行
3202	2022-07-20 15:54:37.266	S1P2CCP2	B	正常	换流变	TECA星接B相第二组冷却器 运行
3203	2022-07-20 15:54:37.266	S1P2CCP2	B	正常	换流变	TECB星接B相第二组冷却器 运行
3204	2022-07-20 15:56:33.333	S1P2CCP2	B	正常	换流变	TECA星接A相第三组冷却器 运行
3205	2022-07-20 15:56:33.366	S1P2CCP2	A	正常	换流变	TECA星接A相第三组冷却器 运行

图3－3－16　极Ⅱ低端Y/Y－C相换流变第三组冷却器故障报文

该油流指示器由法兰组件和表头组件组成：法兰组件包括非磁性的无孔压铸法兰、支撑管、叶片和磁铁，其中叶片和磁铁安装在同一中心轴上；表头组件包括压铸外壳、跟随磁铁和指示器指针，其中跟随磁铁和指示器指针安装在同一中心轴上。表头组件通过螺丝安装到驱动器组件上，如图3-3-17所示。

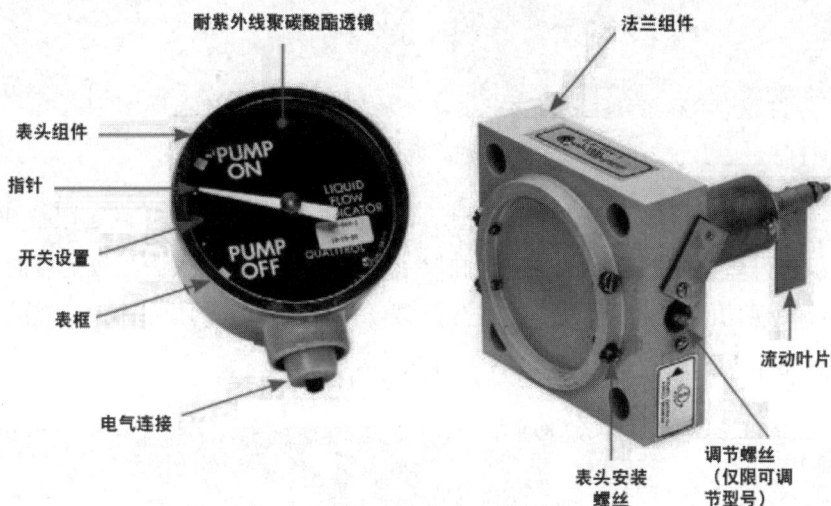

图3-3-17 油流指示器结构示意图

（四）分析诊断

异常发生后，现场检查3号冷却器接触器为吸合状态，潜油泵接线盒内接线柱电源正常，超声波流量计检测发现该台油泵为正常运行状态，且油泵转向正确。为防止油流指示器机械传动挡板可能存在卡涩或脱落造成故障进一步扩大，现场立即关闭该组冷却器电源，并关闭该组冷却器下部阀门。

现场拆卸下异常油流指示器表头并将其安装在同型号备件机械传动部位上，拨动机械传动挡板，油流指示器机械指针可同步变化，初步判定故障部位在该油流指示器油管内部机械传动部位。在油泵均未启动的情况下，现场对异常油流指示器油管路部分进行X光检测，发现其油路内部的机械传动挡板并未发生断裂、脱落现象，通过对400kV备用变正常油流指示器开展X光检测，对比发现异常油流指示器挡板方向（朝下）与正常挡板方向（朝上）相反，如图3-3-18所示。

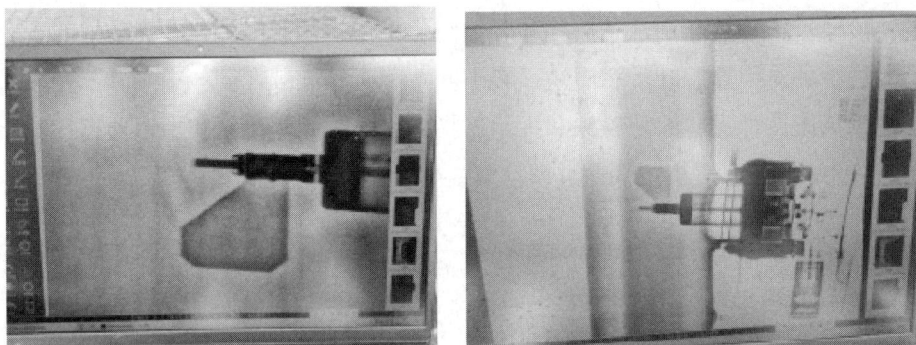

图 3-3-18　油流指示器挡板位置对比

由图 3-3-18 可知，异常油流指示器挡板已经转动 180°，超过限位 90°，且挡板未发生延螺杆方向的位移，排除了挡板轴套与转轴失去限位的可能。检查备品发现挡板定位销钉较容易发生断裂，在检查过程中用力稍大即造成了备品油流指示器销钉断裂，如图 3-3-19 所示。

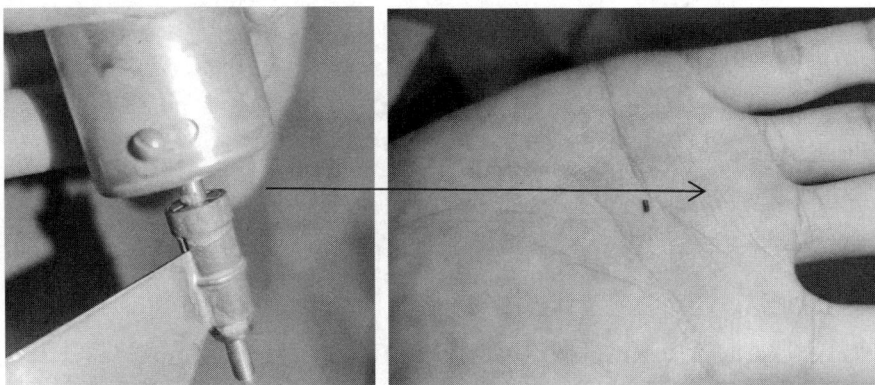

图 3-3-19　备品油流指示器定位销钉断裂

经分析极Ⅱ低端 Y/Y-C 相油流指示器异常原因为挡板定位销钉断裂导致挡板轴套与转轴失去限位装置。

（五）处置方法

2023 年 4 月 17 日，年度检修期间，拆卸极Ⅱ低 Y/Y-C 相换流变第三组冷却器的油流指示器，发现部分残留销钉，长约 4.4mm，挡板效果已经失效。为了防止销钉剩余部分在冷却器内对运行造成风险，对极Ⅱ低 Y/Y-C 相换流变第三组冷却器进行了整组更换，并重新更换了新的油流指示器，如图 3-3-20 所示。

图3-3-20　冷却器更换

（六）预防措施

（1）年检期间可开展 X 光检查，重点检查是否有冷却器挡板失去效果。

（2）建议统一使用传感器型的油流指示器，不使用挡板式油流指示器。

九、换流变开关切换导致油色谱特征气体异常告警

（一）监测手段

一体化后台油色谱数据告警。

（二）故障特征

后台特征气体达到注意值。

（三）发生案例

2022年3月14日～4月26日，宜宾换流站运行人员在监盘查看在线色谱数据时，发现极 I 的 12 台换流变在线油色谱的乙炔（C_2H_2）含量均陆续首次出现，达到国网下发的文件中《设备变电〔2022〕147 号文》对特高压换流变在线监测数据中的注意值要求。如图3-3-20所示。其他特征气体含量正常，未见明显增长。

表3-3-1　　　　　　　　特高压换流变在线监测油色谱阀值

监测项目		注意值1	注意值2	告警值	停运值
气体含量 （μL/L）	乙炔	≥0.5	≥1	≥3	≥5[注1]
	氢气	≥75	≥150	/	≥450[注1]
	总烃	≥75	≥150	/	≥450[注1]
气体绝对增量 （μL/L）	乙炔	周增量≥0.3	从无到有	周增量 ≥1.2	周增量≥2
			长期稳定设备乙炔突增且 周增量≥0.3		日增量≥2
			周增量≥0.6		每4h增量≥2
					每2h增量≥1.5
	氢气[注2]	周增量≥10	周增量≥20	/	/
	总烃[注2]	周增量≥5	周增量≥10	/	/
相对增长速率（%/周）	总烃	周增量≥10	周增量≥20	/	

注1：乙炔、氢气或总烃缓慢达到停运值，可经专家诊断分析后确定停运时间；

注2：氢气≤30μL/L时，不计算绝对增量；总烃≤30μL/L时，不计算绝对增量和相对增长速率。

表3-3-2　　　　　　　　特高压换流变离线油色谱阀值

监测项目		注意值	停运值
气体含量（μL/L）	乙炔	≥0.5	≥5[注1]
	氢气	≥150	≥450[注1]
	总烃	≥150	≥450[注1]
气体绝对增量（μL/L）	乙炔	从无到有或周增量≥0.2	周增量≥2
	氢气	周增量≥30[注2]	/
	总烃	周增量≥152[注2]	/
	一氧化碳	周增量≥50[注3]	/

注1：乙炔、氢气或总烃缓慢达到停运值，可经专家诊断分析后确定停运时间；

注2：氢气≤30μL/L时，不计算绝对增量；总烃≤30μL/L时，不计算绝对增量；

注3：乙炔增量小于注意值时，不计算一氧化碳绝对增量。

《设备变电〔2022〕147号（盖章）》对特高压换流变在线和
离线油色谱的数据要求

（四）分析诊断

以3月14日第一台检测到乙炔的极Ⅰ低端 YD-A 相换流变为例，异常发生后，宜宾换流站运维人员立即使用视频监控系统远程查看极Ⅰ低端 YD-A

相换流变，设备运行状况正常。在后台查阅该台换流变的运行状况，换流变油温、铁心夹件入地电流等数据未见异常，与其他相邻相换流变的数据对比均正常。3月15日08时，宜宾站运维人员现场立即开展离线油色谱分析（从就地油色谱主机取油），乙炔含量分别为 0.307μL/L、0.301μL/L、0.32μL/L，如图3-3-21所示。与在线油色谱数据基本吻合。

极Ⅰ换流变乙炔含量统计

相别	在线首次出现时间	首次出现含量（ppm）	4月28日在线含量（ppm）	4月24日月度离线油色谱含量（ppm）	4月28日离线油色谱复测含量（ppm）
极Ⅰ高 YYA	4.26	0.37	0.35	0.32	
极Ⅰ高 YYB	4.26	0.39	0.42	0.31	
极Ⅰ高 YYC	4.18	0.31	0.33	0.34	
极Ⅰ高 YDA	4.12	0.34	0.33	0.34	
极Ⅰ高 YDB	4.25	0.39	0.45	0.31	
极Ⅰ高 YDC	4.25	0.42	0.38	0.28	
极Ⅰ低 YYA	4.13	0.3	0.35	0.41	
极Ⅰ低 YYB	4.26	0.31	0.31	0.43	
极Ⅰ低 YYC	4.24	0.95	0.37	0.4	
极Ⅰ低 YDA	3.14	0.33	0.39	0.35	
极Ⅰ低 YDB	4.25	0.51	0.55	0.48	0.55、0.52
极Ⅰ低 YDC	4.24	0.43	0.55	0.6	0.62、0.62

图3-3-21 分接开关控制回路示意图

3月16日下午，现场对极Ⅰ低端YD-A相换流变开展了超声波局部放电检测、高频局部放电检测和特高频局部放电检测试验，检测结果未发现明显异常。

3月17日，检修中心检修人员进站对极Ⅰ低端YD-A相换流变运行工况进行复查。检查发现该台换流变有载分接开关挡位为16挡，正好处于极性开关动作后的挡位，如图3-3-21所示。极性开关安装于换流变压器本体油箱内，主要负责完成分接开关特殊挡位调节（宜宾换流站是指第15挡调挡时的极性切换），其切换过程同样存在拉弧现象，放电产生的异常气体会直接进入换流变本体油中。

（五）处置方法

近期直流功率调节频次较多,3月12日到3月14日分接开关共动作50次,多数是在14档、15档和16档之间来回切换,使得极性开关在位置"＋"与位置"－"之间频繁动作,很大可能导致极性开关触头间频繁产生火花放电,放电能量虽小,但也会在换流变本体油箱中产生少量乙炔气体。

（六）预防措施

可使用分接开关与本体的油室分离的换流变,切换部分采用专用的真空灭弧室。

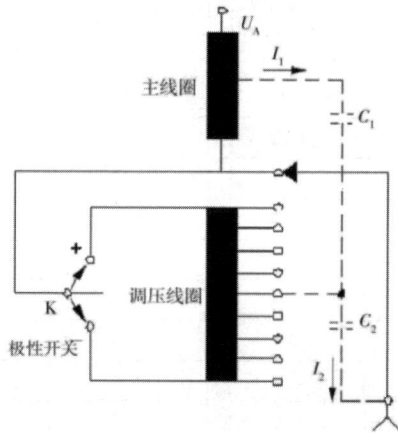

图 3－3－22 极性开关放电原理图

十、换流变内部裸金属放电导致油色谱特征气体异常告警

（一）监测手段

一体化后台油色谱数据告警。

（二）故障特征

后台特征气体达到注意值。

（三）发生案例

广固站极Ⅰ高端 Y/Y－C 相换流变 2020 年 1 月 9 日油中乙炔突增至 0.48μL/L,之后持续跟踪,未见增长。2021年3月15日乙炔再次突增至1.1μL/L,3 月 19 日乙炔增至 1.56μL/L,达到国网下发的文件中《设备变电〔2022〕147 号文》对特高压换流变在线监测数据中的告警值要求。其他特征气体含量正常,未见明显增长。

（四）分析诊断

2021 年 6 月年检期间对该换流变排油内检工作，发现阀端出线侧下部夹件侧撑板上屏蔽管接地端有放电烧蚀痕迹。

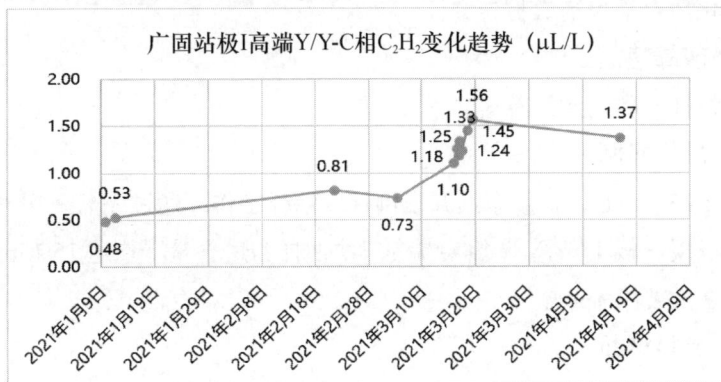

图 3－3－23　广固站乙炔增长图

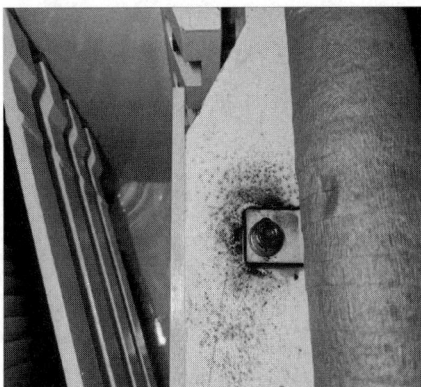

图 3－3－24　放电烧蚀痕迹

（五）处置方法

由于紧固螺栓尺寸与图纸要求不符导致装配不到位，现场通过在屏蔽管接地端增加一个平垫圈，同时紧固力矩由 48N·m 增大到 60N·m，紧固后屏蔽管接地接触电阻为 0。

（六）预防措施

安装时做好内检，避免出现内部螺栓安装力矩不到位或安装错误的问题。遇到乙炔异常增长时，及时按《设备变电〔2022〕147 号文》做好汇报、复测和监视工作。

十一、换流变内部裸金属放电导致油色谱特征气体异常告警

（一）监测手段

一体化后台油色谱数据告警。

（二）故障特征

后台特征气体达到注意值。

（三）发生案例

2022 年 3 月 16 日，胶东站开展例行取油样工作，通过先后三次油样检测数据分析发现，极 I Y/Y C 相换流变三次油样乙炔含量平均达 15.15ppm，远超注意值 2 的要求 1ppm。

（四）分析诊断

初步判断换流变内部可能存在夹件间、套管与箱壁、线圈内的高压和地段放电，由于不良联接形成不同电位或悬浮电位，从而造成的火花放电，3 月 17 日申请紧急停运。

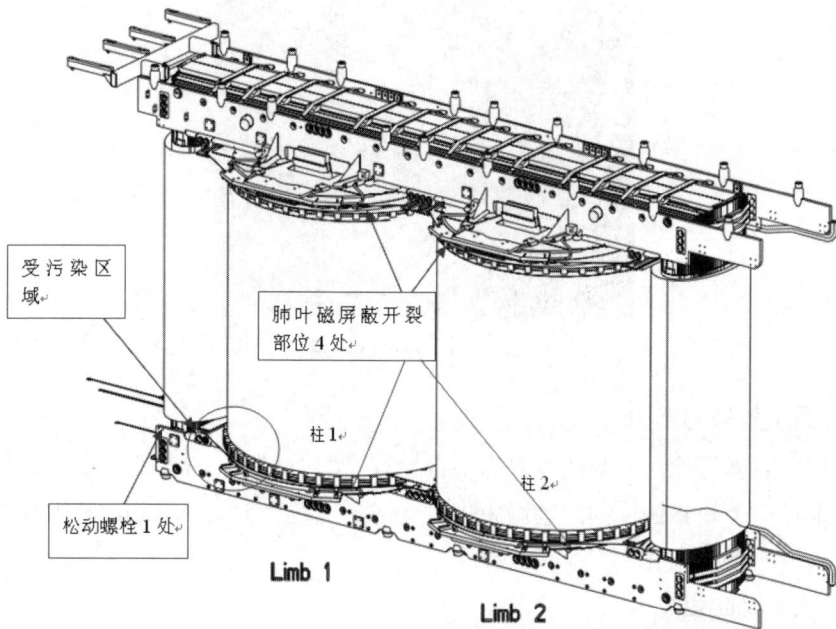

图 3-3-25　夹件螺栓松动示意图

经返厂解体检查，本次故障原因为上下夹件接地连接线下部固定螺栓紧固不到位，在运行振动下接触不良发生放电，导致乙炔含量异常增长。此外在器身内部多处发现碳黑颗粒，现场油务处理不具备彻底清理条件，且不排除碳黑残留在器身内部或落入绝缘薄弱区域的可能性，带电运行后引发放电的概率较大，需返厂检修处理。

（五）处置方法

目前换流变已完成厂内修复工作，预计 11 月恢复备用。

（六）预防措施

安装时做好内检，避免出现某个内部部件连接不到位的问题，对绕组连接部位、铁心夹件连接部位应做重点检查。遇到乙炔异常增长时，及时按《设备变电〔2022〕147 号文》做好汇报、复测和监视工作。

十二、换流变内部局部过热导致油色谱特征气体异常告警

（一）监测手段

一体化后台油色谱数据告警。

（二）故障特征

后台特征气体达到注意值。

（三）发生案例

灵宝站 020B-A 相、B 相、C 相换流变总烃持续增长，2020 年 3 月 29 日，总烃分别为 188.64、166.29、188.76μL/L，乙炔无异常。

（四）分析诊断

经吊罩检查，判断换流变色谱异常、总烃超标的主要原因是 Y 接上端引线均压管的内部油流不畅，Y 接绕组电流较大（为 D 接的 $\sqrt{3}$ 倍），且该位置均压管从水平引出后向斜下方引至阀侧套管，由于该水平段热油无法循环，长期运行（满负荷运行）引起 Y 接上端均压管温度局部过高，引起绝缘老化、碳化。分析以上在运三台换流变（及备用相）由于结构设计缺陷均存在共性问题，应轮换进行返厂检修。

（五）处置方法

在运 020B-A 相、B 相、C 相换流变分别在 2021 年 3 月、6 月和 1 月通过轮换的方式返厂修复完毕，顺利投入运行。

图 3-3-26   引线异常位置

（六）预防措施

安装前做好技术审查评估，避免类似家族性缺陷。

十三、换流变内部引线屏蔽环过热导致油色谱特征气体异常告警

（一）监测手段

一体化后台油色谱数据告警。

（二）故障特征

后台特征气体达到注意值。

（三）发生案例

韶山站极Ⅱ低端 Y/Y-C 相换流变 2020 年 4 月纳入重点跟踪设备，3 月 16 日油中总烃 67.4μL/L、乙炔 0.6μL/L，总烃持续缓慢增长、乙炔含量保持稳定，分析与负荷的调整有一定的关联性。2021 年 2 月 28 日韶山站受线路故障影响单极满功率运行 3min，油中总烃增至 144.6μL/L；4 月 17 日开展大电流试验，油中总烃增至 154.6μL/L，乙炔 0.7μL/L，验证油中总烃增长与负荷有一定关联性。

（四）分析诊断

2021 年 5 月年度检修进行现场排油内检，在阀侧绕组下部并联引线的下屏蔽铝管等电位线线鼻处，以及并联引线搭接处发现明显烧蚀痕迹，其余未见异常。

图 3-3-27　屏蔽环过热位置

（五）处置方法

现场通过在上、下并联引线靠各等电位线固定点处均增加 4mm 绝缘垫块，等电位线增加槽型垫块，形成绝缘隔离防护，消除过热隐患后该台换流变作为备用相存放。

（六）预防措施

安装时做好内检，避免出现某个内部部件连接不到位的问题，对绕组连接部位、铁心夹件连接部位应做重点检查。遇到乙炔异常增长时，及时按《设备变电〔2022〕147 号文》做好汇报、复测和监视工作。

十四、换流变光声光谱类油色谱装置误报

（一）监测手段

一体化后台油色谱数据告警。

（二）故障特征

后台特征气体达到注意值。

（三）发生案例

2023 年 2 月 18 日 18 时 07 分，运维人员监盘发现雅砻江换流站一体化台极Ⅰ低端 YD-B 相换流变油色谱 18 点乙炔数据异常，为 29.132，远远超出国网《设备变电〔2022〕147 号文》规定的特高压换流变乙炔停运值 5。

（四）分析诊断

该数值为后台新一次做样更新后突然报出，未出现缓慢增长情况。通过摄像头进行监视，未发现外观明显异常。一体化后台该换流变各项数据业务异常。

综上推测，换流变内部可能并无实际问题。由于此时并未做样，后台远程启动了手动做样，并调整至最小检测周期。新的做样完成，乙炔值为 0，不存在异常数据。现场检查装置，装置红色告警灯亮起，确认装置本身确有故障。

图 3-3-28　油色谱装置红色告警灯亮起

运维人员现场对该台换流变进行了离线做样，离线数据为 0.18，与历史定期工作无明显差异，确认换流变内部确无特征气体增长的故障。

（五）处置方法

复测后未再报出。后续设备厂家进站检查，发现为装置内部 PGA 模块故障。更换模块并经一段时间观察后，运行情况良好。后续长期运行未再报出。

遇到该类异常报警时，在按《设备变电〔2022〕147 号文》要求复测、离线做样之后，在确保是误报的前提下，可对装置进行详细检查。若色谱装置有漏油，则详细排查漏油点，最可能的问题是管路或电磁阀漏油。若装置无漏油，一般是 PGA 模块存在故障。

（六）预防措施

遇到乙炔异常增长时，及时按《设备变电〔2022〕147 号文》做好汇报、复测和监视工作。遇到异常天气或换流变区域有特殊工作时，加强对油色谱装置的监视。色谱装置投入运行前，保证装置合格并统一经校验达到 A 级。巡检时,对装置内部加以关注,排除漏油可能。

十五、换流变气相色谱类油色谱装置误报

(一)监测手段

一体化后台油色谱出现异常数据。

(二)故障特征

后台特征气体数值均为 –99999。

(三)发生案例

2023 年 10 月 24 日 11 时 38 分,运维人员监盘发现宜宾换流站极 Ⅱ 低 YY – B 相换流变气相色谱的在线后台数据异常,数据均为 –99999。

(四)分析诊断

经现场检查,发现备用载气压力为 0。原因为气源模块故障,使备用载气用至载气耗尽。

(五)处置方法

现场更换气源模块和备用载气瓶,装置已经恢复正常运行。

遇到该类异常报警时,在按《设备变电〔2022〕147 号文》要求复测、离线做样之后,在确保是误报的前提下,可对装置进行详细检查。首先检查载气瓶压力,若压力无异常对装置油路、气路、电路进行详细检查,最可能的问题是气路模块或气源模块故障。

(六)预防措施

遇到油色谱数据异常时,及时按《设备变电〔2022〕147 号文》做好汇报、复测和监视工作。遇到异常天气或换流变区域有特殊工作时,加强对油色谱装置的监视。色谱装置投入运行前,保证装置合格并统一经校验达到 A 级。巡检时,对装备内部加以关注,排除气瓶无压力,管路漏油等异常情况。

十六、换流变油色谱装置通信异常

(一)监测手段

一体化后台油色谱数据丢失。

(二)故障特征

后台特征气体数值变成离线状态,不发生变化。

（三）发生案例

2024 年 6 月 7 日 00 时 06 分，运维人员监盘发现雅砻江换流站极 I 高端换流变 6 台油色谱后台数据变为灰色状态，报文显示极 I 高端换流变油色谱数据处于离线状态。

（四）分析诊断

单阀组 6 台油色谱均为位于第一台油色谱处的 IED 装置进行数据上送。经检查，怀疑为现场 IED 装置死机，导致无法上送。

（五）处置方法

现场对 IED 装置进行关机重启。重启后数据恢复正常，后台油色谱数据恢复为绿色，报文复归。

遇到油色谱数据通信异常时，先判断是单台油色谱还是位于单阀组的多台油色谱。多台油色谱优先考虑 IED 问题，单台油色谱检查油色谱装置本体接线是否牢固，检查后重启即可。

（六）预防措施

做好监盘工作，发现一体化后台通信异常时及时汇报。巡检时对 IED 装置的运行状态加强监视。